“十四五”职业教育国家规划教材

高等职业教育教学改革系列精品教材

用微课学·模拟电子技术教程（工作手册式）

刘丽丽　首　珩　熊　昇　主　编

余　娟　章若冰　高巧玲
　　　　　　　　　　　　副主编
　　罗　丹　蒋小军

唐亚平　主　审

电子工业出版社

Publishing House of Electronics Industry

北京·BEIJING

内 容 简 介

本书为高等职业教育电类基础课新形态工作手册式教材。全书共分为五个模块，七个项目：模块一 常用半导体器件（项目1 二极管整流和滤波电路的制作与测试、项目2 声光停电报警电路的制作与测试），模块二 常见放大电路（项目3 分压式工作点稳定电路的制作与测试、项目4 音频集成功率放大电路的制作与测试），模块三 模拟集成电路（项目5 集成运算放大电路的制作与测试），模块四 信号产生电路（项目6 简易信号产生电路的制作与测试），模块五 直流稳压电源（项目7 直流稳压电源电路的制作与测试）。

本书以培养学生的应用能力为主线，本着"穿插思政教育、内容难度适宜、增加实践操作、突出创新应用、教学信息化"的原则，着重加强学生的再学习能力和电子技术的应用能力。

本书可作为高职高专院校、成人高校的电类专业"模拟电子技术"课程的教材，也可供从事电子技术工作的工程技术人员参考。

图书在版编目（CIP）数据

用微课学·模拟电子技术教程：工作手册式 / 刘丽丽，首珩，熊昇主编. —北京：电子工业出版社，2021.1
ISBN 978-7-121-40125-1

Ⅰ. ①用… Ⅱ. ①刘… ②首… ③熊… Ⅲ. ①模拟电路－电子技术－高等学校－教材 Ⅳ. ①TN710

中国版本图书馆 CIP 数据核字（2020）第 242283 号

责任编辑：王艳萍
印　　刷：涿州市京南印刷厂
装　　订：涿州市京南印刷厂
出版发行：电子工业出版社
　　　　　北京市海淀区万寿路 173 信箱　邮编 100036
开　　本：787×1 092　1/16　印张：15　字数：384 千字
版　　次：2021 年 1 月第 1 版
印　　次：2025 年 1 月第 11 次印刷
定　　价：45.00 元

凡所购买电子工业出版社图书有缺损问题，请向购买书店调换。若书店售缺，请与本社发行部联系，联系及邮购电话：（010）88254888，88258888。

质量投诉请发邮件至 zlts@phei.com.cn，盗版侵权举报请发邮件至 dbqq@phei.com.cn。

本书咨询联系方式：（010）88254574，wangyp@phei.com.cn。

前　言

本书为"工匠之师"国家级职业教育教师教学创新团队项目成果，依据教育部《高职高专教育模拟电子技术基础课程教学基本要求》编写而成，可作为高职高专院校电子信息技术、通信技术、电气自动化、计算机应用等专业"模拟电子技术"课程的教材，也可供从事电子技术工作的工程技术人员参考。

本书属于新形态工作手册式教材，以培养学生的应用能力为主线，本着"穿插思政教育、内容难度适宜、增加实践操作、突出创新应用、教学信息化"的原则，为专业课的学习打好基础的同时，着重培养学生的再学习能力和电子技术的应用能力。

（1）本书为工作手册式教材，采用模块化设计，每个模块以"项目制"引领教学内容，每个项目以实际模拟电路的制作与测试为样本，以任务形式展开教学内容，增强学生的学习兴趣，提升知识的实用性。

（2）融合教学设计、教案、笔记、练习于一体，体现教学的各个环节，以2课时或4课时为单位设置"课前热身""课中导学""课堂小测""课后拓展"栏目，"课中导学"以知识点的形式展开，知识点后设置"学与思"栏目，引导学生主动思考和探索问题。同时使教师从传统教学中解放出来，将更多精力放到学习效果的提升和重难点的突破上。

（3）突出实践创新应用。本书强调实践与理论并重，每个项目都配备技能训练，详细介绍了技能训练的方法和步骤，并与理论知识相辅相成，进一步加深学习者对理论知识的理解，提高实践操作技能。

（4）信息化手段使用得当。依托云班课，可实施线上、线下混合式教学，针对理论知识点的讲解都配套了微课或动画，扫二维码即可观看教师讲解或动画，学生学习不受时间和空间限制，便于自学，同时可通过扫二维码进行随堂测试。

（5）专业课体现思政教育。每个模块后都设置了"读与思"栏目，设计意图是引导和启发学生思考。教师也可根据教学内容就地取材，实现"春风化雨、润物无声"。

（6）每个模块均设有"思考与练习"，便于学生自测知识的掌握情况。客观题参照"1+X"集成电路开发与测试职业技能等级证书考试指南的应知考评要求编写，选用了题库中模电部分的习题，为学生"1+X"证书考试打下基础，并增加了具有实用价值和有利于增强分析问题、解决问题能力的题目。

本书由湖南铁道职业技术学院刘丽丽、首珩、熊昇担任主编，余娟、章若冰、高巧玲、罗丹、蒋小军担任副主编。其中刘丽丽编写了项目5，首珩编写了项目4，熊昇编写了项目3中任务3.1、任务3.2，余娟编写了项目1中任务1.2、技能训练2以及技能训练4，章若冰编写了项目2，高巧玲编写了项目6，罗丹编写了项目7，蒋小军编写了项目1中任务1.1和技能训练1。

湖南铁道职业技术学院唐亚平教授认真、仔细地审阅了全稿，并提出了修改意见。在编写过程中得到了湖南铁道职业技术学院教务处、控制学院电子信息系及自动化系领导及同事们的大力支持，在此一并表示衷心感谢！在编写过程中参阅了大量的参考文献，对作者表示诚挚的谢意！

本书配有电子教学课件，请有需要的读者登录华信教育资源网（www.hxedu.com.cn）注册后免费下载。

由于编者水平有限，错误和不当之处在所难免，敬请同行和读者指正。

编　者
2020 年 10 月

目　录

模块一　常用半导体器件

半导体器件（semiconductor device）通常是由不同的半导体材料、采用不同的工艺和几何结构制成的，现在人们已研制出种类繁多、功能用途各异的半导体二极管和晶体管。两者广泛应用于多种电子产品中，二极管主要用于整流、稳压、照明，如用在 LED 照明灯、手机充电器中。晶体管主要用于放大、开关、振荡，如用在收音机、扩音器、电视机中。还有一些特殊用途的晶体管，如光电晶体管、磁敏晶体管、场效应晶体管等，这些元器件既能把一些环境因素的信息转换为电信号，又有一般晶体管的放大作用，得到较大的输出信号。本模块主要学习半导体二极管和晶体管的基础知识，分 2 个项目进行学习：项目 1，二极管整流与滤波电路的制作与测试，主要学习二极管基础知识及其应用电路的制作与测试；项目 2，声光停电报警电路的制作与测试，主要学习晶体管基础知识及其应用电路的制作与测试。

LED 照明灯

扩音器

项目1　二极管整流与滤波电路的制作与测试

项目描述

本项目主要学习二极管的基础知识和二极管应用电路。在教师指导下，以学生为中心，采取线上、线下混合式教学。线上学生通过扫码看视频、查阅资料、团队协作等多种方法自主学习；线下教师以启发引导为主进行授课，使学生较好地掌握知识的同时，培养学生思考与探究问题的能力。要求学生能够按照企业生产标准完成二极管整流与滤波电路的组装与调试，实现其基本功能，满足相应的技术指标，并正确填写相关技术文件或测试报告，培养严谨认真的工匠精神。

知识体系

```
                                                         半导体、本征与杂质半导体的概念
                                    半导体基础知识
                                                         PN结及其特征

                                                         二极管的结构、类型和图形符号
                                    二极管的结构，
                                    符号及特性              二极管的单向导电性
                    认识二极管
                                                         二极管的伏安特性及温度对其影响

                                                         二极管的等效模型与开关特性
                                    二极管等效模型及
                                    特殊二极管               特殊二极管
  二极管整流与滤波
  电路的制作与测试                                            二极管的识别与检测

                                                         二极管限幅、稳压、整流电路
                    二极管应用电路
                                                         二极管滤波电路

                                                         常用电子测量仪器仪表的使用
                    技能训练
                                                         二极管整流、滤波与稳压电路的制作测试
```

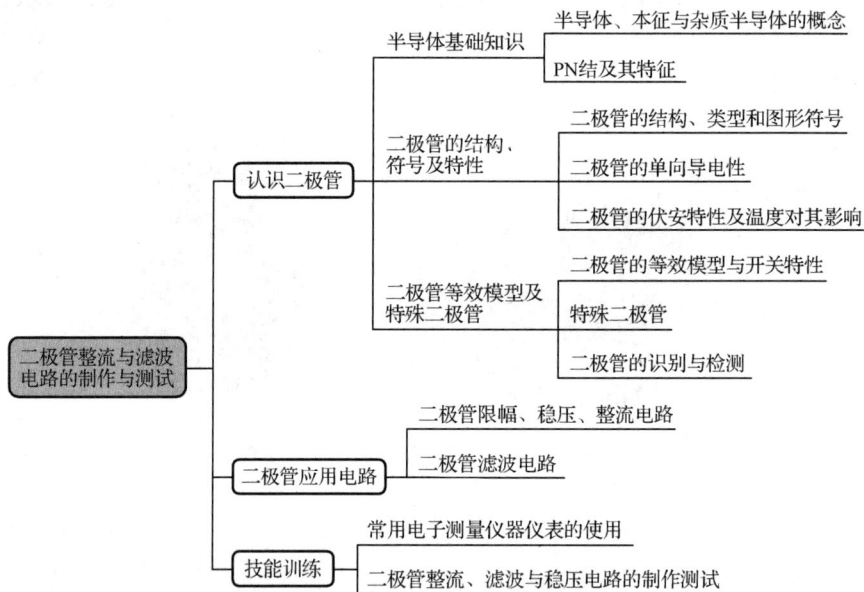

任务 1.1　认识二极管

任务描述

本任务学习半导体及二极管的基础知识，需要掌握本征半导体、杂质半导体与 PN 结的基础知识；了解二极管的结构，熟悉其图形符号、单向导电性，理解二极管伏安特性、主要参数；熟悉稳压二极管、发光二极管、光电二极管、变容二极管的图形符号和工作特点；会用万用表检测二极管的极性和质量；会使用常见的电子测量仪器仪表。

教师课前下发任务，学生依据课前任务要求，通过看视频、查阅资料等方法自主学习，完成课前预习。课上教师采用讲解、实验电路板演示等形式，培养学生思考与探究问题的能力。

1.1.1　半导体基础知识

课前热身

1. 预习微课资源，记录预习笔记和疑难问题；
2. 完成教师创设的互动讨论话题，说说生活中有哪些半导体的应用实例；
3. 分组讨论"学与思"中的问题。

课中导学

1. 半导体

导电性能介于导体和绝缘体之间的物质称为半导体。常用的半导体材料有 4 价元素硅（Si）和锗（Ge）、硒（S）、砷化镓（GaAs）及其他金属氧化物和硫化物等。其中硅和锗是目前最常用的半导体材料，而硅的应用更为广泛。

半导体材料区别于其他物质的特性如下：

（1）光敏与热敏特性：当半导体受到外界光和热的激发时，其导电能力将发生显著变化。

（2）掺杂特性：在纯净的半导体中掺入微量的杂质，其导电能力也会有显著的增加。

2. 本征半导体

本征半导体是一种完全纯净的、晶体结构排列整齐的半导体晶体。

硅原子的最外层电子称为价电子，每个原子与周围的 4 个相邻原子中的一个共用一个价电子而形成稳定的共价键结构，如图 1.1 所示，在温度为 0K 时，价电子不可移动。但在室温下，具有足够能量的价电子挣脱共价键的束缚而成为自由电子，其在共价键中留下的空位，称为空穴。自由电子又称为电子载流子，空穴又称为空穴载流子。

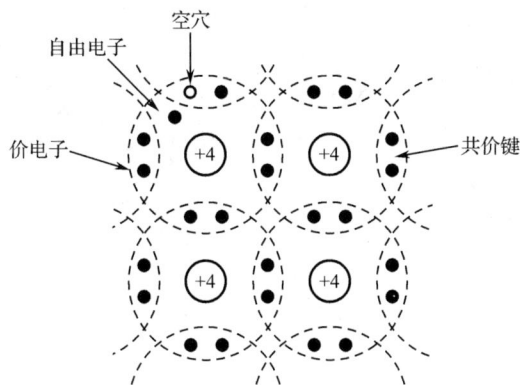

图 1.1　共价键结构与空穴产生示意图

产生一个自由电子的同时，会留下一个空位，即产生一个空穴，所以在本征半导体中，自由电子和空穴总是成对出现的，称为电子—空穴对，即自由电子和空穴的数量相等；而且自由电子和空穴在不断地产生，又不断地复合（自由电子在运动中因能量的损失有可能和空穴相遇，电子—空穴对消失，这种现象称为"复合"），因此在本征半导体中，自由电子和空穴的浓度相等。

当在一块本征硅上施加电压时，自由电子很容易向正极移动，从而形成电流，称为电子流。当一个电子移动到附近的空穴，它原来的位置会留下新的空穴，空穴也从一个位置移动到另一个位置，这时形成的电流称为空穴流。半导体中两种载流子的定向移动就形成了电流。

由于受本征激发（受温度或热量影响，具有足够能量的价电子挣脱共价键的束缚而成为自由电子，同时使共价键中留有空穴）产生的电子—空穴对的数量很少，载流子浓度很低，因此本征半导体的导电能力很弱。

学与思

半导体由哪两种载流子参与导电？它们有什么不同？

3. 杂质半导体

为了提高半导体的导电能力，可以通过一定的工艺在其中掺入微量的杂质，从而形成杂质半导体。根据掺入杂质元素的不同，杂质半导体分为 N 型和 P 型两大类。

（1）N 型半导体

在本征半导体中，掺入 5 价元素磷（或砷、锑等）就形成 N 型半导体，如图 1.2（a）所示。这些杂质原子称为施主原子，它们具有 5 个价电子，每个 5 价原子与周围 4 个硅原子形成共价键，留下一个额外的电子，这个额外电子因为在晶体中没有受到任何原子的束缚，就形成了自由电子。所以，这种半导体的自由电子数量较多，成为多数载流子，简称多子；空穴数量较少，则是少数载流子，简称少子。杂质半导体主要靠多数载流子导电，其多子数量取决于掺杂浓度，掺入的杂质越多，杂质半导体的导电性能越好。

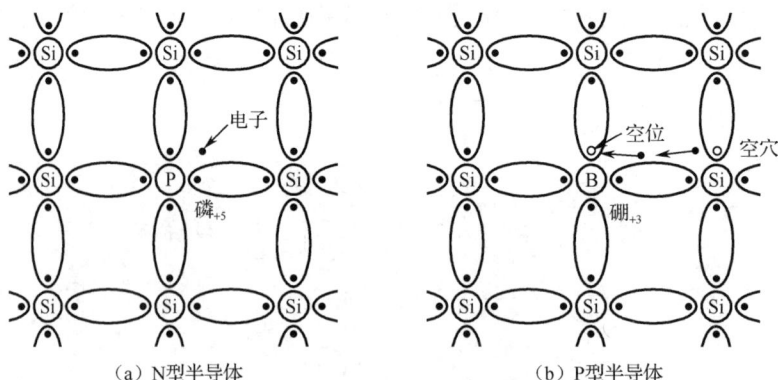

（a）N 型半导体　　　　　　　　　　　（b）P 型半导体

图 1.2　杂质半导体结构示意图

（2）P 型半导体

在本征半导体中掺入 3 价元素硼（或铝、铟等）就形成 P 型半导体，如图 1.2（b）所示，这些杂质原子称为受主原子，它们只有 3 个价电子，每个 3 价原子与周围 4 个硅原子形成共价键，由于缺少一个电子，因此产生了一个空穴，所以空穴是多子，自由电子是少子。同样，其多子空穴的数量取决于掺杂浓度。

学与思

N 型半导体是否带负电？

4．PN 结的形成及其单向导电性

（1）PN 结的形成

在一块纯净的半导体晶片上，采取一定的工艺措施，在两边掺入不同的杂质，分别形成 P 型半导体和 N 型半导体，它们的交界面就形成了 PN 结，如图 1.3 所示。

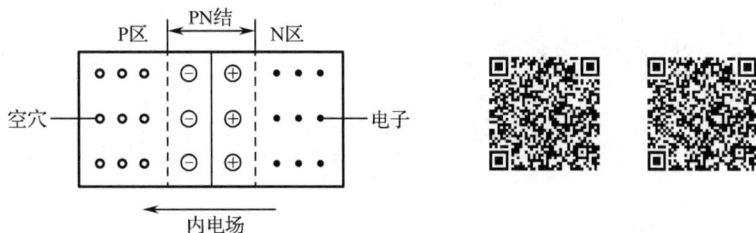

图 1.3 PN 结的形成

PN 结的 P 区一侧带负电，N 区一侧带正电，PN 结便产生了内电场，内电场的方向从 N 区指向 P 区。内电场对扩散运动起到阻碍作用，自由电子和空穴的扩散运动随着内电场的加强而逐步减弱，直至达到平衡，在外界处形成稳定的空间电荷区，如图 1.4 所示。

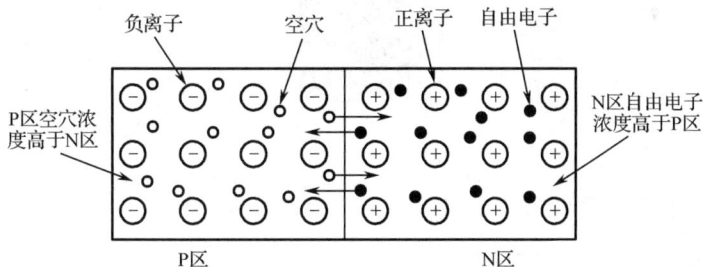

图 1.4 扩散运动

（2）PN 结的单向导电性

在 PN 结两端加上正向电压，即 P 区接电源正极，N 区接电源负极，此时称 PN 结正向偏置，如图 1.5（a）所示。这时 PN 结外电场与内电场方向相反。外电场与内电场相互抵消，使空间电荷区变窄，有利于多数载流子运动，形成正向电流。外电场越强，正向电流 I_F 越大，PN 结的正向电阻越小。

在 PN 结两端加上反向电压，即 N 区接电源正极，P 区接电源负极，称 PN 结反向偏置，如图 1.5（b）所示。这时外电场与内电场方向相同，使内电场的作用增强，空间电荷区变宽，多数载流子运动难以进行，有助于少数载流子运动，形成电流 I_R，少数载流子很少，所以电流很小，接近于零，即 PN 结反向电阻很大。

综上所述，PN 结具有单向导电性。加正向电压时 PN 结电阻很小，电流 I_F 较大，由多数载流子的扩散运动形成；加反向电压时 PN 结电阻很大，电流 I_R 很小，由少数载流子漂移运动形成。

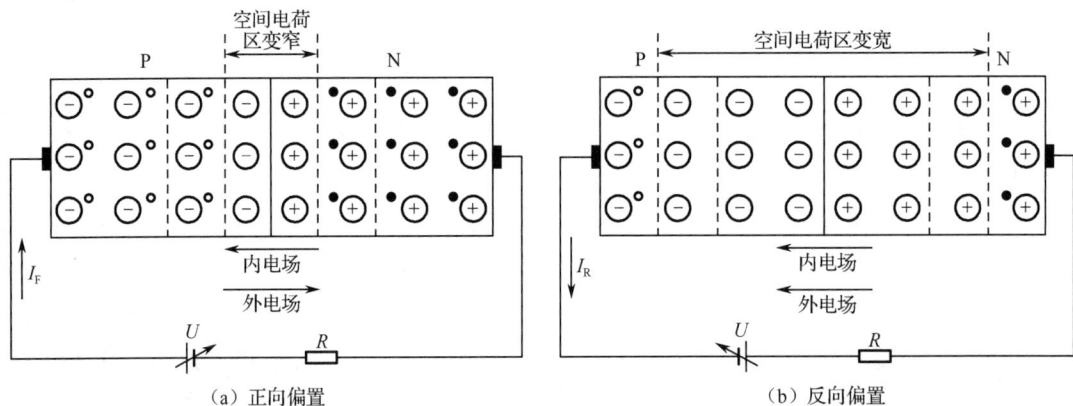

（a）正向偏置　　　　　　　　　　　　　　（b）反向偏置

图 1.5　PN 结的单向导电性

学与思

PN 结是怎样形成的？有什么特性？

课堂小测

课后拓展

查阅资料，看看有哪些领域使用半导体，主要产品有哪些？

1.1.2　二极管的结构、符号及特性

课前热身

1．预习微课资源，记录预习笔记和疑难问题；
2．完成教师创设的互动讨论话题，说说看生活中有哪些地方有二极管的身影；
3．分组讨论知识点后"学与思"的问题。

课中导学

1．二极管的结构、类型和图形符号

（1）二极管的内部结构

以 PN 结为管芯，在结的两端，即 P 区和 N 区均接上电极引线，并以外壳封装，就制成

了半导体二极管。二极管内部结构示意图如图 1.6（a）所示。从 P 区接出的电极称为二极管的正极，从 N 区接出的电极称为二极管的负极。

（2）图形符号

二极管图形符号如图 1.6（b）所示，其中箭头表示二极管正向导通时电流的方向。

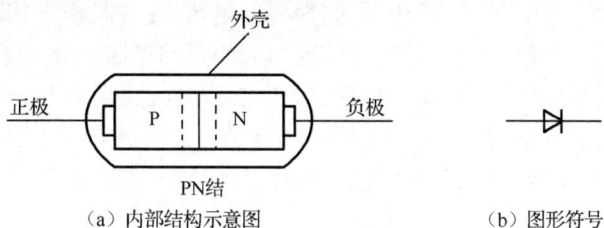

（a）内部结构示意图　　　　　　　　　（b）图形符号

图 1.6　二极管内部结构示意图和图形符号

（3）二极管的类型

半导体二极管按所用材料不同可分为硅管和锗管；按制造工艺不同可分为点接触型和面接触型；按用途不同可分为整流二极管、稳压二极管、变容二极管、发光二极管、光电二极管、开关二极管等。如图 1.7 所示是常见二极管实物图片。

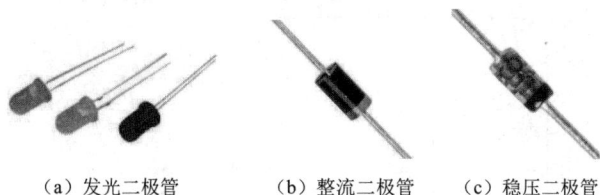

（a）发光二极管　　　　（b）整流二极管　　　　（c）稳压二极管

图 1.7　常见二极管实物图片

2. 二极管的单向导电性

二极管以 PN 结为管芯，具有 PN 结的单向导电性。

二极管阳极电位高于阴极电位，称为二极管（PN 结）正向偏置，简称正偏；二极管阳极电位低于阴极电位，称为二极管（PN 结）反向偏置，简称反偏。

二极管正偏导通、反偏截止的这种特性称为单向导电性。如图 1.8（a）所示，开关闭合，灯亮；如图 1.8（b）所示，开关闭合，灯不亮，电流几乎为零。

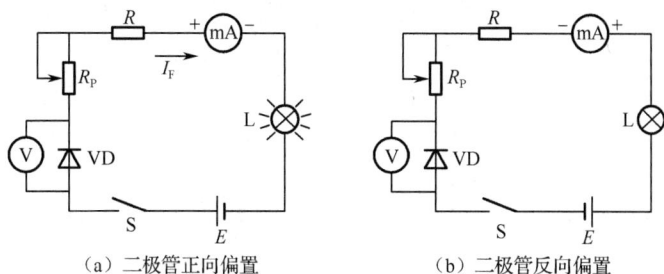

（a）二极管正向偏置　　　　　　　　（b）二极管反向偏置

图 1.8　半导体二极管单向导电性

3. 二极管的伏安特性

二极管伏安特性曲线如图 1.9 所示。

（1）正向特性

当二极管正向偏置，硅管正偏电压小于 0.5V（锗管正偏电压小于 0.1V）时，正向电流几乎为零，故称此区间为"死区"，这个电压称为死区电压 U_{th}（又称为阈值电压或门限电压），如图 1.9 中 0A 段所示。在该区间，二极管呈现很大的正向电阻，对外不导通。

BC 段称为"正向导通区"，随着外加电压的增加，电流急剧增大。此时二极管电阻很小，对外呈现导通状态，在电路中相当于一个闭合的开关。二极管在导通状态下，管子两端的正向压降很小（硅管约为 0.7V，锗管约为 0.2V），而且比较稳定，表现出很好的恒压特性。AB 段称为"缓冲带"。

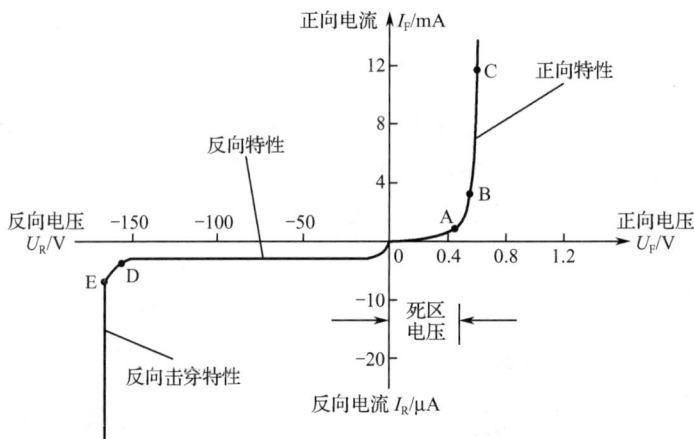

图 1.9 二极管伏安特性曲线

（2）反向特性

0D 段称为"反向截止区"。当反向电压增加时，反向电流几乎保持不变。此电流称为反向饱和电流，记作 I_S。I_S 越大，表明二极管单向导电性能越差。小功率硅管的 I_S 小于 1μA，锗管的 I_S 为几微安至几千微安，这也是硅管和锗管的一个显著区别。这时二极管呈现很大的电阻，在电路中相当于一个断开的开关，电路呈现截止状态。

（3）反向击穿特性

在图 1.9 中，当由点 D 继续增加反向电压时，反向电流在点 E 处急剧变化，这种现象称为"反向击穿"，二极管发生击穿时的电压称为反向击穿电压 U_{BR}。各类二极管的反向击穿电压大小各不相同。普通二极管、整流二极管等不允许反向击穿情况的发生，因二极管发生反向击穿后，电流不受限制，会使二极管 PN 结因过热而损坏。

4. 温度对二极管伏安特性的影响

二极管的导电特性与温度有关，伏安特性随温度变化而变化。通常温度每升高 1℃，硅和锗二极管导通时的正向压降 U_F 将减少 2.5mV 左右。

从反向特性看，二极管温度每升高 10℃，反向电流增加约 1 倍。当温度升高时，二极管反向击穿电压 U_{BR} 会有所下降。

5. 二极管的主要参数

电子元器件的参数是国家标准对元器件应达到的技术指标的要求，也是合理选择和正确使用元器件的依据。下面简要介绍二极管的几种常用参数。

（1）最大整流电流 I_F

I_F 是指二极管长期运行时允许通过的最大正向直流电流。I_F 与 PN 结的材料、面积及散热条件有关。使用大功率二极管时，一般要加散热片。在实际使用时，流过二极管的最大平均电流不能超过 I_F，否则二极管会因过热而损坏。

（2）最大反向工作电压 U_{RM}（反向峰值电压）

U_{RM} 是指二极管在使用时允许外加的最大反向电压，其值通常取二极管反向击穿电压的一半左右。在实际使用时，二极管所承受的最大反向电压值不应超过 U_{RM}，以免二极管发生反向击穿。

（3）最大反向电流 I_{RM}

I_{RM} 是指二极管在常温下承受最大反向工作电压 U_{RM} 时的反向漏电流，一般很小，但其受温度影响很大。当温度升高时，I_{RM} 显著增大。

（4）最高工作频率 f_M

二极管的工作频率若超过一定值，就可能失去单向导电性，这一频率称为最高工作频率 f_M。

f_M 主要由 PN 结的结电容的大小决定。点接触型二极管结电容较小，f_M 可达几百兆赫。面接触型二极管结电容较大，f_M 只能达到几十兆赫。

二极管的上述参数可通过手册或网络去查询，值得注意的是，这些参数是在一定条件下测得的。如果条件发生变化，相应参数也会发生变化。因此，在选择使用二极管时要留有余量。

学与思

下列情况下，二极管是否会发生损坏？请说明原因。

（1）正向电流大于最大整流电流 I_F：＿＿＿＿＿＿＿＿＿＿＿＿＿＿＿＿＿＿＿＿＿＿＿。

（2）反向电压大于最大反向工作电压 U_{RM}：＿＿＿＿＿＿＿＿＿＿＿＿＿＿＿＿＿＿＿＿。

（3）工作频率大于最高工作频率 f_M：＿＿＿＿＿＿＿＿＿＿＿＿＿＿＿＿＿＿＿＿＿＿。

6. 国产半导体元器件的命名方法

国产半导体元器件命名方法如图 1.10 所示。例如：2AP9，查表可知为 N 型锗材料制成的普通二极管，序号为 9；2CZ52K 为 N 型硅材料制成的整流二极管，序号为 52，规格号为 K。

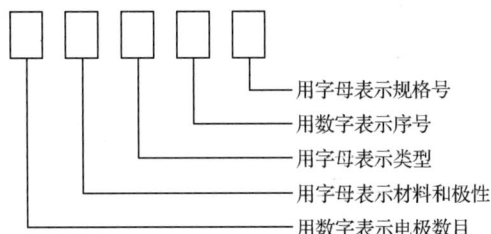

图 1.10　国产半导体元器件命名方法

学与思

国产半导体元器件的名称由哪几部分组成？各表示什么含义？

课堂小测

课后拓展

Datasheet（电子工程世界）提供了电子元器件的数据手册查询功能，登录其网站可以搜到近 2000 万种元器件的数据手册，查询型号为 1N4007 的二极管的数据手册，写出它的主要参数。

1.1.3　二极管等效模型及特殊二极管

课前热身

1. 预习微课资源，记录预习笔记和疑难问题；
2. 完成教师创设的互动讨论话题，说说看生活中有哪些地方要用到特殊二极管；
3. 分组讨论知识点后"学与思"的问题。

课中导学

1. 二极管的等效模型与开关特性

（1）等效模型

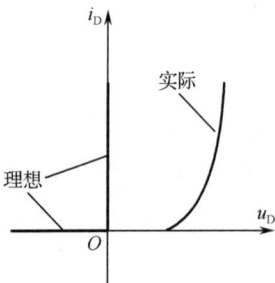

图 1.11　二极管等效模型

在实际电路分析中，为了简化计算，希望将二极管理想化，认为二极管在正向偏置时导通，电压为零；在反向偏置时截止，电流为零，具有这样特性的二极管称为理想二极管，它广泛应用于直流电路及开关电路中。实际上，二极管正偏导通时电压为 0.7V（硅管）或 0.2V（锗管），反偏时也有较小的电流，如图 1.11 所示。

（2）二极管的开关特性

二极管正偏时导通，相当于开关的接通；反偏时截止相当于开关的断开，表明二极管具有开关特性。不过一个理想的开关在接通时本身电阻为零，压降为零，而在断开时电阻为无穷大，电流为零，而且要求其在高速开、关时仍具有以上特性，不需要开、关时间。

但实际二极管作为开关使用并不太理想。因为二极管正向导通时，其正向电阻和正向压降均不为零；反偏截止时，其反向电阻不是无穷大，反向电流也不为零。二极管开、关状态的转换也需要一定时间，这就限制了它的开、关速度。因此在作为开关使用时，应选用正向电阻小，反向电阻大，开、关时间短的二极管。

2．特殊二极管

（1）稳压二极管

稳压二极管（简称稳压管）是指经过特殊工艺处理后，具有陡峭的反向击穿特性的二极管。稳压二极管又称为齐纳二极管，其图形符号如图1.12（b）所示，其正向特性部分与普通二极管类似，如图1.12（a）所示。

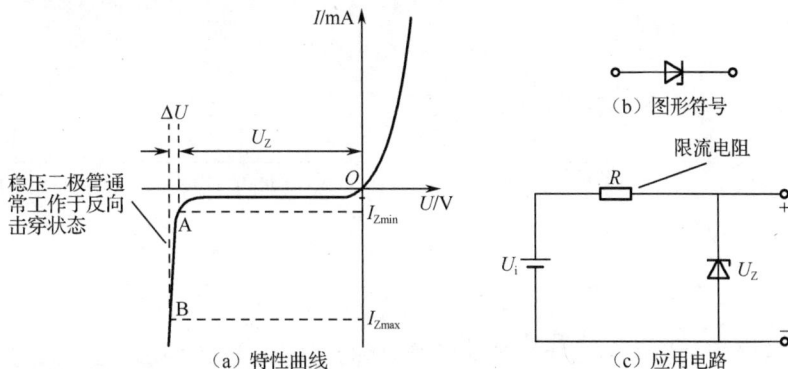

图 1.12　稳压二极管的特性曲线、图形符号及应用电路

稳压二极管的稳压原理，实际上是利用稳压二极管发生反向击穿后，在一定的电流范围内端电压基本不变的特点而实现的。图 1.12（c）中 U_Z 为稳压二极管的反向击穿电压，市场上常见的稳压二极管的反向击穿电压为 1.8～200V，为保证稳压作用所需流过稳压二极管的最小稳压工作电流为 I_{Zmin}，为防止电流过大而造成管子损坏所允许流过稳压二极管的最大稳压工作电流为 I_{Zmax}。电流在 I_{Zmin} 和 I_{Zmax} 之间变化时，电压变化很小，基本不变，起到了稳定效果。

稳压二极管与其他普通二极管的不同之处是其反向击穿是可逆的，但如果反向电流超过允许范围，稳压二极管将会因发热而损坏，所以在其应用电路中常常串联适当阻值的限流电阻配合使用以限制电流，如图1.12（c）所示。

稳压二极管的主要参数：

① 稳定电压 V_Z。

V_Z 为稳压二极管发生反向击穿后，电流为规定值时其两端的电压值。不同型号的稳压二极管其 V_Z 的范围不同；同种型号的稳压二极管也常因工艺上的差异而使其 V_Z 也有所不同。所以，一般给出的是 V_Z 的范围，如 2CW11 的 V_Z 为 3.2～4.5V（测试电流为 10mA）。当然，二极管（包括稳压二极管）的正向导通特性也有稳压作用，但稳定电压只有 0.6～0.8V，且随温度的变化而发生较大变化，故一般不常用。

② 稳定电流 I_Z。

I_Z 是指稳压二极管正常工作时的参考电流。I_Z 通常在最小稳压工作电流 I_{Zmin} 与最大稳压工作电流 I_{Zmax} 之间。其中 I_{Zmin} 是指稳压二极管开始起稳压作用时的最小电流，电流低于此值时，稳压效果差；I_{Zmax} 是指稳压二极管稳定工作时的最大允许电流，超过此电流时，稳压二极管将发生永久性击穿，故一般要求 $I_{Zmin}<I_Z<I_{Zmax}$。

③ 动态电阻 r_Z。

r_Z 是指在稳压二极管正常工作范围内，电压的微变量与电流的微变量之比。r_Z 越小，表明稳压二极管性能越好。

④ 额定功耗 P_Z。

P_Z 是由管子温升所决定的参数，$P_Z=V_Z I_{Zmax}$。

⑤ 温度系数 α。

α 是指 V_Z 受温度影响的程度。硅稳压二极管在 $V_Z<4V$ 时其 $\alpha<0$；在 $V_Z>7V$ 时其 $\alpha>0$；在 V_Z 为 4～7V 时，其 α 很小。

学与思

① 硅稳压二极管正向偏置时，能稳压吗？此时输出电压为多大？

_____

② 在 Datasheet 中搜索型号为 2CW57 的稳压二极管的工作手册，查查它的 I_{Zmin}、I_Z、I_{Zmax} 各为多少，在实际使用中应该注意什么？

_____

（2）发光二极管

发光二极管是一种将电能转换为光能的半导体元器件，简称 LED，图形符号如图 1.13（a）所示。其 PN 结采用特殊材料构成，正向导通时，由于空穴与电子的复合而释放出能量，发出一定波长的光。LED 的正向开启电压与材料有关，例如，材料为 GaP、绿色的 LED 开启电压约为 2.3V；材料为 GaAsP、红色的 LED 开启电压约为 1.7V。其伏安特性与普通二极管相似，不过其正向导通电压大于 1V，同时发光的亮度随通过的正向电流的增大而增强，工作电流为几毫安到几十毫安，典型工作电流为 10mA 左右。LED 的直流驱动电路如图 1.13（b）所示，使用 LED 时必须串联限流电阻以控制流过 LED 的电流。

（a）图形符号　　　　　　　　　　（b）直流驱动电路

图 1.13　发光二极管的图形符号及直流驱动电路

LED 具有体积小、可靠性高、转换效率高、寿命长等优点，在各种电路中得到了广泛应用：十字路口的交通灯是由一个个发光点组成的，每个发光点就是一只 LED；一些汽车的尾灯使用的也是 LED；车站、商场中的一些大屏幕显示器也是由 LED 点阵组成的。特别是近年来出现的白色 LED，在照明方面应用很广。如图 1.14 所示为发光二极管实物图。

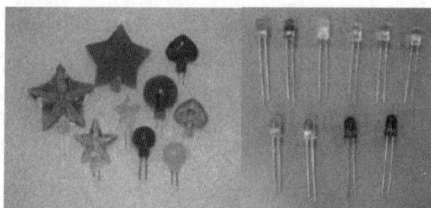

图 1.14　发光二极管实物图

发光二极管的主要参数有：

① 正向工作电流 I_F：指在发光二极管两端加上合适的正向电压时，流过的正向电流。

② 正向工作电压 U_F：指在给定电流下得到的压降，一般在 $I_F=20\text{mA}$ 时测得。发光二极管的正向工作电压 U_F 一般为 1.4～3V。外界温度升高时，U_F 下降。

③ 最大工作电流 I_{FM}：指在发光二极管长期工作时，所允许通过的最大电流。

④ 最大反向工作电压 U_{RM}：指允许施加的最大反向电压。超过此值，发光二极管可能发生击穿损坏。

⑤ 反向工作电流 I_R：指在发光二极管两端加上反向电压时，流过的反向电流。

⑥ 允许功耗 P_m：指允许加于发光二极管两端的正向直流电压与流过它的电流之积的最大值。超过此值，发光二极管可能会发热，导致过热损坏。

（3）光电二极管

光电二极管又称为光敏二极管，是将光能转换为电能的半导体元器件。其结构与普通二极管相似，只是在管壳上留有一个能使光线照入的窗口，其图形符号及实物图如图 1.15 所示。

光电二极管主要电参数有暗电流、光电流 I_R、最大工作电压。

光电二极管主要特性参数有：

① 灵敏度，指给定的入射光的光电流与光照功率（或光照强度）的比值，该值越大越好。

② 光谱范围，指光电二极管入射光允许波长范围，一般为 0.4～1.1μm。

③ 峰值波长，指光电二极管灵敏度最大时入射光的波长，锗管的峰值波长为 1.465μm，硅管的峰值波长为 0.9μm。

④ 响应时间，指光电二极管将光信号转换成电信号所需要的时间。

（4）变容二极管

变容二极管是利用外加反向电压改变二极管结电容容量的特殊二极管，如图 1.16 所示。与普通二极管相比，其结电容变化范围较大。改变反向电压的大小可以改变其结电容容量的大小，常用于自动频率控制、扫描振荡、调频和调谐等。

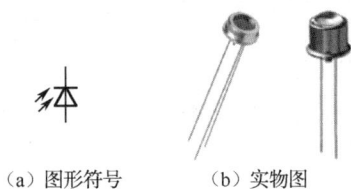

（a）图形符号　　（b）实物图

图 1.15　光电二极管图形符号及实物图　　　　图 1.16　变容二极管图形符号

学与思

① 光电二极管和变容二极管有何用处？正常工作时，应加什么偏置电压？

② 发光二极管和光电二极管外加偏置电压有什么不同？使用中应注意哪些问题？

3. 二极管的识别与检测

二极管的正极、负极一般在管壳上都有识别标记，有的还印有二极管图形符号，对于用塑料或玻璃封装外壳的二极管，有黑色或黑环的一端为负极。

对于极性不明的二极管，可用万用表电阻挡测量二极管正、反向电阻，加以判断，具体方法如下：

用万用表的 $R×1k$ 或 $R×100$ 挡测量二极管的电阻，若测得的电阻较小，说明二极管在万用表电阻挡内置电池的偏置下正向导通，此时黑表笔接触的一端为二极管正极，红表笔接触的一端为二极管负极；若测得的电阻很大，则黑表笔接触的一端为二极管负极，红表笔接触的一端为二极管正极。二极管极性识别及性能测试如图 1.17 所示。

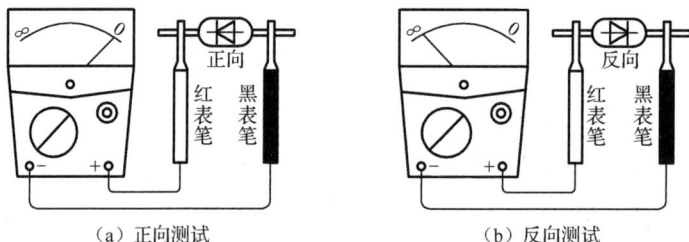

（a）正向测试　　　　　　　　　　（b）反向测试

图 1.17　二极管极性识别及性能测试

二极管的性能可用万用表 $R×1k$、$R×100$ 挡进行测试。

用万用表红表笔接二极管负极，黑表笔接二极管正极，测得的电阻称为正向电阻，将黑、红表笔对调测得的电阻称为反向电阻。

若测得小功率锗管的正向电阻为 100～1000Ω，小功率硅管的正向电阻为几百欧至几千欧，反向电阻为几十千欧（锗管）和几百千欧（硅管）以上，说明二极管的性能是正常的。若二极管正向电阻大、反向电阻小，表明二极管性能差；若二极管正向电阻、反向电阻均趋于零，表明二极管内部短路；若二极管正向电阻、反向电阻均趋于无穷大，表明二极管内部开路。

在用万用表测试二极管极性和性能时，要注意以下问题：

（1）小功率二极管的测试不能用万用表 $R×10$、$R×1$ 挡，以防过电流损坏二极管；不能用 $R×10k$ 挡，以防过电压使二极管击穿。

（2）根据二极管功率大小和种类的不同，选择不同倍率的电阻挡。小功率二极管用 $R×1k$、$R×100$ 挡，中大功率二极管一般选用 $R×10$ 或 $R×1$ 挡。

（3）万用表的型号不同或同一个万用表选用的挡位不同，同一个二极管测得的阻值会有所不同，这是由万用表的内电压、内电阻不同及二极管的非线性所致的。

课堂小测

课后拓展

通过以上课程的学习，你能够根据二极管的特性设计一些应用电路吗？试着做一做吧。

技能训练 1　常用电子测量仪器仪表的使用

一、实验目的

学会正确使用低频信号发生器、数字示波器、万用表。

二、实验要求

1．严格按仪器的使用方法进行操作；

2．认真做好调测记录、实验总结，写好实验报告；

3．实验完毕，整理好工作台；

4．注意安全，爱护公物。

三、实验所需仪器

低频信号发生器、数字示波器、万用表。

四、认识测试线

常用的测试线如表 1.1 所示。

表 1.1　常用测试线

名　　称	实　物　图	备　　注
双头鳄鱼夹测试线		
示波器测试线		一红一黑为一副
万用表表笔线		

五、仪器仪表使用介绍

1．SFG-1000 型低频信号发生器的使用

（1）用途：产生正弦波、方波、三角波信号，如图 1.18 所示为 SFG-1000 型低频信号发生器。

（2）面板介绍。

（a）外形图　　　　　　　　　（b）面板示意图

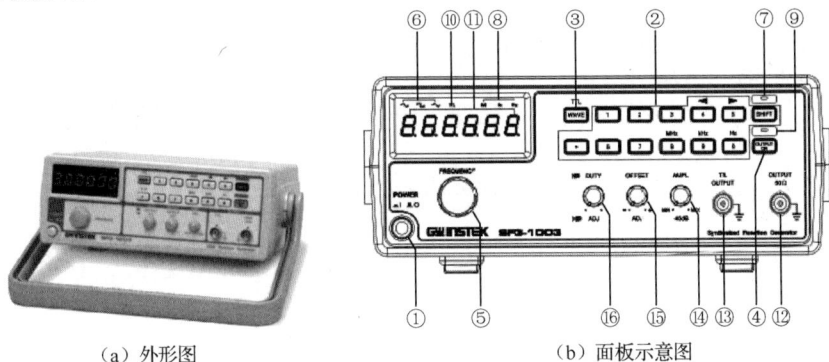

图 1.18　SFG-1000 型低频信号发生器

① POWER 按键：电源开关。

② 数字键：按下 0～9 和·键输入数值，然后按下次功能的单位（Unit）键完成数值设定。

③ WAVE 功能键：按下 WAVE 键，以正弦波、方波和三角波的顺序选择主输出波形。

④ 输出开关控制键：主输出 ON 或 OFF 状态切换。

⑤ 频率调节旋钮：调节旋钮可增大或减小频率值。

⑥ 波形 LED 指示：表示主输出波形。

⑦ 次功能的 SHIFT 键：当按下 SHIFT 键时，机器会选择次功能。

⑧ 单位的 LED 指示：M、k 和 Hz 的 LED 指示，用于显示目前设定数值的单位。

⑨ 主输出的 LED 指示：LED 亮时，显示已开启主输出。

⑩ TTL 的 LED 指示：LED 亮时，显示 TTL 输出功能已开启。

⑪ 数码管：6 位数码管显示当前设定的频率值或者错误信息。

⑫ 主输出端：输出阻抗（50Ω）。

⑬ TTL 输出端：输出 TTL 兼容的信号。

⑭ 输出振幅控制和衰减操作端：顺时针旋转旋钮可取得最大输出，逆时针旋转旋钮可取得最小输出，拉起此旋钮可得到 40dB 输出衰减。

⑮ DC 偏置控制旋钮：拉起此旋钮，在-5V 和 5V 之间（加 50Ω 负载）调整波形的直流叠加量，顺时针旋转此旋钮可设定正向的直流叠加量，逆时针旋转此旋钮可设定负向的直流叠加量。

⑯ Duty 功能控制旋钮：拉起此旋钮，可以调整方波的 Duty（占空比）。

（3）使用步骤

① 按下 POWER 键，打开电源开关；

② 按下 WAVE 键，以正弦波、方波和三角波的顺序选择主输出波形；

③ 按下所需频率数字键（Entry）；

④ 按下 SHIFT 键；

⑤ 显示单位；

⑥ 调节频率调节旋钮可增大或减小频率值；

⑦ 调节输出振幅：顺时针旋转旋钮可取得最大输出，逆时针旋转旋钮可取得最小输出，拉起此旋钮可得到 40dB 输出衰减；

⑧ 按下输出开关控制键；

⑨ 找到右下角主输出端等待接线。

2. 数字示波器的使用

（1）用途：显示和测量信号波形，如图 1.19 所示为 DS1102C 宽带数字存储示波器。

（2）面板介绍

面板操作旋钮及按键分为以下几个部分：运行控制、常用菜单、垂直系统、水平系统以及触发系统。

（3）使用步骤：

① 按下电源开关；

② 按下 Measure 键；

③ 按下自动运行键（AUTO）；

④ 按下全部显示键。

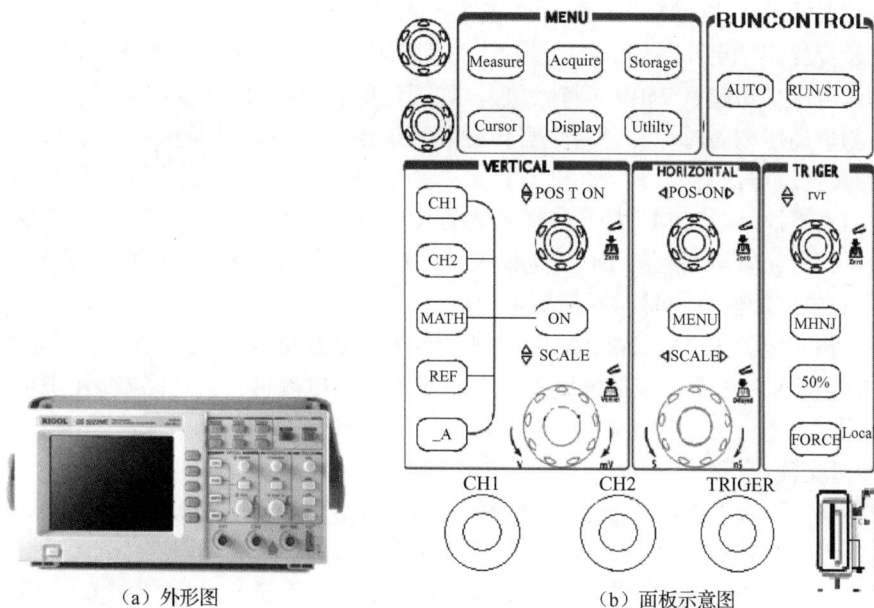

（a）外形图　　　　　　　　　　　　（b）面板示意图

图 1.19　DS1102C 宽带数字存储示波器

3. 数字万用表的使用

数字万用表是在直流数字电压表的基础上扩展而成的。下面以 V88A 型数字万用表为例介绍其使用方法，如图 1.20 所示为 V88A 型数字万用表。

1）面板介绍

① POWER：电源开关；

② B/L：LCD 屏背光开关，用于光线较暗、夜间等环境下；

③ TEST：相线识别指示灯；

④ HOLD：保持开关，按下该键，屏上显示数字保持不变；

⑤ 旋钮：用于改变测量功能及量程；

⑥ VΩ：测量电压、电阻或作为相线识别时的红表笔插孔；

⑦ COM：公共地插孔（即黑表笔插孔）；

图 1.20　V88A 型数字万用表

⑧ mA：电流小于 2A 时的测试插孔；

⑨ 20A：电流大于 2A 且小于 20A 时的测试插孔。

2）使用方法

（1）测量直流电压。

① 将黑表笔插入"COM"插孔，红表笔插入"VΩ"插孔；

② 将量程旋钮转至相应的 DCV 量程上，然后将测试表笔跨接在被测电路上，红表笔所接点的电压值与极性显示在屏幕上；

③ 输入电压切勿超过 1000V，如超过，则有损坏仪表电路的危险；

④ 当测量高压电路时，注意避免身体触及高压电路。

（2）测量交流电压。

① 将黑表笔插入"COM"插孔，红表笔插入"VΩ"插孔；

② 将量程旋钮转至相应的 ACV 量程上，然后将测试表笔跨接在被测电路上；

③ 输入电压切勿超过 750V（有效值），如超过则有损坏仪表电路的危险；

④ 当测量高压电路时，注意避免身体触及高压电路。

（3）测量直流电流。

① 将黑表笔插入"COM"插孔，红表笔插入"mA"插孔，或红表笔插入"20A"插孔中；

② 将量程旋钮转至相应的 DCA 量程上，然后将仪表串入被测电路中，被测电流值及红表笔所接点的电流极性将同时显示在屏幕上；

③ 最大输入电流为 2A 或者 20A（视红表笔插入位置而定），过大的电流会将熔丝熔断，在测量 20A 电流时要注意，该挡位无保护，连续测量大电流将会使电路发热，影响测量精度甚至损坏仪表。

（4）测量交流电流。

① 将黑表笔插入"COM"插孔，红表笔插入"mA"插孔或"20A"插孔中；

② 将量程旋钮转至相应的 ACA 量程上，然后将仪表串入被测电路中；

③ 最大输入电流为 2A 或者 20A（视红表笔插入位置而定），过大的电流会将熔丝熔断，在测量 20A 电流时要注意，该挡位无保护，连续测量大电流将会使电路发热，影响测量精度甚至损坏仪表。

（5）测量电阻。

① 将黑表笔插入"COM"插孔，红表笔插入"VΩ"插孔；

② 将量程旋钮转至相应的电阻量程上，将两表笔跨接在被测电阻上；

③ 测量电阻时，要确认被测电路中所有电源已关断且所有电容都已完全放电，才可进行。

（6）二极管通断测试。

① 将黑表笔插入"COM"插孔，红表笔插入"VΩ"插孔（注意红表笔极性为"+"）；

② 将量程旋钮置于 ⫤ 挡，并将表笔连接到待测二极管，红表笔接二极管正极，读数为二极管正向压降的近似值；

③ 将表笔连接到待测线路的两点，如果内置蜂鸣器发声，则两点之间电阻值低于（70±10）Ω。

（7）自动断电。

当仪表停止使用约（20±10）min 后，仪表便自动断电进入休眠状态；若要重新启动电源，按两次 POWER 键，就可重新接通电源。

（8）背光显示。

按下"B/L"键，背光灯亮，约 15s 后自动关闭背光功能。

六、实验内容

（1）设置信号源频率为 1kHz，正弦波，输出频率调到 MAX，测试低频信号发生器在不同输出衰减时的输出电压（即有效值 V_{rms}），完成表 1.2。

表 1.2 在不同输出衰减时的输出电压值

输出衰减/dB	0	−10	−20	−30	−40
示波器测量值/V					

（2）按照表 1.3 设置低频信号发生器的频率，用示波器测试低频信号发生器的输出电压波形，读取数据并完成表 1.3。

表 1.3 测量输出电压

正弦信号	频率/Hz	250	500	1k	20k	100k
	有效值/V	1.41	0.4	0.05	0.008	5
低频信号发生器衰减位置	输出衰减/dB					
	频段					
示波器测量值	有效值 V_{rms}/V					
	峰峰值 V_{PP}/V					
	振幅 $V_m=0.5V_{PP}$					
	周期 p_{rd}					
	频率 f_{req}					

数据分析：依据表中同一频率下 V_{PP}、V_m 和 V_{rms} 的数据，可以得到

$$V_{PP}=（\quad） V_m=（\quad） V_{rms}$$

（3）用模拟万用表测试二极管的性能。

选择不同型号的二极管，用万用表 $R\times1k$ 挡测量二极管正、反向电阻，用万用表红表笔接二极管负极，黑表笔接二极管正极，测得的电阻称为正向电阻，将黑、红表笔对调测得的电阻称为反向电阻。若测得正向电阻为 $100\sim1000\Omega$，反向电阻在几十千欧至几百千欧以上，说明二极管的性能良好。若二极管正向电阻大、反向电阻小，说明二极管性能差；若二极管正向电阻、反向电阻均趋于零，说明二极管内部短路；若二极管正向电阻、反向电阻均趋于无穷大，说明二极管内部开路。进行测量并完成表 1.4。

表 1.4 二极管性能测试表

名　称	型　号	正向电阻/kΩ	反向电阻/kΩ	结　论
二极管	1N4007			
二极管	1N4148			

Note

Note

任务 1.2　二极管应用电路

任务描述

本任务学习二极管应用电路，重点掌握二极管限幅、稳压、整流和电容滤波电路的分析方法。教师课前下发任务，学生依据课前任务要求，通过看视频、查阅资料等方法自主学习，完成课前预习。课上教师采用讲解、实验电路板演示等形式，培养学生思考与探究问题的能力。

1.2.1　二极管限幅、稳压、整流电路

课前热身

1．预习微课资源，记录预习笔记和疑难问题；
2．完成教师创设的互动讨论话题，说说生活中二极管的应用电路有哪些；
3．分组讨论知识点后"学与思"的问题。

课中导学

二极管应用十分广泛，工程上常利用其单向导电性来做开关。在数字电路中，可用二极管组成分立元件与门、或门、非门等电路。在低频模拟电路中常用于组成整流电路、保护电路、限幅和小电流稳压电路等。

1．二极管限幅电路

所谓限幅电路是指限制信号输出幅度的电路，它能按限定的范围削平信号电压的波形幅度，用来限制信号电压范围，又称限幅器、削波器等。限幅电路应用非常广泛，常用于整形、波形变换、过压保护等。限幅电路按功能分为上限幅电路、下限幅电路和双向限幅电路三种。上限幅电路在输入电压高于某一上限电平时产生限幅作用；下限幅电路在输入电压低于某一下限电平时产生限幅作用；双向限幅电路则在输入电压过高或过低的两个方向上均产生限幅作用。

（1）单向限幅电路

单向限幅电路及波形如图 1.21 所示。

当 $u_i > U_S$ 时，二极管导通，理想二极管导通时正向压降为零，此时 $u_o = U_S$；当 $u_i < U_S$ 时，二极管截止，电路中电流为零，$u_o = u_i$，由此可得图 1.21（b）所示的输入电压和输出电压波形。该电路使输入信号上半周电压幅度被限制在 U_S，称为上限幅电路。U_S 为上限电压，用 U_{TH} 表示，即 $U_{TH} = U_S$。若将图 1.21 中 U_S、VD 极性均反向连接，可组成下限幅电路，相应有一下限电压 U_{TL}，读者可自行分析其原理。

（2）双向限幅电路

通常将具有上、下限的限幅电路称为双向限幅电路，将上、下限幅电路组合在一起，就组成了如图 1.22 所示的双向限幅电路。图中，电源电压 U_1、U_2 用来控制它的上、下限值。

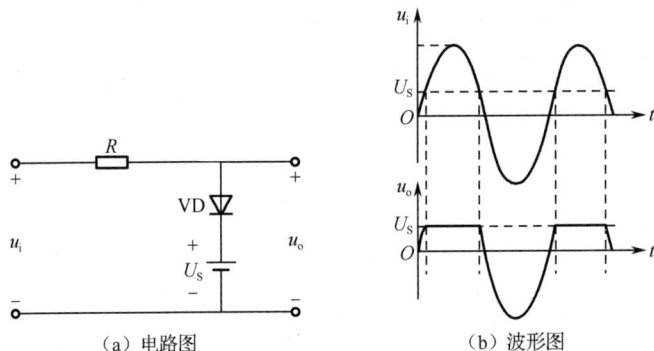

（a）电路图　　　　　　　　（b）波形图

图 1.21　单向限幅电路及波形

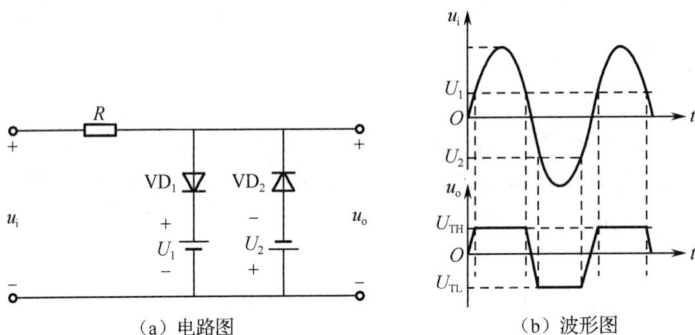

（a）电路图　　　　　　　　（b）波形图

图 1.22　双向限幅电路及波形

2. 低电压稳压电路

利用二极管在正偏导通时导通电压基本不变的特性可组成低电压稳压电路，如图 1.23 所示。图中 R 起限流作用，防止二极管因过电流而损坏。若 VD_1、VD_2 为硅管，则 $U_O=1.4V$。这种稳压电路适用于对稳压要求不高的场合。

【例 1.1】　如图 1.24 所示电路中，若 VD_1 和 VD_2 是理想二极管，求：U_{AB}。

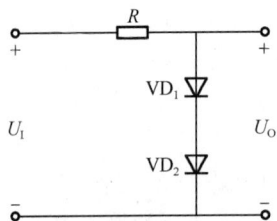

图 1.23　二极管构成的低电压稳压电路

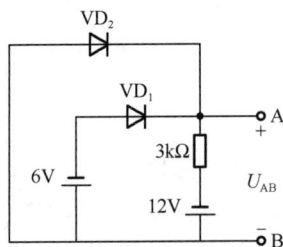

图 1.24　电路图

解：两个电源的负极接在一起，取电源公共端 B 作为参考点（参考电压为 0V），断开二极管，分析二极管阳极和阴极的电位，比较各二极管正极对负极的电位差，电位差为正且较高的二极管优先导通，理想二极管两端电压为 0V，非理想二极管硅管导通电压为 0.7V，锗管导通电压为 0.2V，然后判断其他二极管的状态，最后计算电压、电流值。

本例中 VD_1 正极电位为-6V，负极电位为-12V，正极对负极的电位差为 6V。VD_2 正极电位为 0V，负极电位为-12V，正极对负极的电位差为 12V，故 VD$_2$ 优先导通，且电压为 0V，所以 U_{AB}=0V，使 VD$_1$ 反偏而截止。

3. 二极管整流电路

整流是指将交流电变换成脉动直流电的过程。利用二极管的单向导电性，就能组成整流电路。

1）单相半波整流电路

单相半波整流电路如图 1.25 所示，其中 T 为电源变压器，VD 为整流二极管，R_L 为负载电阻。

（1）电路工作原理

设变压器二次绕组的交流电压为

$$u_2 = \sqrt{2}U_2 \sin \omega t \tag{1.1}$$

式中，U_2 为二次电压有效值。

u_2 的波形如图 1.26 所示，在 u_2 的正半周，规定二次绕组电压瞬时极性上端 a 为正，下端 b 为负，二极管 VD 正偏导通，电流经二极管流向负载，在负载 R_L 上得到一个极性为上正下负的电压。若忽略二极管导通压降，则 u_o=u_2。在 u_2 的负半周，二次绕组的瞬时极性上端 a 为负，下端 b 为正，二极管 VD 反偏截止，R_L 上电压为零，二极管上反偏电压 u_D=u_2。

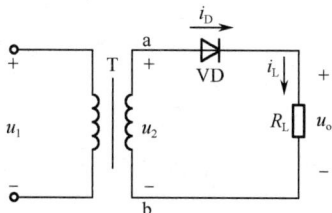

图 1.25　单相半波整流电路

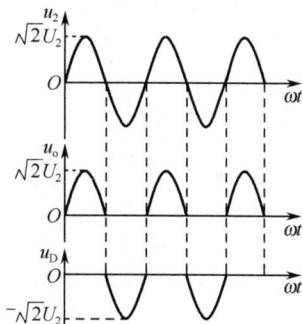

图 1.26　单相半波整流电路波形图

负载 R_L 和二极管 VD 上的电压波形如图 1.26 所示，该电路中 u_o 只输出电源电压 u_2 的半个周期，故称为半波整流电路。该电路电源利用率低，输出的直流成分比较少，只用在要求不高、输出电流较小的场合。

（2）负载上的直流电压和直流电流的计算

负载上的直流电压是指一个周期内脉动电压的平均值。单相半波整流电路直流电压平均值为

$$U_{O(AV)} = \frac{1}{2\pi} \int_0^{2\pi} \sqrt{2}U_2 \sin \omega t \mathrm{d}(\omega t) = \frac{\sqrt{2}U_2}{\pi} \approx 0.45U_2 \tag{1.2}$$

流过负载的直流电流平均值为

$$I_{O(AV)} = \frac{U_{O(AV)}}{R_L} = 0.45\frac{U_2}{R_L} \tag{1.3}$$

（3）整流二极管的选择

半波整流电路流经二极管的电流与负载电流相等，在选择二极管时，要求二极管的最大整流电流 $I_F \geq I_D$，即

$$I_F \geq I_D = I_{O(AV)} = 0.45U_2/R_L \qquad (1.4)$$

从波形图 1.26 可见，二极管所承受的最大反向电压 U_{DM} 等于二极管截止时两端电压的最大值，即交流电源电压 u_2 负半周的峰值，故二极管的最大反向工作电压为

$$U_{RM} \geq U_{DM} = \sqrt{2}U_2 \qquad (1.5)$$

在工程应用中，选用二极管时要留有余量，使所选工作参数略大于计算值。

2）单相全波整流电路

全波整流电路如图 1.27 所示。它是由次级具有中心抽头的电源变压器 T，两个整流二极管 VD_1、VD_2 和负载电阻 R_L 组成的。变压器次级电压 u_{2a} 和 u_{2b} 大小相等、相位相反，即

$$u_{2a} = -u_{2b} = u_2 = \sqrt{2}U_2 \sin\omega t \qquad (1.6)$$

式中，U_2 是变压器次级半边绕组交流电压的有效值。

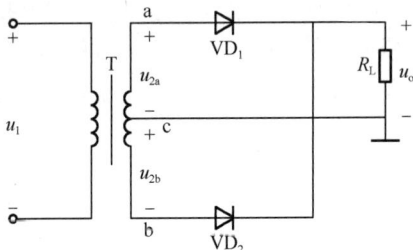

图 1.27　全波整流电路

（1）电路工作原理

在 u_2 的正半周（$\omega t = 0 \sim \pi$），VD_1 正偏导通，VD_2 反偏截止，R_L 上有自上而下的电流流过，R_L 上的电压与 u_{2a} 相同。

在 u_2 的负半周（$\omega t = \pi \sim 2\pi$），VD_1 反偏截止，VD_2 正偏导通，R_L 上也有自上而下的电流流过，R_L 上的电压与 u_{2b} 相同。可画出全波整流电路波形如图 1.28 所示。可见，整流电路中 VD_1 和 VD_2 轮流导通，所以在交流电的整个周期内都有电压输出。

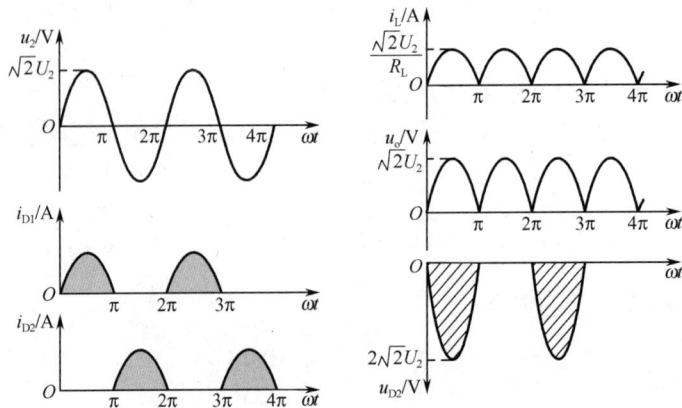

图 1.28　全波整流电路波形图

（2）负载上的电压、电流的计算

负载上得到的脉动电压平均值为

$$U_L = \frac{1}{\pi}\int_0^{2\pi}\sqrt{2}U_2\sin\omega t\,\mathrm{d}(\omega t) = \frac{2\sqrt{2}U_2}{\pi} \approx 0.9U_2 \tag{1.7}$$

流过负载的平均电流（脉动电流）为

$$I_L = \frac{U_L}{R_L} = 0.9\frac{U_2}{R_L} \tag{1.8}$$

流过二极管的平均电流（即正向电流）为

$$I_{D1} = I_{D2} = \frac{1}{2}I_L = \frac{U_L}{R_L} = 0.45\frac{U_2}{R_L} \tag{1.9}$$

加在二极管两端的最大反向工作电压为

$$U_{RM1} = U_{RM2} = 2\sqrt{2}U_2 \tag{1.10}$$

3）单相桥式整流电路

单相桥式整流电路如图 1.29（a）所示，其中 T 为电源变压器，$VD_1 \sim VD_4$ 为整流二极管，4 个二极管接成电桥的形式，故称为桥式整流电路，R_L 为负载电阻。图 1.29（b）为简化画法，图 1.29（c）为另一种画法。

（1）电路工作原理

设电源变压器二次绕组电压 u_2 正半周时瞬时极性上端 a 为正，下端 b 为负。二极管 VD_1、VD_2 正偏导通，VD_3、VD_4 反偏截止。导电回路为 a→VD_1→R_L→VD_2→b，负载上电压极性为上正下负。负半周时瞬时极性上端 a 为负，下端 b 为正。二极管 VD_1、VD_2 反偏截止，VD_3、VD_4 正偏导通。导电回路为 b→VD_3→R_L→VD_4→a，负载上电压极性为上正下负。波形如图 1.30 所示。

注意：桥式整流电路中 4 个二极管必须正确安装，否则会因形成较大的短路电流而烧毁二极管或变压器绕组。正确接法是：共阳端和共阴端接负载，而另外两端接变压器二次绕组。

（2）负载上的电压、电流的计算

在桥式整流电路中，输出电压平均值 $U_{O(AV)}$ 和电流平均值 $I_{O(AV)}$ 是半波整流的 2 倍，即

$$U_{O(AV)} = \frac{1}{\pi}\int_0^{2\pi}\sqrt{2}U_2\sin\omega t\,\mathrm{d}(\omega t) = \frac{2\sqrt{2}U_2}{\pi} \approx 0.9U_2 \tag{1.11}$$

$$I_{O(AV)} = \frac{U_{O(AV)}}{R_L} = 0.9\frac{U_2}{R_L} \tag{1.12}$$

（3）整流二极管的选择

在桥式整流电路中，4 个二极管分两次轮流导通，流经每个二极管的电流为负载电流 $I_{O(AV)}$ 的一半，选择二极管时要求 $I_F \geqslant I_D$，即

$$I_F \geqslant I_D = I_{O(AV)}/2 = 0.45U_2/R_L \tag{1.13}$$

由图 1.30 可见，二极管截止时最大反向电压 U_{DM} 等于 u_2 的最大值，即

$$U_{RM} \geqslant U_{DM} = \sqrt{2}U_2 \tag{1.14}$$

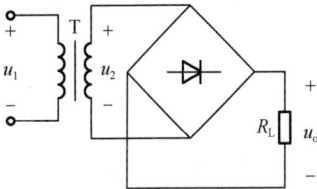

（a）原理图

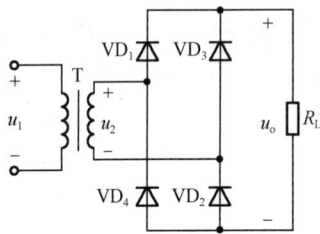

（b）简化画法

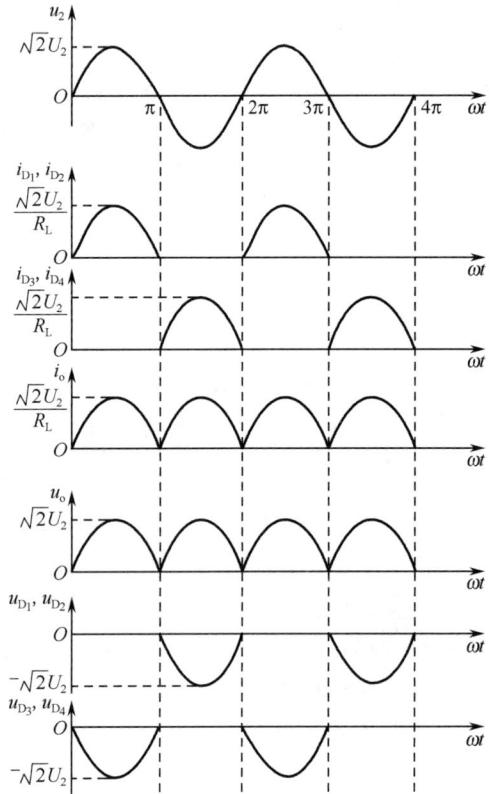

（c）另一种画法

图 1.29　单相桥式整流电路

图 1.30　单相桥式整流电路波形图

（4）硅桥式整流器简介

为方便使用，工厂生产出了硅单相半桥整流器和硅单相桥式整流器，单相半桥整流器为 2 个二极管串接封装后引出 3 个引脚。单相桥式整流器又称为桥堆，它将桥式整流器中 4 个二极管集中制成一个整体，其外形如图 1.31 所示。其中标有"～"的引脚为交流电源输入端，其余 2 个引脚接负载。

图 1.31　单相桥式整流器

学与思

（1）若半波整流、全波整流、桥式整流电路的输入电压有效值均为 10V，则输出电压各为多大？

（2）若桥式整流电路中一个二极管极性接反了，将产生什么后果？

4．二极管保护电路

在电子线路中，经常利用二极管来保护其他元器件免受过高电压的损害。如图 1.32 所示是利用二极管来保护开关 S 的电路，L 和 R 是线圈的电感和电阻。

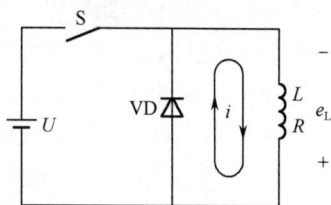

图 1.32　二极管保护电路

在开关 S 接通时，电源 U 给线圈供电，线圈中有电流流过，储存了磁场能量。在开关 S 由接通到断开的瞬间，电流突然中断，线圈中将产生一个高于电源电压很多的自感电动势 e_L，e_L 与 U 叠加作用在开关 S 的端子上，在 S 的端子上产生电火花放电，这将影响设备的正常工作，缩短开关 S 的寿命。接入二极管 VD 进行保护后，e_L 通过二极管 VD 产生放电电流 i，使线圈中存储的能量不经过开关 S 放电，从而保护了开关 S。

课堂小测

课后拓展

除了以上二极管的应用电路，你还能找出二极管的其他应用电路吗？查阅资料，画出原理图。

1.2.2　二极管滤波电路

课前热身

1．预习微课资源，记录预习笔记和疑难问题；
2．完成教师创设的互动讨论话题，说说哪些电子产品中有滤波电路；
3．分组讨论知识点后"学与思"的问题。

课中导学

整流电路虽然可将交流电变成直流电，但其脉动成分较大，在一些要求直流电平滑的场合是不适用的，直流电源需加上滤波电路，一方面尽量降低输出电压中的脉动成分，另一方面尽量保存输出电压中的直流成分，使输出电压接近于较理想的直流电源的输出电压。

最基本的滤波元件是电感、电容。其滤波原理是：利用这些电抗元件在整流二极管导通期间储存能量、在截止期间释放能量的作用，使输出电压波形变得比较平滑；或从另一角度来看，电容、电感对交、直流成分反映出来的阻抗不同，把它们合理地安排在电路中，即可达到降低交流成分而保留直流成分的目的，体现出滤波作用。

常用的滤波电路有无源滤波电路和有源滤波电路两大类。其中无源滤波的主要形式有电容滤波、电感滤波和复式滤波（包括倒 L 型滤波、LC 滤波、LC-π 型滤波和 RC-π 型滤波等）。有源滤波的主要形式是有源 RC 滤波。

1. 半波整流电容滤波电路

半波整流电容滤波电路如图 1.33（a）所示。电容 C 并联于负载 R_L 的两端，$u_o = u_C$。在并入电容 C 之前，整流二极管在 u_2 的正半周导通，负半周截止，输出电压 u_o 的波形为 u_2 的正半周波形，如图 1.33（b）虚线部分所示。在并入电容之后，设在 $\omega t = 0$ 时接通电源，则当 u_2 由零逐渐增大时，二极管 VD 导通，除有电流 i_L 流向负载以外还有电流 i_C 向电容 C 充电，充电电压 u_C 的极性为上正下负。如忽略二极管的导通电压，则 u_C 可充到接近 u_2 的峰值。u_2 在达到最大值以后开始下降，此时电容器上的电压 u_C 也将由于放电而逐渐下降。当 $u_2 < u_C$ 时，VD 因反偏而截止，于是 C 以一定的时间常数通过 R_L 按指数规律放电，u_C 下降，直到 $u_2 > u_C$ 时，VD 又导通。如此下去，使输出电压 u_o 即电容 C 上电压 u_C 的波形如图 1.33（b）实线部分所示，显然比未并电容 C 前平滑多了。

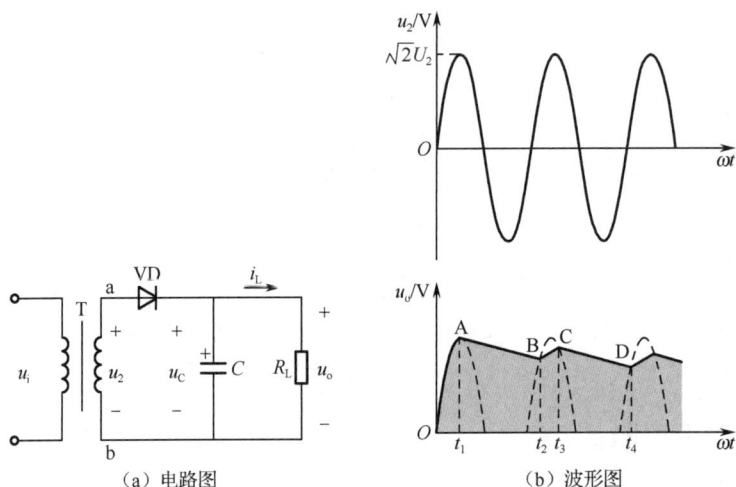

图 1.33　半波整流电容滤波电路及波形图

2. 桥式整流电容滤波电路

桥式整流电容滤波电路如图 1.34（a）所示，其工作原理与半波整流电容滤波电路的原理基本相同，不同的是其输出电压是全波脉动直流电，无论 u_2 是在正半周还是在负半周，电路中总有二极管导通。

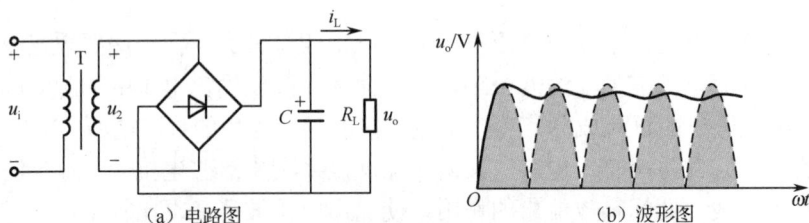

图 1.34　桥式整流电容滤波电路及波形图

在一个周期内，u_2 对电容充电两次，电容对负载放电的时间大大缩短，输出电压波形更

加平滑，波形如图 1.34（b）所示，图中虚线为不接滤波电容时的波形，实线为滤波后的波形，输出电压为

$$U_{O(AV)} \approx 1.2U_2 \qquad (1.15)$$

在桥式整流电容滤波电路中，若负载电阻开路，则 $U_{O(AV)} = \sqrt{2}U_2$。

滤波电容的充电时间常数，是电容的端电压达到最大值的 0.63 时所需要的时间，通常认为时间达到 5 倍的充电时间常数后就充满了。充电时间常数 τ 的大小与电路的电阻有关，按下式选取：

$$\tau = R_L C \geqslant (3\sim5)T/2 \qquad (1.16)$$

式中，T 是交流电的周期。滤波电容一般为几十微法到几千微法，视负载电流大小而定，其耐压值应大于输出电压值，一般取输出电压的 1.5 倍左右，且通常采用有极性的电解电容。在滤波电容装接过程中，切不可将电解电容极性接反，以免电解电容损坏甚至发生爆炸。

电容滤波电路的特点是电路简单，输出电压 $U_{O(AV)}$ 较高，脉动较小。但外特性差，适用于负载电压较高、负载变动不大的场合。

3. 电感电容滤波（LC 滤波）电路

利用电感线圈中电流变化产生的自感电动势阻碍电流变化的特性，可组成电感电容滤波电路，电感电容滤波电路的工作频率越高、电感量越大，滤波效果越好。电感电容滤波电路如图 1.35 所示。

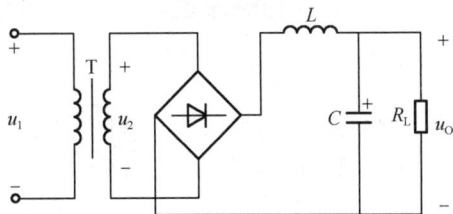

图 1.35　电感电容滤波电路

LC 滤波的整流电路适用于电流较大、要求输出电压脉动很小的场合，尤其适用于高频整流，如开关电源电路。

4. RC-π 型滤波电路

RC-π 型滤波电路如图 1.36 所示，它是利用电阻和电容对输入回路整流后的电压的交直流分量的分压作用不同来实现滤波的。

电阻 R 对交直流分量有同样的降压作用，但是因为电容 C_2 的交流阻抗很小，这样电阻 R 与电容 C_2 及 R_L 配合以后，使交流分量较多地分配在电阻 R 的两端，而较少地分配在负载 R_L 上，从而起到滤波作用。R 越大，C_2 越大，滤波效果越好。但 R 不能太大，R 太大将使直流压降增大，能量无谓地消耗在 R 上。

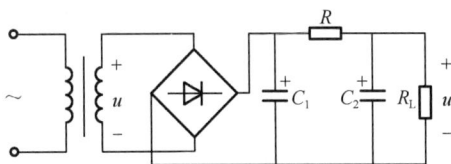

图 1.36　RC-π 型滤波电路

该电路适用于负载电流较小而又要求输出电压脉动小的场合。

学与思

（1）半波整流电容滤波电路的输出电压与输入电压有什么关系？

_____

（2）在桥式整流电容滤波电路中，若其中一个二极管虚焊，输出电压会如何变化？

_____

（3）LC 滤波的整流电路适用于什么场合？

_____

（4）大电流负载要使滤波效果好，应选用什么滤波电路？

_____

（5）RC-π 型滤波电路适用于什么场合？

_____

课堂小测

课后拓展

判断如图 1.37 所示桥式整流电容滤波电路发生故障的原因。变压器二次侧电压为 10V，若测得输出电压分别为（1）4.5V，（2）9V，（3）10V，（4）14V，试分析电路工作是否正常？若不正常，分析发生故障的原因。

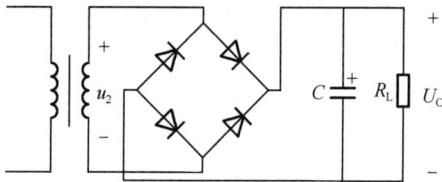

图 1.37 桥式整流电容滤波电路

技能训练 2　二极管整流、滤波与稳压电路的制作与测试

1. 训练内容

某企业承接了一批二极管整流、滤波与稳压电路的组装与调试任务，请按照相应的企业生产标准实现其基本功能，满足相应的技术指标，并正确填写相关技术文件或测试报告，电路原理图如图 1.38 所示。

该电路是在桥式整流电容滤波电路的输出端串联一个限流电阻 R，并在负载两端并联一个稳压二极管。因该电路是利用限流电阻和稳压二极管构成的电路，又称为稳压管稳压电路。

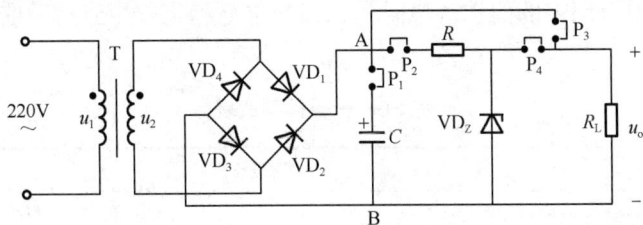

图 1.38　桥式整流电容滤波电路原理图

2. 元器件明细表

电路中的相关元器件如表 1.5 所示，请按要求准备好相关元器件。

表 1.5　元器件清单

序　号	符号名称	名　称	规格型号	数　量
1	T	电源变压器		1
2	$VD_1 \sim VD_4$	整流二极管	1N4007	4
3	R	限流电阻	10kΩ	1
4	C	电解电容	220μF	1
5	VD_Z	稳压二极管	1N4735	1
6	R_L	负载电阻	100Ω	1

3. 元器件识别与检测

（1）电阻识别与检测。

先根据色环判断电阻的阻值范围，再选择不同的电阻挡进行测量，如果测得的阻值为 0 或者 ∞，表明该电阻已经损坏。

（2）电容识别与检测。

电解电容检测：测量前要将电容的两个引脚相接放电，测量 1～47μF 的电解电容可选用万用表 $R \times 1k$ 挡，测量 47～1000μF 的电解电容可选用 $R \times 100$ 挡。用表笔接触电解电容的两极，此时指针所指数值越大，电容性能越好，一般正常的电容值能达到 ∞。如果最大指示数值不是 ∞ 说明电容漏电，数值越小，漏电越多；数值是 0 说明电容短路被击穿；数值不变说明其失去了容量。

瓷片电容检测：粗略测量可用指针式万用表 $R \times 10k$ 挡，快速反复调换表笔测量，正常的

电容，每次测量时万用表指针应摆动一点再回到原位。

（3）半导体二极管识别与检测。

整流二极管：选用万用表 $R\times1k$ 挡测量二极管的正、反向电阻。万用表的红表笔接二极管的正极，黑表笔接二极管的负极，反向电阻一般为几百千欧以上，接近 ∞。再用万用表的黑表笔接二极管的正极，红表笔接二极管的负极，正向电阻一般为几千欧。正、反向电阻同样大，表明二极管内部断路；正、反向电阻同样小，表明二极管内部短路。

稳压二极管：用万用表 $R\times1k$ 挡测量其正、反向电阻，正常时反向电阻较大，若相反就说明该稳压二极管性能不良甚至已损坏。

按照上述方法用万用表欧姆挡对电阻和二极管进行测量，用直接读取电容容量的方法，完成表1.6。

表1.6　元器件测试表

元器件	识别及检测内容	
电阻	色环或数码	标称值（含误差）
	色环电阻：灰红黑棕	
电容	104	
稳压二极管	所用仪表	数字表□　指针表□
	万用表读数（含单位）	正测
		反测

4．安装步骤

1）引脚成形（详见 IPC-A-610D-7.1.2，电子组装外观质量验收国际通用标准）

为了保证焊接质量，元器件插装前必须进行引脚成形。元器件引脚成形主要指小型元器件经引脚成形后，可采用跨接、立式、卧式等方法安装。

元器件引脚成形手工方法主要为采用镊子对元器件引脚进行成形处理，包含弯曲、应力释放、损伤等可接受标准。

2）电路元器件布局与电路走线设计

（1）元器件布局设计。

元器件布局是指将电路元器件合理分布在电路板上的过程。通常应根据电路板的尺寸及选用的元器件的型号、规格等进行布局。

① 遵照"先大后小，先难后易"的布置原则，即重要的单元电路、核心元器件应当优先布局。

② 参考原理框图，根据单板的主信号流向规律安排主要元器件，信号的走向应为左进右出，电源方向为上正下负。

③ 电路板上所有元器件的排列应均匀、整齐、紧凑，位于电路板边缘的元器件离边缘的距离应大于2mm。

④ 元器件布局应使走线最短，不出现交叉现象，方便电路的调试。

（2）电路走线设计。

电路走线是指将各元器件引脚按照电路原理图连接起来，以实现电路图所示的电气连接。

电路走线原则：横平竖直，走线最短，不走斜线，不能交叉。

3）插件（详见 IPC-A-610D-7.1.1）

元器件的通孔插入方法有手工插件和机械自动插件两种，手工插件是一种很重要的元器件插装方法。

4）焊接

所谓焊接是连接金属的一种方法，是利用加热、加压或其他手段，在两种金属的接触面，依靠原子或分子的相互扩散作用，形成一种新的牢固的结合，使这两种金属永久地连接在一起的过程。

5）剪脚（见 IPC-A-610D-7.4.3）

元器件引脚伸出焊盘的部分不能导致以下情况：违反最小电气间隙、由于引脚的偏移而产生焊接缺陷、在随后的操作中致使静电防护包装被刺穿等。高频情况时要对元器件引脚的长度有更加精确的控制以免影响产品的设计功能，如图 1.39 所示。剪脚要求见表 1.7。

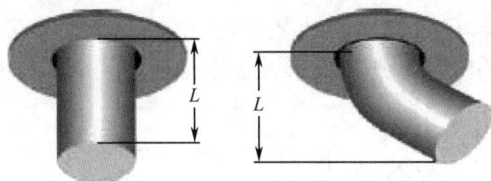

图 1.39　元器件引脚的长度

表 1.7　剪脚

引脚长度范围	1 级	2 级	3 级
最小/L	焊锡中的引脚末端可辨识		足够弯折以钉牢
最大/L	无短路的危险	小于 2.5mm	无短路的危险

注：1 级—通用类电子产品；2 级—专用服务类电子产品；3 级—高性能电子产品。

5. 电路调试

（1）仪表准备

根据要测试的参数，准备所需的仪表，并检查仪表是否能正常工作，测试仪表清单如表 1.8 所示。

表 1.8　测试仪表清单

序　号	仪 表 名 称	仪 表 型 号	仪 表 规 格	数　量
1	数字万用表	V89D		1
2	毫伏表	DF2172B	100μV～300V	1
3	数字示波器	DS1002	20MHz	1
4	变压器			1

（2）测试导线准备

根据要测试的参数，准备所需的导线，并检查导线是否完好，是否有断线、接触不良等现象，测试导线清单如表 1.9 所示。

表 1.9　测试导线清单

序　号	导 线 名 称	单　位	导 线 规 格	数　量
1	表笔线	副	50cm	1
2	双头鳄鱼夹测试线	副	40cm	1
3	BNC 头测试线	副	50cm	3
4	双头香蕉插头连接线	根	5cm	2

（3）不通电检查

电路安装完毕后，对照原理图和连线图，认真检查元器件是否已正确安装，以及焊点有无虚焊。再用万用表测量输入与输出之间的电阻，看电路是否短路。

（4）整流测试

测试图如图 1.40 所示，接通 P_3，断开 P_1、P_2、P_4，接入交流电压 u_2，有效值为 10V，用示波器分别观察 u_2、U_{AB} 的波形，画出波形并记录幅值，完成表 1.10。

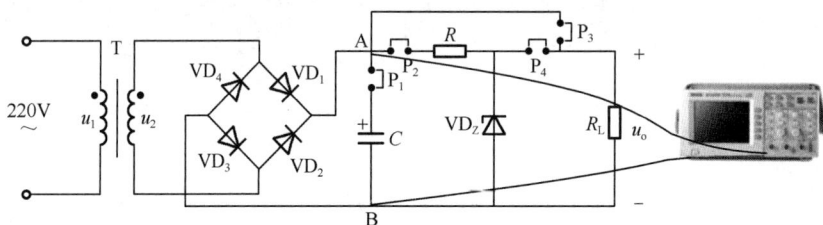

图 1.40　整流测试接线示意图

表 1.10　整流测试表

u_2		U_{AB}		
波　形	有 效 值	波　形	直 流 电 压	纹　波

（5）滤波部分测试

连接 P_1、P_3，断开 P_2、P_4，接入交流电压使 u_2 的有效值为 10V，用示波器观察 U_{AB} 的波形，画出波形并记录幅值，填入表 1.11 中。

表 1.11　滤波测试表

U_{AB}		
波　形	直 流 电 压	纹　波

（6）稳压部分测试

连接 P_1、P_2、P_4，断开 P_3，接入交流电压使 u_2 的有效值分别为 9V、10V、11V，用示波器观察 u_o 的波形，并记录电压值，填入表 1.12 中。

表 1.12　稳压测试表

u_2（有效值）	u_o

学与思

理论上 u_2 与 U_{AB} 的值有何关系？实际测试中该关系是否成立？

评价

技能训练评价包括职业素养、操作规范、作品效果 3 个方面，总分为 100 分。其中，职业素养与操作规范占总分的 50%，作品效果占总分的 50%，如表 1.13 所示。职业素养与操作规范、作品效果均合格，总成绩才能评定为合格。

表 1.13　二极管整流、滤波与稳压电路的制作与测试评分细则

考核内容		分值	评 分 细 则	自我评价	教师评价	备注
职业素养（20分）	工作前准备	10	做好装配前准备工作。不进行清点电路图、仪表、工具、材料等操作扣 5 分，摆放不整齐扣 2 分			出现明显失误造成元器件或仪表、设备损坏等安全事故或严重违反纪律，造成恶劣影响的本次考核为 0 分
	职业行为习惯	10	测试过程中仪表、导线摆放凌乱，测试结束后工位清理不整齐、不整洁扣 5 分/次；未遵守安全规则，扣 5 分			
操作规范（30分）	操作过程规范	5	不进行色环电阻识读，或不使用万用表检验电阻扣 1 分。如有电容、晶体管等元器件，不检验质量好坏扣 2 分			
		5	合理选择设备或工具对元器件进行成形和插装。每出现 2 个成形或插装不符合要求的元器件扣 1 分，累计超过 10 个本项为 0 分			
		5	正确选择装配工具和材料进行装配。恒温烙铁温度调节不准确、未准备清洁海绵扣 2 分，不能正确使用电烙铁扣 2 分，不能正确使用工具对导线进行处理扣 2 分			
		10	正确选择和操作仪器设备对电路进行调试。仪器选择不当扣 5 分，仪器仪表使用不规范 1 次扣 5 分，累计超过 3 次及以上本项为 0 分			
		5	浪费耗材、不爱惜工具，扣 3 分；损坏工具、仪表扣本大项的 30 分；测试延时每分钟扣 1 分，累计不超过 5 分；出现严重违规操作，取消本次成绩			

考核内容		分值	评 分 细 则	自我评价	教师评价	备注
作品效果（50分）	工艺	10	电路板作品要求符合 IPC-A-610D 标准中各项可接受条件的要求（1级），即符合标准中的元器件成形、插装、手工焊接等工艺要求的可接受的最低条件。 （1）元器件选择正确，选错 1 个扣 1 分。 （2）成形和插装符合工艺要求，每出现 1 处不符合的扣 1 分。 （3）元器件引脚和焊盘浸润良好，无虚焊、空洞或堆焊现象。每出现 1 处虚焊、空洞或堆焊扣 1 分，短路扣 3 分，焊盘翘起、脱落（含未装元器件处）1 处扣 2 分。 （4）损坏 1 个元器件扣 1 分；烫伤导线、塑料件、外壳，1 处扣 2 分；连接线焊接处线头不外露，否则 1 处扣 1 分。 （5）插座插针垂直整齐，否则 1 个扣 1 分；插孔式元器件引脚长度为 2～3mm，且剪切整齐，否则酌情扣 1 分。 （6）整板焊接点未进行清洁处理扣 5 分			
	工艺文件	10	（1）元器件清单多列、少列、错列 1 处扣 1 分。 （2）工具设备清单多列、少列、错列 1 处扣 1 分。 （3）测试方框图错画、漏画 1 处扣 0.5 分。 （4）电路组装与调试的步骤多写、少写、错写 1 处扣 1 分			
	功能	20	电路通电正常工作，且各项功能完好。功能缺失按比例扣分。其中，开机烧坏电源或其他电路的，本项为 0 分			
	指标	10	测试参数正确，即各项技术参数指标测量值的上、下限不超出要求的±10%。不符合要求 1 项扣 2 分			
总得分						

项目2 声光停电报警电路的制作与测试

项目描述

本项目主要学习晶体管的基础知识和晶体管应用电路。在教师指导下，以学生为中心，采取线上、线下混合式教学。线上学生通过扫码看视频、查阅资料、团队协作等多种方法自主学习；线下教师以启发引导为主进行授课，使学生较好地掌握知识的同时，培养学生思考与探究问题的能力。要求学生能够按照企业生产标准完成声光停电报警电路的组装与调试，实现其基本功能，满足相应的技术指标，并正确填写相关技术文件或测试报告，培养严谨认真的工匠精神。

知识体系

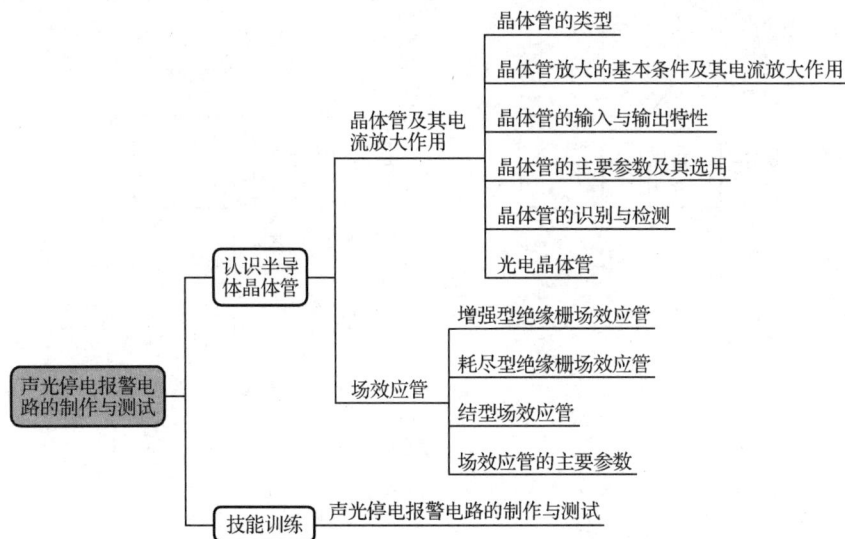

- 声光停电报警电路的制作与测试
  - 认识半导体晶体管
    - 晶体管及其电流放大作用
      - 晶体管的类型
      - 晶体管放大的基本条件及其电流放大作用
      - 晶体管的输入与输出特性
      - 晶体管的主要参数及其选用
      - 晶体管的识别与检测
      - 光电晶体管
    - 场效应管
      - 增强型绝缘栅场效应管
      - 耗尽型绝缘栅场效应管
      - 结型场效应管
      - 场效应管的主要参数
  - 技能训练
    - 声光停电报警电路的制作与测试

任务2.1 认识半导体晶体管

任务描述

本任务学习晶体管的基础知识，需要掌握晶体管的结构、图形符号及其电流放大作用，理解其输入、输出特性及主要参数；熟悉光电晶体管；会识别晶体管电极及检测晶体管的性能；会装调晶体管应用电路。

教师课前下发任务，学生依据课前任务要求，通过看视频、查阅资料等方法自主学习，完成课前预习。课上教师采用讲解、实验电路板演示等形式，培养学生思考与探究问题的能力。

2.1.1 晶体管及其电流放大作用

课前热身

1. 预习微课资源，记录预习笔记和疑难问题；
2. 完成教师创设的互动讨论话题，说说生活中哪里有晶体管的身影；
3. 分组讨论知识点后"学与思"的问题。

课中导学

1. 晶体管的类型

半导体三极管有两种类型：双极型和单极型。双极型三极管通常称为晶体管或 BJT，它的多数载流子和少数载流子均参与导电；单极型三极管通常称为场效应管或 FET，它只有多数载流子参与导电。在本项目及后续内容中，如无特殊说明，三极管均指晶体管。

晶体管按 N 型半导体和 P 型半导体结合方式的不同，可分为 NPN 型和 PNP 型两类，如图 2.1 所示。

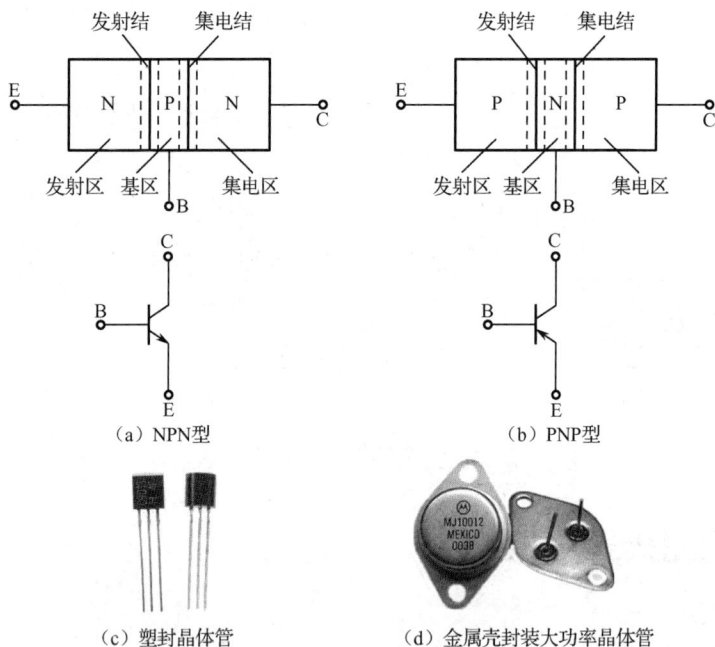

（a）NPN型　　　　（b）PNP型

（c）塑封晶体管　　　（d）金属壳封装大功率晶体管

图 2.1　晶体管的结构示意图、图形符号和实物图

以 NPN 型晶体管为例，它包含集电区、基区、发射区三个区；集电结、发射结两个 PN 结；集电极、基极、发射极三个极。PNP 型晶体管的结构与 NPN 型的相同，唯一的区别是：在 NPN 型晶体管中，两端的半导体类型为 N 型，中间的为 P 型；而 PNP 型的则是两端的半导体类型为 P 型，中间的为 N 型。两种晶体管的图形符号用发射极箭头方向的不同加以区别，

箭头方向指示了发射极的位置及发射结正偏时发射极上电流的方向（NPN 型晶体管和 PNP 型晶体管的结构特点、工作原理基本相同，因此除非特殊说明，本书中均以 NPN 型晶体管为例进行讲解）。

在晶体管的三个区中，基区薄，且掺杂浓度很低；发射区掺杂浓度很高；集电区掺杂浓度比发射区的低，但是体积比发射区的大。采用这种制作工艺是为了确保晶体管能发挥其电流放大作用，因此，在使用时，不可将发射极和集电极互换。

晶体管除按照结构分为 NPN 型和 PNP 型外，还可按材料分为硅管和锗管，按工作频率分为高频管和低频管，按制造工艺分为合金管和平面管，按功率分为中、小功率管和大功率管等。

2. 晶体管的电流放大作用

如图 2.2 所示为由晶体管构成的放大电路内部载流子运动示意图。

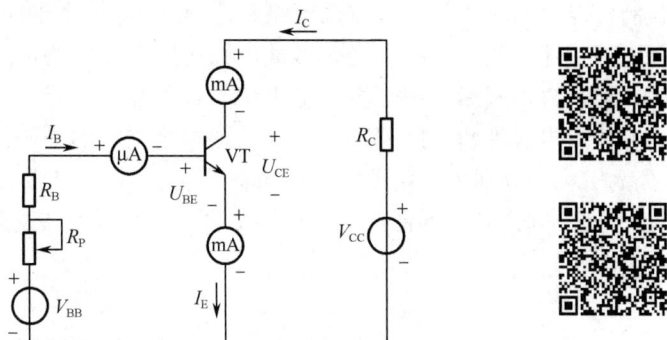

图 2.2 晶体管构成的放大电路内部载流子运动示意图

图中，直流电源 V_{BB} 经限流电阻 R_B、基极和发射极形成输入回路，直流电源 V_{CC} 经集电极电阻 R_C、集电结、发射结形成输出回路。当 V_{CC} 远大于 V_{BB} 时，发射区的多数载流子（电子）不断地向基区运动，同时不断地由电源得到补充，形成电流 I_E。而到达基区的电子中，除少部分与基区的空穴复合形成很小的基极电流 I_B 以外，其余的大部分由于受到 V_{CC} 的作用而继续向集电区方向运动，与原来基区中的少数载流子（自由电子）和集电区中的少数载流子（空穴）所产生的漂移运动而形成的数值很小的反向饱和电流 I_{CBO}，共同形成较大的集电极电流 I_C。

由此可见，I_B、I_C 是由 I_E 分配得来的。若将晶体管看成一个节点，三个电极上的电流满足 KCL 定律，即

$$I_E = I_B + I_C \tag{2.1}$$

由于基区很薄，同时掺杂浓度又很低，所以 I_B 很小，因此

$$I_E \approx I_C \tag{2.2}$$

当 I_B 发生微小变化时，I_C 会发生较大的变化。而电流是由电源 V_{CC} 提供的，晶体管自身并不能生成电流，所以晶体管只是一种电流控制器件，用小电流来控制大电流。

可见，晶体管具有电流放大及控制作用。

3. 晶体管放大的基本条件

但是晶体管并不是任何时候都能起到放大电流作用的，在使用时，必须满足一定的条件。那么条件是什么呢？即发射结正偏、集电结反偏。对于 NPN 型晶体管，就意味着 $U_C > U_B > U_E$；

对于 PNP 型晶体管，则要求 $U_E>U_B>U_C$。同时，发射结正偏时，由于 PN 结电压固定，当晶体管为硅管时，$U_{BE}≈0.7V$（锗管则约为 0.2V）。

【例 2.1】 用直流电压表测量某放大电路中某个晶体管各电极对地的电位分别是：$U_1=3V$，$U_2=7V$，$U_3=3.7V$，试判断晶体管各对应电极与晶体管类型。

解：本题的已知条件是三个电极的电位，根据晶体管能正常实现电流放大的电位关系，NPN 型管为 $U_C>U_B>U_E$，且硅管放大时的 U_{BE} 约为 0.7V，锗管的 U_{BE} 约为 0.2V；而 PNP 型管为 $U_C<U_B<U_E$，且硅管放大时的 U_{BE} 约为 -0.7V，锗管的 U_{BE} 约为 -0.2V。所以先找电位差绝对值为 0.7V 或 0.2V 的两个电极，若 $U_B>U_E$ 则为 NPN 型，若 $U_B<U_E$ 则为 PNP 型。本例中，U_3 比 U_1 大 0.7V，所以此管为 NPN 型硅管，脚 3 是基极，脚 1 是发射极，脚 2 是集电极。

4. 晶体管的输入与输出特性

晶体管各电极上的电压与电流之间的关系曲线称为晶体管的伏安特性曲线，它能直接反映晶体管的性能，同时也是分析放大电路和选择晶体管参数的重要依据。

在前面的描述中我们已经知道，放大电路中有两个回路，一个是输入回路，用来接收输入信号；一个是输出回路，用来发送输出信号。而晶体管只有三个电极，因此在构成放大电路时，必有一个电极为两个回路的公共端。根据公共端的不同，晶体管在电路中的连接方式（组态）分为三种，分别为：共发射极（简称共射）、共集电极（简称共集）、共基极（简称共基）。连接方式不同，其特性曲线也不同。如图 2.3 所示为共发射极接法电路。

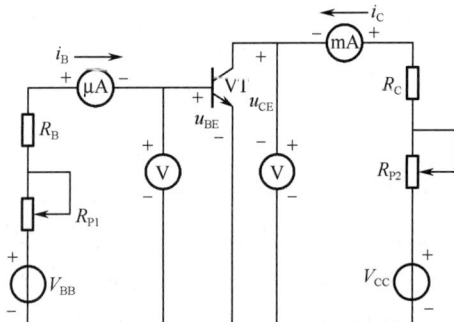

图 2.3 共发射极接法电路

下面介绍共发射极接法的特性曲线。

（1）输入特性曲线

输入特性是指在输出电压 u_{CE} 一定的情况下，输入电流 i_B 与输入电压 u_{BE} 之间的函数关系，即

$$i_B = f(u_{BE})|_{u_{CE}=常数} \tag{2.3}$$

当 $u_{CE}=0$ 时，晶体管的放大等效电路如图 2.4 所示。晶体管的集电极与发射极短接在一起，此时基极与发射极之间相当于两个并联的 PN 结。因此，当 B、E 之间加正偏电压时，晶体管的输入特性与单个 PN 结的正向特性类似，如图 2.5 中 $u_{CE}=0$ 的曲线。

当 u_{CE} 增大到 1V 时，随着 u_{CE} 的增大，集电结上的电压由正偏逐渐过渡到反偏，从发射区进入基区的电子除了部分会形成 i_B，剩下的则流向集电结，因此对应于相同的 u_{BE}，流向基极的电流比原来 $u_{CE}=0$ 时减小了，特性曲线看上去就相应地右移了。

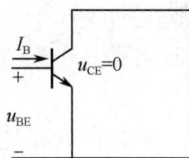

图 2.4　$u_{CE}=0$ 时晶体管的放大等效电路　　　图 2.5　晶体管的输入特性曲线

在 $u_{CE}>1V$ 以后，由于 u_{BE} 不变，而从发射区发射到基区的电子数量一定，集电结所加的反向电压已经能把这些电子中的绝大部分都吸引到集电区，所以即使 u_{CE} 再增加，i_B 减小得也不明显，因此 $u_{CE}>1V$ 以后特性曲线基本上是重合的，通常就用 $u_{CE}=1V$ 的这条曲线来代表 $u_{CE}>1V$ 以后的所有情况。而为了确保晶体管具备放大作用，多数情况下 u_{CE} 都是大于等于 1V 的，因此具有实际意义的通常是右边这条曲线。

（2）输出特性曲线

输出特性是指在输入电流 i_B 不变的情况下，晶体管的输出电流 i_C 与极间电压 u_{CE} 之间的函数关系，即

$$i_C = f(u_{CE})\big|_{i_B=\text{常数}} \qquad (2.4)$$

不同的 i_B 对应不同的 i_C，因此输出特性曲线是由一簇曲线构成的。如图 2.6 所示，输出特性曲线通常划分为四个区域：截止区、饱和区、放大区、击穿区。

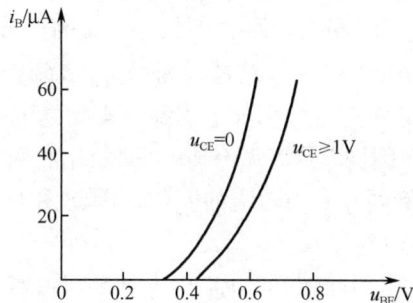

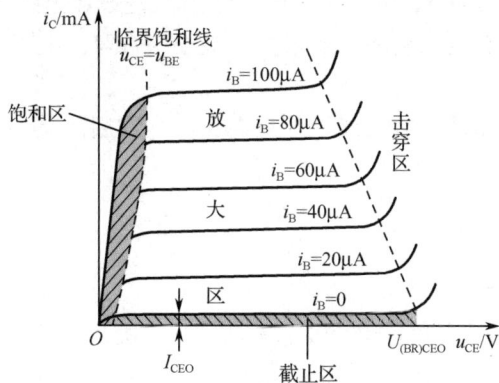

图 2.6　晶体管的输出特性曲线

① 截止区，即图 2.6 中 $i_B \leqslant 0$ 的区域。此时发射结和集电结均反偏，或者发射结零偏。事实上，晶体管是否截止，主要取决于发射结是否导通，只要发射结不导通，那么晶体管就处于截止状态。此时 $i_B=0$，但是 i_C 并不等于零，而是有个微小的穿透电流，在进行电路分析时，这个穿透电流往往忽略不计。

② 饱和区，即图 2.6 中 $i_B>0$ 且 $u_{CE}<u_{BE}$ 的区域。此时发射结和集电结均正偏，在 u_{CE} 由零逐渐增大的过程中，集电结收集电子的能力逐渐增强，因而 i_C 快速增大，晶体管内阻快速减小。饱和时 C、E 之间的压降称为饱和压降，用 U_{CES} 表示。小功率晶体管的 U_{CES} 通常约为 0.3V。

③ 放大区，即图 2.6 中 $i_B > 0$ 且 $u_{CE} > u_{BE}$ 的区域。此时发射结正偏，集电结反偏。由图可看出，曲线几乎与横轴平行，这是因为当 u_{CE} 大到一定程度时，集电结上的反偏电压已经能将发射区扩散到基区中的绝大部分电子都收集到集电区中，u_{CE} 再增大，集电区收集电子的能力也不会明显提高，因而 i_C 基本上不随 u_{CE} 的变化而变化，具有恒流特性。但是当 i_B 有微小变化时，i_C 以固定的比例同步发生较大的变化，因此图中各条曲线之间的间隔几乎相等。可见晶体管此时具有放大作用。

④ 击穿区，指晶体管的 u_{CE} 增大到某一值时，i_C 急剧增加、特性曲线迅速上扬的区域。一般情况下，晶体管不允许被击穿。所以通常我们认为晶体管只有三种工作状态。

由饱和、截止特性曲线可以发现，晶体管的 C、E 之间等效于一个开关，饱和时 C、E 之间电压近似为零，等效为开关闭合；截止时 C、E 之间电流近似为零，等效为开关断开。因此，晶体管除了放大作用，还具有开关作用。

此外，由于电源电压极性和电流方向不同，PNP 管与 NPN 管的特性曲线是相反、"倒置"的。

学与思

（1）晶体管有哪几个区、哪两个 PN 结？晶体管的共射输出特性曲线分为哪几个区？

_____

（2）图 2.6 中晶体管输出特性曲线簇中无 $i_B=30\mu A$ 时的 i_C 曲线，你能画出该曲线吗？

5. 晶体管的主要参数

晶体管的参数用来表征管子性能优劣和适用范围，是设计电路时合理选用晶体管的依据。其主要参数有：电流放大系数、极间反向电流、极限参数等。

（1）电流放大系数

电流放大系数是表征晶体管放大能力的重要参数，常用的是共射电流放大系数。

① 共射直流电流放大系数 $\overline{\beta}$。

忽略穿透电流 I_{CEO} 时，$\overline{\beta} \approx \dfrac{I_C}{I_B}$。

② 共射交流电流放大系数 β。

共射交流电流放大系数 β 等于集电极电流与基极电流的变化量之比，也是交流电流量之比，即 $\beta = \dfrac{\Delta i_C}{\Delta i_B} = \dfrac{i_C}{i_B}$。

在实际应用中，在频率较低的情况下 β 与 $\overline{\beta}$ 基本相等且为常数，因此在使用中一般不加以区分，都用 β 来表示，其值通常为 20～200，具体大小可通过查阅对应型号的数据手册来获取。

（2）极间反向电流

极间反向电流是表征晶体管热稳定性的重要参数，有 I_{CBO} 和 I_{CEO}，其测量电路如图 2.7 所示。

① 集电极-基极之间的反向饱和电流 I_{CBO}：表示发射极开路时，流过集电极的反向饱和电流。

② 集电极-发射极之间的穿透电流 I_{CEO}：表示基极开路时，从集电区穿过基区到发射区的电流，$I_{CEO}=(1+\bar{\beta})I_{CBO}$。

I_{CBO} 和 I_{CEO} 都由少数载流子运动形成，所以对温度非常敏感。其值越小，受温度影响越小，热稳定性越好。硅管的热稳定性比锗管的好。

（a）测量 I_{CBO} 的电路　　　　　（b）测量 I_{CEO} 的电路

图 2.7　极间反向电流的测量

（3）极限参数

极限参数是指为了确保晶体管安全工作，对其电压、电流和功率损耗所加的限制。

① 集电极最大允许电流 I_{CM}。I_{CM} 是指晶体管的 β 值下降到正常值的 2/3 时，所对应的集电极电流。当晶体管的集电极电流超过 I_{CM} 时，β 值将显著下降，但不一定会损毁管子。

② 反向击穿电压 $U_{(BR)CBO}$、$U_{(BR)CEO}$、$U_{(BR)EBO}$。$U_{(BR)CBO}$ 为发射极开路时，集电极-基极间的击穿电压；$U_{(BR)CEO}$ 为基极开路时，集电极-发射极间的击穿电压；$U_{(BR)EBO}$ 为集电极开路时，发射极-基极间的击穿电压。

③ 集电极最大允许损耗功率 P_{CM}。$P_{CM}=i_C u_{CE}$。由于晶体管在放大状态下，集电结反偏，所以晶体管的损耗功率主要是集电结损耗的，它会使集电结温度升高、管子发热。当损耗功率超过 P_{CM} 时，管子性能变坏，甚至烧毁。

根据给定的极限参数 I_{CM}、$U_{(BR)CEO}$、P_{CM}，可以在输出特性曲线上画出管子的安全工作区，如图 2.8 所示。

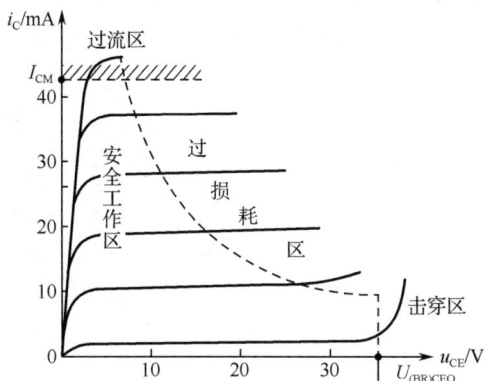

图 2.8　晶体管的安全工作区

6. 温度对晶体管参数的影响

温度主要影响发射结导通压降 U_{BE}、电流放大系数 β 和极间反向饱和电流 I_{CBO}。温度每升高 1℃，U_{BE} 减小 2～2.5mV、β 增大 0.5%～1%；温度每升高 10℃，I_{CBO} 增大约 1 倍。

7. 晶体管的选用

应根据电路的实际需求，本着安全、节约的原则选用晶体管。

（1）首先根据电路工作频率 f 选定晶体管的特征频率 f_T，一般要求：

$$f_T=(3\sim10)f$$

式中，f_T 称为特征频率，它用来描述管子对不同频率信号的放大能力，表征管子在高频时的特性。当 β 值下降到 1 时所对应的频率即为特征频率，它是晶体管在共射应用时有电流放大作用的最高极限频率。

其次，根据 f_T 决定选用高频管还是低频管，$f_T<3\text{MHz}$ 时选用低频管，而高频管的特征频率可达几十兆赫、几百兆赫，甚至更高。原则上可用高频管替换低频管，但高频管功率较小，动态范围窄，在 P_{CM} 相同的情况下高频管价格较高。

（2）根据晶体管实际工作最大电流 i_{Cmax}、最大管耗 P_{Cmax}、电源电压选定极限参数，应保证：

$$i_{Cmax}<I_{CM}, \quad P_{Cmax}>P_{CM}, \quad U_{(BR)CEO}>V_{CC}$$

（3）尽可能选极间反向电流小的管子，因极间反向电流小的管子温度（热）稳定性好。通常硅管的稳定性要好得多，但其饱和压降大，故电路中多采用硅管。

（4）β 值并不是越大越好，因一般 β 值高的管子受温度影响大，工作不稳定，且 β 值太大易引起自激振荡。通常 β 值选为 $40\sim100$。但对于低噪声、高 β 值的管子，如 9014、9015，β 值达到几百时，温度稳定性照样好。此外，在多级放大电路中，选择 β 值时要统筹考虑，前后搭配，要么前高后低，要么相反。

8. 晶体管的开关特性

在脉冲与数字电路中，晶体管作为最基本的开关元器件得到了普遍的应用。晶体管工作在饱和区时，其集电极与发射极之间的压降 $U_{CES}\approx0$，相当于开关的接通状态；工作在截止区时，$I_C\approx0$，相当于开关的断开状态，因此，晶体管可当作开关元器件使用。

9. 中、小功率晶体管的识别与检测

（1）判别电极。

① 判定基极。用万用表 $R\times100$ 或 $R\times1\text{k}$ 挡测量晶体管三个电极中每两个电极之间的正、反向电阻。当用第一根表笔接某一电极，而第二根表笔先后接触另外两个电极均测得低电阻时，则第一根表笔所接的那个电极即为基极 B。这时，要注意万用表表笔的极性，如果红表笔接的是基极 B，黑表笔分别接其他两极时，测得的电阻都较小，则可判定被测晶体管为 PNP 型管；如果黑表笔接的是基极 B，红表笔分别接其他两极时，测得的电阻较小，则被测晶体管为 NPN 型管。

② 判定集电极 C 和发射极 E（以 PNP 型管为例）。将万用表置于 $R\times100$ 或 $R\times1\text{k}$ 挡，红表笔接基极 B，用黑表笔分别接另外两个电极时，测得的两个电阻会是一个大一些，一个小一些。在较小电阻的测量中，黑表笔所接电极为集电极；在较大电阻的测量中，黑表笔所接电极为发射极。

（2）已知型号和引脚排列的晶体管，判别性能的好坏。

① 测量极间电阻。将万用表置于 $R\times100$ 或 $R\times1\text{k}$ 挡，按照红、黑表笔的 6 种不同接法进行测试。其中，发射结和集电结的正向电阻比较小，其他 4 种接法测得的电阻都很高，约为几百千欧至无穷大。但不管测量的是低电阻还是高电阻，硅材料晶体管的极间电阻要比锗材料晶体管的极间电阻大得多。

② 晶体管的穿透电流 I_{CEO} 的数值近似等于管子的电流放大系数 β 和极间反向饱和电流 I_{CBO} 的乘积。I_{CBO} 随着环境温度的升高而快速增大，I_{CBO} 的增大必然造成 I_{CEO} 的增大。I_{CEO} 的增大将直接影响管子工作的稳定性，所以在使用中应尽量选用 I_{CEO} 小的管子。通过用万用表直接测量晶体管 C、E 极之间电阻的方法，可间接估计 I_{CEO} 的大小，具体方法如下：万用表电阻的量程一般选用 $R×100$ 或 $R×1k$ 挡，对于 PNP 型管，黑表笔接 E 极，红表笔接 C 极；对于 NPN 型管，黑表笔接 C 极，红表笔接 E 极，要求测得的电阻越大越好。C、E 间的电阻越大，说明管子的 I_{CEO} 越小；反之，测得的电阻越小，说明被测管的 I_{CEO} 越大。一般来说，中、小功率硅管，锗材料低频管，其电阻应分别在几百千欧、几十千欧及十几千欧以上，如果电阻很小或测试时万用表指针来回晃动，则表明 I_{CEO} 很大，管子的性能不稳定。

③ 测量放大能力。目前有些型号的万用表具有"hFE"刻度线，可以很方便地测量晶体管的放大系数。先将万用表功能开关拨至"ADJ"位置，把红、黑表笔短接，调整调零旋钮，使万用表指针指示为零，然后将量程开关拨到"hFE"位置，并将两个短接的表笔分开，把被测晶体管插入测试插座，即可从"hFE"刻度线上读出管子的电流放大系数。

10. 光电晶体管

光电晶体管和普通晶体管的结构类似，不同之处是光电晶体管必须有一个对光敏感的 PN 结作为感光面，一般用集电结作为受光结，因此，光电晶体管实质上是一种相当于在基极和集电极之间接有光电二极管的普通晶体管。其外形及图形符号、等效电路如图 2.9 所示。

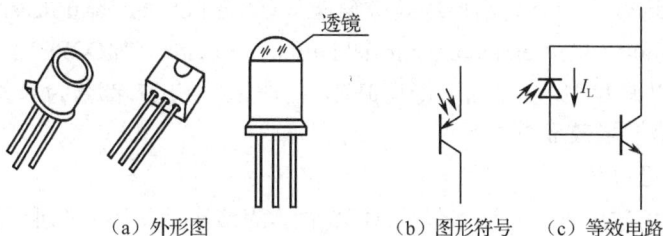

（a）外形图　　　　　（b）图形符号　　（c）等效电路

图 2.9　光电晶体管外形及图形符号、等效电路

当入射光在基区及集电区被吸收而产生电子—空穴对时，便形成光生电压。由此产生的光生电流由基极进入发射极，从而在集电极回路中得到一个放大了 β 倍的信号电流。因此，光电晶体管是一种将基极—集电极的电流加以放大的晶体管。

学与思

（1）当温度升高时，晶体管的 β、I_{CBO}、$U_{(BR)CEO}$ 将按什么规律变化？

_____

（2）选用晶体管时应注意哪些事项？

_____

课堂小测

课后拓展

学完了晶体管的基础知识，你能够根据晶体管的特性设计一些简单应用电路吗？试着画出电路图并分析原理。

2.1.2 场效应管

课前热身

1．预习微课资源，记录预习笔记和疑难问题；

2．完成教师创设的互动讨论话题，说说生活中哪些电器中要用到场效应管；

3．分组讨论知识点后"学与思"的问题。

课中导学

场效应管（Field effect transistor，FET）是利用电场效应来控制半导体中电流的一种半导体元器件，因此而得名。场效应管是一种电压控制元器件，只依靠一种载流子参与导电，故又称为单极型晶体管。与双极型晶体管相比，它具有输入阻抗高、噪声低、热稳定性好、抗辐射能力强、功耗小、制造工艺简单和便于集成化等优点，广泛应用于各种电子电路当中。根据结构的不同，场效应管分为结型场效应管（Junction field effect transistor，JFET）和绝缘栅型场效应管（Mctal Oxide-Semiconductor field effect transistor，MOSFET）两大类。绝缘栅型场效应管有增强型和耗尽型两种，而无论是 JFET 还是 MOSFET，都分为 N 沟道和 P 沟道两种。

1．增强型绝缘栅场效应管

（1）结构和图形符号

增强型绝缘栅场效应管（简称增强型 MOS 管）的结构示意图和图形符号如图 2.10 所示。其中图 2.10（a）为 N 沟道结构示意图。它以一块掺杂浓度较低的 P 型硅片作为衬底，利用扩散工艺在 P 型衬底的左右两侧制成两个高掺杂浓度的 N^+ 区，并用金属铝在两个 N^+ 区引出电极，分别作为源极 S 和漏极 D；然后在 P 型衬底表面覆盖一层很薄的二氧化硅绝缘层，在源、漏极之间的绝缘层上再喷一层金属作为栅极 G，另外在衬底引出衬底引线 B（通常在管内与源极 S 相连）。可见这种场效应管的栅极与漏、源极之间是绝缘的，故称为绝缘栅型场效应管。

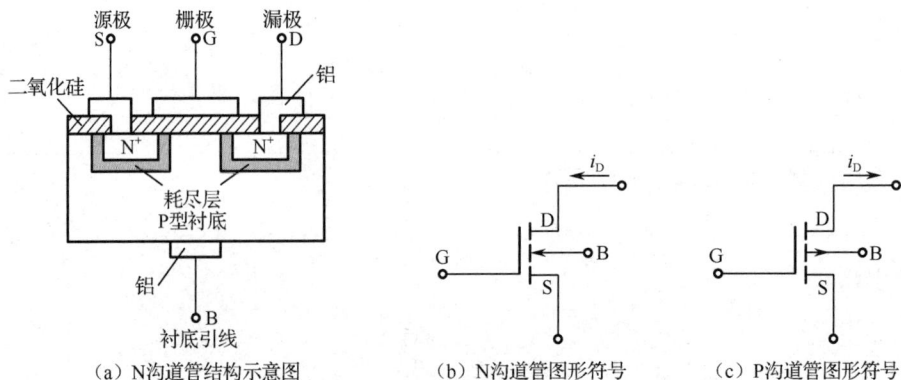

（a）N沟道管结构示意图　　　　（b）N沟道管图形符号　　　　（c）P沟道管图形符号

图 2.10　增强型绝缘栅场效应管的结构示意图和图形符号

在图 2.10（b）、（c）所示的图形符号中，衬底 B 的箭头方向是 PN 结正偏时的电流方向。

（2）工作原理

本小节仅以 N 沟道增强型 MOS 管为例，介绍其工作原理。

① 当栅源电压 $u_{GS}=0$ 时，在漏极和源极的两个 N 区之间是 P 型衬底，因此，漏、源极之间相当于两个背靠背的 PN 结。所以，无论漏、源极之间加上何种极性的电压，总有一个 PN 结是反偏的，漏、源极之间的电阻很大，不能形成导电沟道，没有电流流过，即漏、源极之间电流 $i_D=0$，如图 2.11 所示。

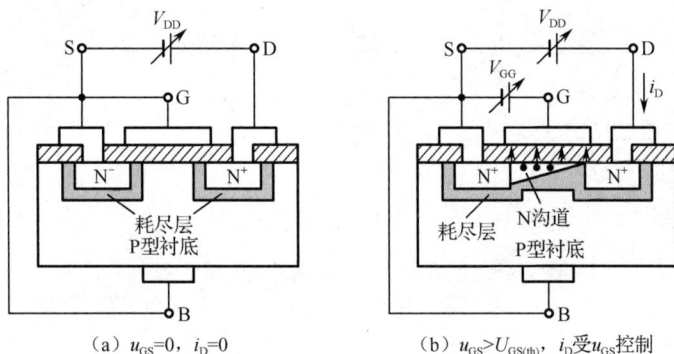

（a）$u_{GS}=0$，$i_D=0$　　　　　（b）$u_{GS}>U_{GS(th)}$，i_D 受 u_{GS} 控制

图 2.11　N 沟道增强型 MOS 管工作原理示意图

② 当 $u_{GS}>0$ 时，栅极和 P 型衬底相当于以二氧化硅为介质的平板电容器，在正的栅源电压作用下，介质中将产生一个垂直于半导体表面的电场，方向由栅极指向衬底。这个电场排斥空穴、吸引电子，P 型衬底中的电子（少子）被吸引到衬底靠近二氧化硅的一侧，与空穴复合，产生了由负离子组成的耗尽层。随着 u_{GS} 的增大，耗尽层逐渐变宽。当 u_{GS} 增大到一定数值时，由于吸引了足够多的电子，便在耗尽层与二氧化硅之间形成一个 N 型电荷层，称为反型层，这个反型层实际上就组成了源极和漏极间的 N 型导电沟道。若此时漏源电压 $u_{DS}>0$，就会有漏极电流 i_D 产生。开始形成导电沟道时的栅源电压称为开启电压，用 $U_{GS(th)}$ 表示。一般情况下，$U_{GS(th)}$ 约为几伏。在 $u_{GS}\geqslant U_{GS(th)}$、$u_{DS}>0$ 的情况下，i_D 受 u_{GS} 控制，i_D 的大小随 u_{GS} 的变化而变化。

2. 耗尽型绝缘栅场效应管

（1）结构和图形符号

耗尽型绝缘栅场效应管（简称耗尽型 MOS 管）的结构示意图如图 2.12（a）所示。它与增强型 MOS 管相比，不同之处在于制造管子时，在二氧化硅绝缘层中掺入了大量的正离子，这些正离子所形成的电场同样会在 P 型衬底表面感应出自由电子，形成反型层。也就是说，在栅源电压 $u_{GS}=0$ 时，已经有了导电沟道。这时如果 $u_{DS}>0$，就会产生漏极电流 i_D。其余与增强型 MOS 管相同。

如图 2.12（b）所示为 N 沟道耗尽型 MOS 管的图形符号，如图 2.12（c）所示为 P 沟道耗尽型 MOS 管的电路符号。

（2）工作原理

① 当 $u_{GS}=0$ 时，只要加上正向漏源电压 u_{DS}，就有 i_D 产生。

② 当 $u_{GS}>0$ 时，i_D 随 u_{GS} 的增大而增大；当 $u_{GS}<0$ 时，i_D 随 u_{GS} 的减小而减小。当 u_{GS} 反向增大到某一数值时，导电沟道消失，$i_D\approx0$，管子截止。此时所对应的栅源电压称为夹断电压，用 $U_{GS(off)}$ 表示。

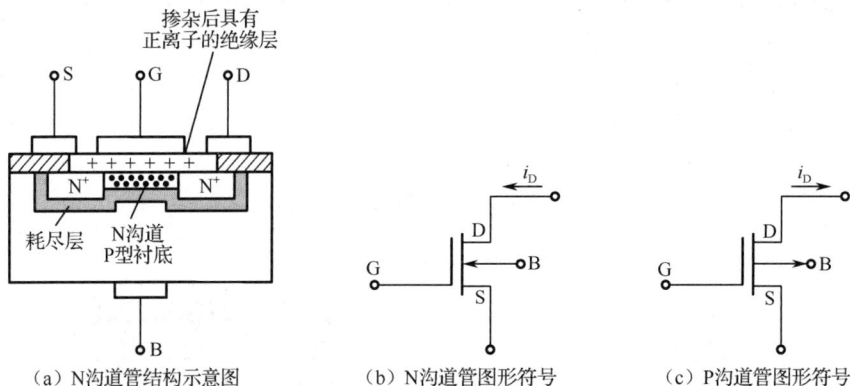

（a）N沟道管结构示意图　　　　（b）N沟道管图形符号　　　　（c）P沟道管图形符号

图 2.12　耗尽型 MOS 管的结构与图形符号

3. 结型场效应管

结型场效应管的结构、工作原理与 MOS 管的有所不同，但也利用 u_{GS} 来控制输出电流 i_D，其特性与 MOS 管的相似。其结构示意图和图形符号如图 2.13 所示。

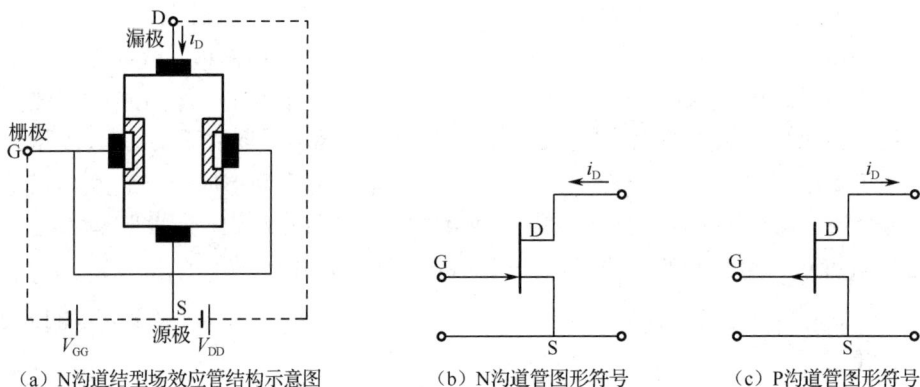

（a）N沟道结型场效应管结构示意图　　　（b）N沟道管图形符号　　　（c）P沟道管图形符号

图 2.13　结型场效应管的结构与图形符号

N 沟道结型场效应管是在一块 N 型半导体两侧扩散生成两个高掺杂浓度的 P 区，从而形成两个 PN 结的。连接两个 P 区引出一个电极，为栅极 G，在 N 型半导体两端各引出一个电极，分别为源极 S 和漏极 D。

结型场效应管中存在原始沟道，故属于耗尽型。在正常工作时，栅、源极之间反向偏置，即 $u_{GS}<0$，两个 PN 结反偏，漏、源极之间正向偏置，即 $u_{DS}>0$，形成漏极电流 i_D。当 $u_{GS}>U_{GS(off)}$、$u_{DS}<(u_{GS}-U_{GS(off)})$ 时，工作在可变电阻区；当 $u_{GS}\geqslant U_{GS(off)}$ 且 $u_{DS}\geqslant(u_{GS}-U_{GS(off)})$ 时，工作在恒流区；当 $u_{GS}<U_{GS(off)}$ 时，工作在夹断区。

学与思

（1）比较各类场效应管的图形符号，并画一画。

（2）场效应管的漏极电流 i_D 与集电极电流 i_C 分别受什么控制？有何不同？

4. 场效应管的主要参数

（1）直流参数

① 夹断电压 $U_{GS(off)}$：耗尽型管的主要参数。指当 u_{DS} 一定时，使 i_D 近似为零时的栅源电压 u_{GS} 的值。

② 开启电压 $U_{GS(th)}$：增强型管的主要参数。指当 u_{DS} 一定时，开始出现漏极电流 i_D 时所需的栅源电压 u_{GS} 的值。

③ 饱和漏极电流 I_{DSS}：耗尽型管的主要参数。指当栅源电压 $u_{GS}=0$ 时，产生预夹断时的漏极电流。

④ 直流输入电阻 R_{GS}：在漏、源极之间短路（$u_{DS}=0$）的条件下，栅源电压 u_{GS} 与栅极电流之比。由于场效应管的栅极电流几乎为零，因此其电阻很高。结型场效应管的 R_{GS} 一般在 10MΩ 以上，绝缘栅型场效应管的 R_{GS} 一般在 1000MΩ 以上。

（2）交流参数

① 低频跨导 g_m：指 u_{DS} 为常数时，漏极电流 i_D 与栅源电压 u_{GS} 的变化量之比，即

$$g_m = \frac{\Delta i_D}{\Delta u_{GS}}\Big|_{u_{DS}=\text{常数}} \tag{2.5}$$

低频跨导反映了栅源电压 u_{GS} 对漏极电流 i_D 的控制能力，是表征场效应管放大能力的参数，其单位为西门子（S）。

② 极间电容：指场效应管三个电极之间的等效电容。极间电容越小，场效应管的高频特性越好，一般为几个皮法。

（3）极限参数

① 漏源击穿电压 $U_{BR(DS)}$：场效应管进入恒流区后，如果 u_{DS} 继续增大，当其增大到某一数值时，会使漏极电流急剧增大，此时对应的漏源电压称为漏源击穿电压。工作时，外加在漏、源极之间的电压不得超过此值。

② 栅源击穿电压 $U_{BR(GS)}$：指结型场效应管 PN 结被击穿，或者绝缘栅型场效应管栅极与衬底之间的二氧化硅绝缘层被击穿时的栅源电压。这种击穿属于破坏性击穿，击穿一旦发生，场效应管立即被破坏。

③ 最大漏极电流 I_{DM}：指场效应管正常工作时，允许的最大漏极电流。

④ 最大允许耗散功率 P_{DM}：允许耗散功率 p_D 指漏极电流与漏、源极之间电压的乘积，即 $p_D = i_D u_{DS}$。它将转化为热能，使管子的温度升高。为了使管子安全工作，p_D 的最大值即为 P_{DM}。P_{DM} 与管子的最高工作温度和散热条件有关。

课堂小测

课后拓展

找一台废旧的电器，拆开看一看里面有没有场效应管，同时记录其型号和封装形式。

技能训练 3 声光停电报警电路的制作与测试

1. 训练内容

某企业承接了一批声光停电报警电路的组装与调试任务，请按照相应的企业生产标准完成该产品的组装与调试，实现其基本功能，满足相应的技术指标，并正确填写相关技术文件或测试报告，电路原理图如图 2.14 所示。

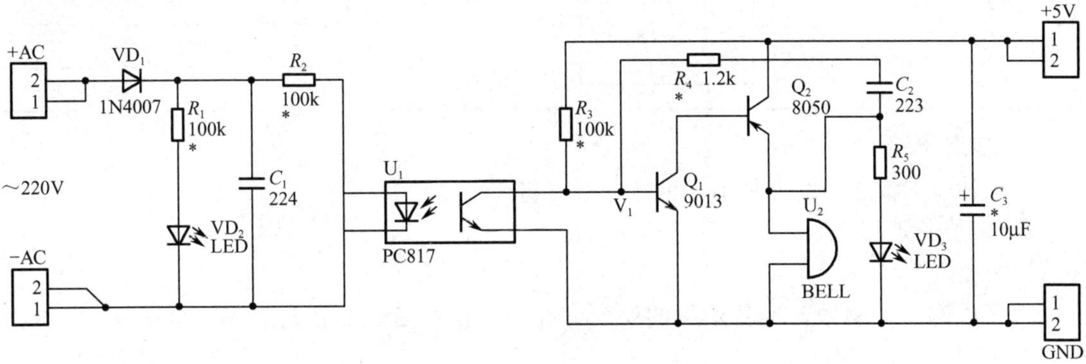

图 2.14 声光停电报警电路原理图

2. 元器件明细表

本电路中的相关元器件如表 2.1 所示，按要求准备好相关元器件。

表 2.1 元器件清单

序 号	符 号 名 称	名 称	规 格 型 号	数 量
1	VD_1	二极管	1N4007	1
2	VD_2、VD_3	发光二极管	LED	2
3	R_1、R_2、R_3	电阻	100kΩ	3
4	R_4	电阻	1.2kΩ	1
5	R_5	电阻	300Ω	1
6	C_3	电解电容	10μF	1
7	C_1、C_2	瓷片电容	224、223	2
8	U_1	光电晶体管	PC817	1
9	Q_1	NPN 型晶体管	9013	1
10	Q_2	PNP 型晶体管	8050	1
11	U_2	蜂鸣器		1

3. 元器件识别与检测

根据晶体管的识别、检测方法，用万用表欧姆挡对光电晶体管进行测量，用直接读取电容容量的方法完成表 2.2。

表2.2 元器件测试表

元 器 件	识别及检测内容		
电容	规格型号		容量
	223		
光耦 （各引脚的名称）		1	
		2	
		3	
		4	

4. 安装步骤

参照技能训练2中的安装步骤进行电路安装。

5. 电路调试

（1）仪表准备

根据要测试的参数，准备所需的仪表，并检查仪表是否能正常工作，测试仪表清单如表2.3所示。

表2.3 测试仪表清单

序 号	仪表名称	仪表型号	仪表规格	数 量
1	数字万用表	V89D		1
2	毫伏表	DF2172B	100μV～300V	1
3	数字示波器	DS1002	20MHz	1
4	直流稳压电源	XJ17232	0～30V/0～2V	1

（2）测试导线准备

根据所要测试的参数，准备所需的导线，并检查导线是否完好，有无断线、接触不良等现象，测试导线清单如表2.4所示。

表2.4 测试导线清单

序 号	导线名称	单 位	导线规格	数 量
1	表笔线	副	50cm	1
2	双头鳄鱼夹测试线	副	40cm	1
3	BNC头测试线	副	50cm	3
4	双头香蕉插头连接线	根	5cm	2

（3）不通电检查

电路安装完成后，对照原理图和连线图，认真检查元器件是否正确安装，以及焊点有无虚焊。再用万用表测量输入和输出之间的电阻，看是否有短路问题。

（4）通电测试

装配完成后，通电测试，完成表2.5。

表 2.5　波形测试表

测 试 点	V_1基极
波形	
频率/Hz	
幅值/V	

断开电源，观察电路是否进行停电报警。

6. 评价

参照表 1.13 进行评分。

Note

Note

读与思

半导体材料硅的故事

从永不休眠的城市到偏远的乡村，一项技术正在改变我们的生活和工作方式。从口袋里的智能手机到为互联网"供电"的庞大数据中心，从电动车到超音速飞机，从心脏起搏器到预报天气的超级计算机——这其中的每个设备，无论是看不见的还是广为人知的，都是这项技术使之成为可能，即半导体。

半导体元器件是现代计算机的基本组成部分，被称为晶体管的半导体设备是在计算机内部运行的微型电子开关。

美国科学家于 1947 年制造了第一个硅晶体管。在此之前，计算机的运行是由真空管完成的，真空管体积大，速度慢。硅打开了半导体材料的新大门，使一大批半导体元器件变得越来越小，这种变化逐年发生，半导体元器件变得越来越小的同时，也在变得越来越智能。

半导体工业协会首席执行官约翰·诺弗（John Neuffer）表示："这些晶体管的小型化，使我们能够进行前几代人无法想象的工作。""因为我们可以将大型运算设备安装在微型芯片上了。"

创新的速度是空前的。芯片开始以稳定的速度被小型化，就好像该技术在遵循某种规律一样。芯片巨头英特尔的联合创始人戈登·摩尔（Gordon Moore）首先提出摩尔定律，即芯片上可容纳的晶体管数量每两年就会翻一番。直到近几年，摩尔定律仍被证明是正确的。只是到了现在，当晶体管尺寸缩小到了物理极限时，芯片的微型化步伐才开始放慢了，摩尔定律逐渐失效。

早期的晶体管肉眼可见，但是到了现在，一个很小的芯片就可以容纳数十亿个晶体管。最重要的是，半导体制造业的这种指数级改进推动了数字革命。

半导体原材料主要来自日本和墨西哥，而芯片制造则来自美国和中国，制成的芯片被运往世界各地，最终安装在电子设备中，销往世界各国人们的手中。

诺弗说："从原材料到被销往终端，硅可能要在世界范围内传播两到三次。"但是，这个庞大的全球性网络可以将其起源追溯到少数几个非常特定的地方，其中美国、德国、韩国、日本是世界上排名前四的硅晶圆出口国。

高端电子产品需要高质量的原材料。有人在石英岩中发现了最纯净的硅，其中美国北卡罗来纳州云杉松附近的一个采石场拥有世界上最纯净的石英石。全球数以亿计的数字设备——甚至包括您手中的智能手机和您面前的笔记本电脑，都将北卡罗来纳州这座小镇的一部分带入其中。

Quartz 公司的矿山经理皮珀特说："一想到几乎在每部手机和计算机芯片中都可以找到 Spruce Pine 矿的石英石，这确实让我有些诧异。"

云杉松周围的岩石非常独特，其二氧化硅含量高，污染物含量低。该地区的矿产已经被开采了数百年，用于制造宝石和云母（一种用于油漆的硅酸盐），但是随之出土的石英石被丢弃了。直到 20 世纪 80 年代半导体工业兴起，石英石才变成了珍贵的物质。

现在，石英石的售价为每吨 10000 美元，以此为主营业务的 Spruce Pine 矿的年营业额为 3 亿美元。用机器和炸药从地面提取的岩石被放入破碎机中，该破碎机吐出石英砾石，然后将其送至加工厂，将石英研磨成细砂，在其中添加水和化学药品可将硅与其他矿物分离。最后经过研磨，可以装袋并以粉末形式送到精炼厂。

世界上每年生产数十亿个芯片，但每年仅需开采约 30000 吨硅，这比美国每小时生产的建筑用砂量还少。皮珀特说："我们现在拥有可以开采数十年的芯片制造材料。而且在我们用尽石英石之前，该行业可能会发生变化。"

硅为 5000 亿美元的芯片产业提供了动力，这些芯片又为价值约 30 亿美元的全球科技经济提供了动力。

但是，硅作为这场革命的核心元素，却"谦虚"得令人惊讶，它分布得太广泛了。硅是地球上最常见的物质之一，存在于构成地壳的 90% 的矿物中。一项遍布全球的技术竟是由地球上最普遍的一种物质制成的。

思考与练习

1.1 填空题

1. 半导体导电特征和金属导电特征的不同是_____。

2. 二极管的主要特点是_____，确保二极管安全工作的两个主要参数分别是_____和_____。

3. 在常温下，硅二极管的死区电压约为_____V，导通后在较大电流下的正向压降约为_____V；锗二极管的死区电压约为_____V，导通后在较大电流下的正向压降约为_____V。

4. 发光二极管在工作时要串联一个电阻，否则_____。

5. 晶体管的工作区分别是_____。

6. 晶体管起放大作用时，应使发射结处于_____偏置，集电结处于_____偏置。

7. 晶体管输出特性曲线中饱和区和放大区的分界线标志为_____，截止区和放大区的分界线标志为_____。

8. 场效应管是通过改变_____来改变漏极电流（输出电流）的，所以它是一个_____元器件。

9. 温度升高时，晶体管的电流放大系数 β_____，反向饱和电流 I_{CBO}_____，正向结电压 U_{BE}_____。

10. 有两个晶体管：A 管 $\beta=200$，$I_{CEO}=300\mu A$；B 管 $\beta=80$，$I_{CEO}=20\mu A$，其他参数大致相同，一般应选_____管。

1.2 判断题

1. 二极管的反向击穿电压大小与温度有关，温度升高反向击穿电压增大。（　　　）

2. 稳压二极管正常工作时必须反偏，且反偏电流必须大于稳定电流 I_Z。（　　　）

3. 常温下，N 型半导体在导电时没有空穴载流子参与。（　　　）

4. 在不加外电压时，PN 结内部没有电子的运动。（　　　）

5. PN 结加正向电压时空间电荷区将变宽。（　　　）

6. 晶体管工作于截止状态时，发射结正偏。（　　　）

7. 晶体管处于放大状态时应使发射结正偏，集电结反偏。（　　　）

1.3　选择题

1.硅二极管正偏导通时，正偏电压分别为 0.7V 和 0.5V 时，二极管呈现的电阻值（　　　）。

A．相同　　　　　　　　　　B．不相同　　　　　　　　　　C．无法判断

2．二极管反偏时，以下说法正确的是（　　　）。

A．在达到反向击穿电压之前通过的电流很小，称为反向电流

B．在达到死区电压之前，反向电流很小

C．二极管反偏一定截止，电流很小，与外加反偏电压大小无关

3．电路如图题 1.1 所示，稳压二极管的 U_Z=6.3V，正向导通压降为 0.7V，则 U_O 为（　　　）。

A．6.3V　　　　　　B．0.7V　　　　　　C．7V　　　　　　D．14V

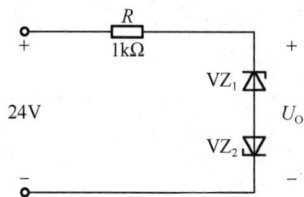

图题 1.1

4．变容二极管在电路中主要用作（　　　）。

A．整流　　　　　　B．稳压　　　　　　C．可变电阻　　　　　　D．可变电容

5．如图题 1.2 所示电路，二极管导通时压降为 0.7V，反偏时电阻为∞，则以下说法正确的是（　　　）。

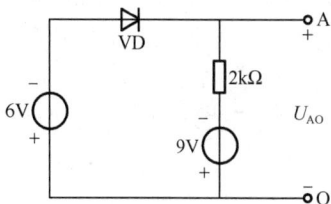

图题 1.2

A．VD 导通，U_{AO}=5.3V　　　　　　　　B．VD 导通，U_{AO}=-5.3V

C．VD 导通，U_{AO}=-6.7V　　　　　　　　D．VD 导通，U_{AO}=6V

E．VD 截止，U_{AO}=-9V

6．N 型半导体为掺杂半导体，具有（　　　）的特点。

A．带负电　　　　　　　　　　B．空穴为多数载流子

C．电子为多数载子　　　　　　　　　　D．具有单向导电性

7．在下面 4 个二极管中，单向导电性最好的是（　　　）。

电　　流	二　极　管			
	A	B	C	D
反向电流	2μA	5μA	6μA	10μA
加相同正向电压时的电流	18mA	8mA	13mA	5mA

8．下列电路中变压器二次电压均相同，负载电阻及滤波电容均相等，二极管承受反向电压最低的是（   ），负载电流最小的是（   ）。

A．半波整流电容滤波电路　　　　　　　B．全波整流电容滤波电路

C．桥式整流电容滤波电路

9．如图题 1.3 所示电路，若变压器二次电压为 10V，现测得输出电压为 14.1V，则说明（   ）。若测得输出电压为 10V，则说明（   ）。若测得输出电压为 9V，则说明（   ）。

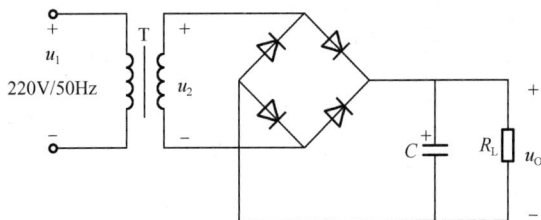

图题 1.3

A．滤波电容开路　　　　　　　　　　　B．负载开路

C．滤波电容击穿短路　　　　　　　　　D．其中一个二极管损坏

10．测得某放大电路中晶体管三个引脚对地电压分别为 $U_1=2V$，$U_2=6V$，$U_3=2.7V$，则晶体管三个电极为（   ）。

A．引脚①为发射极，引脚②为基极，引脚③为集电极

B．引脚①为发射极，引脚②为集电极，引脚③为基极

C．引脚①为集电极，引脚②为基极，引脚③为发射极

11．某 NPN 型硅管在放大电路中测得各极对地电压分别为 $U_C=12V$，$U_B=4V$，$U_E=0V$，由此可判别晶体管（   ）。

A．处于放大状态　　　B．处于饱和状态　　　C．处于截止状态　　　D．已损坏

12．某晶体管的极限参数为：$U_{(BR)CEO}=30V$，$I_{CM}=30mA$，$P_{CM}=100mW$，当晶体管工作电压 $U_{CE}=10V$ 时，I_C 不得超过（   ）mA。

A．20　　　　　　B．100　　　　　　C．10　　　　　　D．30

13．测得晶体管的电流方向、大小如图题 1.4 所示，则可判断三个电极为（   ）。

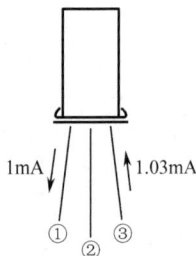

图题 1.4

A．①基极 B，②发射极 E，③集电极 C

B．①基极 B，②集电极 C，③发射极 E

C．①集电极 C，②基极 B，③发射极 E

D．①发射极 E，②基极 B，③集电极 C

14．上题中的晶体管为（　　）。

A．NPN 型管　　　　　　B．PNP 型管　　　　　C．根据已知条件无法判断

15．N 沟道场效应管的电流是由沟道中（　　）在漏、源极之间电场作用下运动形成的。

A．电子　　　　　　　　B．空穴　　　　　　　　C．电子和空穴

1.4　如图题 1.5 所示，电路输入 220V、50Hz 的交流电压 u_i，断开电容 C，画出 u_i、u_o 对应波形；如果把 C 接入，请分析 u_o 波形的变化，并说明 C 有何作用？

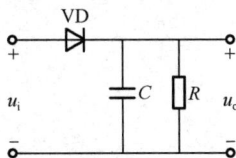

图题 1.5

1.5　二极管电路如图题 1.6 所示，试判断图中的二极管是处于导通还是截止状态，并求出 A、O 两端电压 U_{AO}。设二极管是理想二极管。

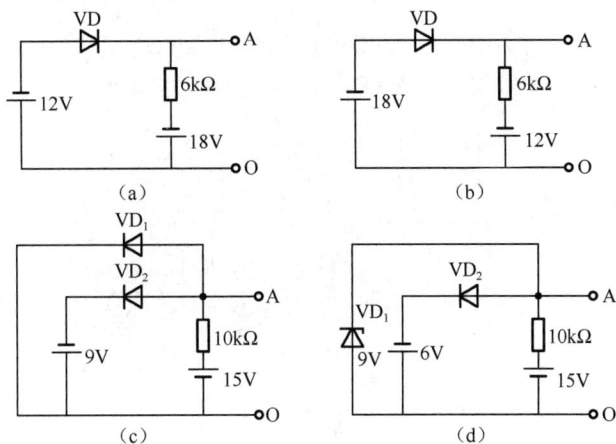

图题 1.6

1.6　电路如图题 1.7 所示，u_i 为三角波，峰-峰值为±10V。

（1）设 VD_1、VD_2 压降均为 0.7V，画出 u_o 的对应波形和输入、输出特性曲线。

（2）若 VD_1、VD_2 为理想二极管，u_o 波形会有什么变化。

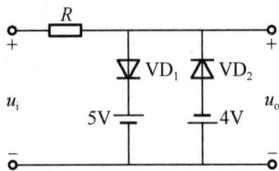

图题 1.7

1.7 晶体管各电极实测数据如图题1.8所示。

（1）各管是 PNP 型管还是 NPN 型管？

（2）各管是硅管还是锗管？

（3）管子是否损坏（如已损坏指出哪个结已开路或短路）？若未损坏，处于放大、截止、饱和哪种工作状态？

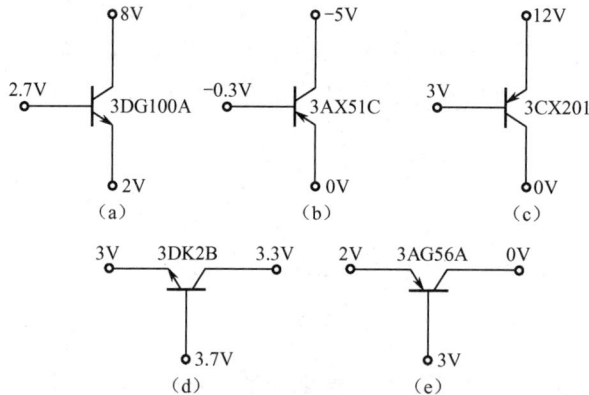

图题 1.8

1.8 测得放大电路中4个晶体管各引脚电位如图题1.9所示，试判断这4个晶体管的引脚（E、B、C），以及它们是 NPN 型还是 PNP 型，是硅管还是锗管。

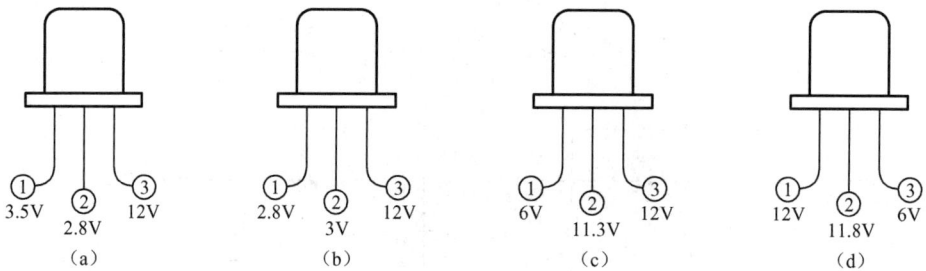

图题 1.9

1.9 测得放大电路中晶体管各引脚电流如图题1.10所示，试判断晶体管的引脚（E、B、C），以及它们是 NPN 型还是 PNP 型，电流放大系数 β 为多少？

图题 1.10

1.10　电路如图题 1.11（a）所示，VD 为普通硅稳压管，E=12V。

计算：图题 1.11（b）为稳压管 VD 的特性曲线，当 u_s=0V 时，在图题 1.11（a）所示电路中，要使 VD 分别工作在点 Q_1、Q_2、Q_3，则 R 的值应分别为多少？

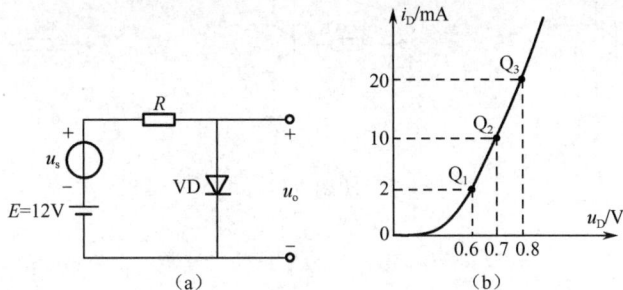

图题 1.11

1.11　电路如图题 1.12（a）所示，VD 为理想二极管。设输入电压 $u_i(t)$ 的波形如图题 1.12（b）所示，在 $0<t<5$ms 的时间间隔内，试绘出 $u_o(t)$ 的波形。

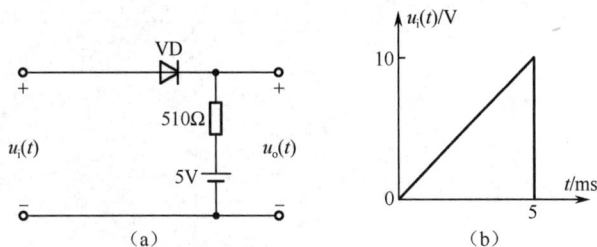

图题 1.12

1.12　电路如图题 1.13 所示。其中硅稳压管 VD_Z 的 U_Z=8V，动态电阻 r_Z 可以忽略，U_I=20V。试求：

（1）U_O、I_O、I 及 I_Z 的值；

（2）当 U_I 降为 15V 时的 U_O、I_O、I 及 I_Z 的值。

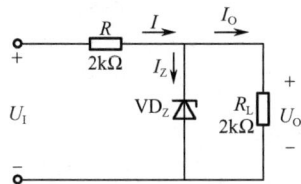

图题 1.13

1.13　某晶体管的极限参数 I_{CM}=100mA，P_{CM}=150mW，$U_{(BR)CEO}$=30V，若它的工作电压 U_{CE}=10V，则工作电流 I_C 不得超过多大？若工作电流 I_C=1mA，则工作电压的极限值应为多少？

1.14 判断图题 1.14 所示电路中晶体管的工作状态，并计算输出电压 u_O 的值。

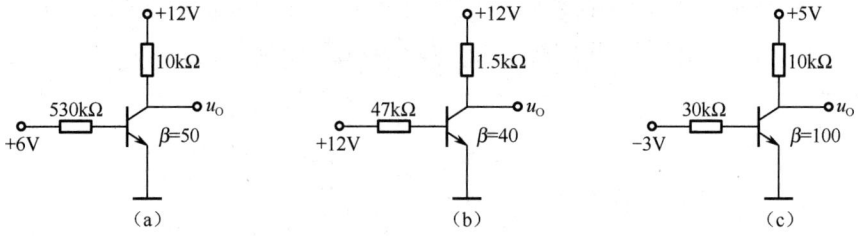

图题 1.14

模块二　常见放大电路

晶体管组成的放大电路广泛应用于各种电子产品中，如电子门铃、收音机、音响等。这些电子产品中都包含由晶体管组成的用来放大信号的放大电路，驱动扬声器发出较大的声音。本模块主要学习由晶体管组成的基本放大电路和功率放大电路，分 2 个项目进行学习。项目 3——分压式工作点稳定电路的制作与测试，主要学习晶体管放大电路的分析方法和分压式工作点稳定电路的制作与测试。项目 4——音频集成功率放大电路的制作与测试，主要学习功率放大电路的分析方法和音频集成功率放大电路的制作与测试。

音响设备

项目3 分压式工作点稳定电路的制作与测试

项目描述

本项目主要学习晶体管放大电路的分析方法和分压式工作点稳定电路的制作与测试。在教师指导下，以学生为中心采取线上、线下混合式教学。线上学生通过扫码看视频、查阅资料、团队协作等多种方法自主学习；线下教师以启发引导为主进行授课，使学生较好地掌握知识的同时，培养学生思考与探究问题的能力。要求学生能够按照企业生产标准完成分压式工作点稳定电路的组装与调试，实现其基本功能，满足相应的技术指标，并正确填写相关技术文件或测试报告，培养严谨认真的工匠精神。

知识体系

```
                                        ┌─ 放大电路基础知识
                          ┌─ 共射放大电路 ┤
                          │              └─ 共射放大电路的分析
            ┌─ 基本放大电路 ┤
            │             │              ┌─ 温度对静态工作点的影响
            │             └─ 分压式工作点稳 ┤  分压式工作点稳定电路的
            │                定电路        │  组成及工作原理
            │                             └─ 微变等效电路分析法
            │
分压式工作点稳定 ┤              ┌─ 共集和共基放大电路 ┌─ 共集放大电路
电路的制作与测试 ┤─ 其他晶体管放 ┤                   └─ 共基放大电路
            │    大电路       │
            │              │              ┌─ 级间耦合方式
            │              └─ 多级放大电路 ┤  多级放大电路的分析方法
            │                             │  单级阻容耦合放大电路的频率特性
            │                             └─ 多级阻容耦合放大电路的频率特性
            │
            └─ 技能训练 ─── 分压式工作点稳定电路的制作与测试
```

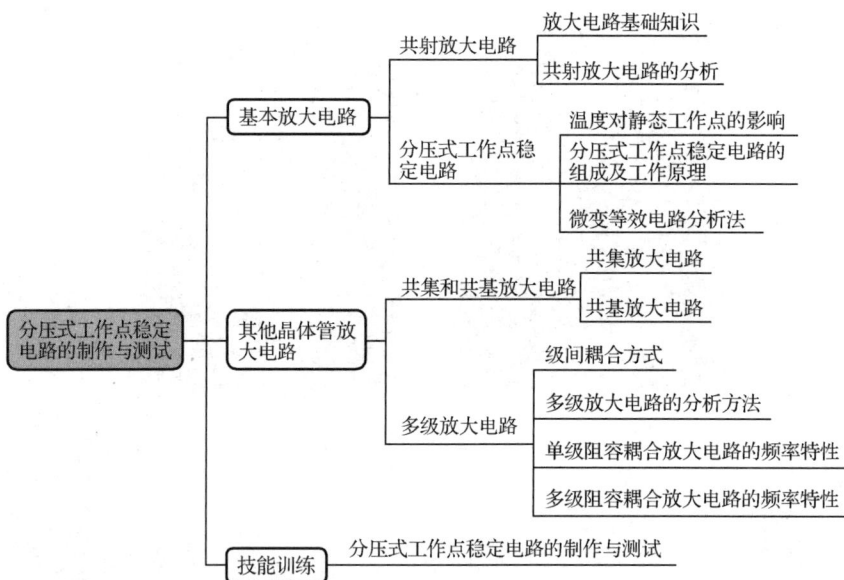

任务 3.1　基本放大电路

任务描述

本任务学习晶体管放大电路的分析方法，需要掌握晶体管构成共射放大电路基础知识，理解晶体管放大电路的组成和主要元器件的作用，熟悉直流通路、交流通路的作用，会用微变等效电路分析法求放大电路的放大倍数。

教师课前下发任务，学生依据课前任务要求，通过看视频、查阅资料等方法自主学习，完成课前预习。课上教师采用讲解、实验电路板演示等形式，培养学生思考与探究问题的能力。

3.1.1 共射放大电路

课前热身

1. 预习微课资源，记录预习笔记和疑难问题；
2. 完成教师创设的互动讨论话题，说说生活中有哪些电子产品用到了放大电路；
3. 分组讨论知识点后"学与思"的问题。

课中导学

1. 放大电路基础知识

（1）放大电路的组成

放大电路又称为放大器，它是电子电路中最基本，也是使用最为广泛的电路之一，用来将微弱的电信号（变化的电压或者电流）进行不失真的放大。所谓的不失真是指输出信号与输入信号的变化规律完全相同。放大电路将从直流电源当中获取的能量转换成负载的能量，因此，放大电路本身并不产生能量，它的本质其实是能量的控制和转换。

一个完整的放大系统由直流电源、信号源、放大电路、负载4部分组成，如图3.1所示。

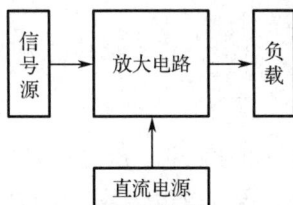

图 3.1 放大系统组成框图

图中，信号源提供需要进行放大的信号，它可等效为电压源或电流源。

负载是用来接收放大电路输出信号的元器件或电路，可等效为一个纯电阻 R_L。

直流电源给放大电路提供工作时所需的能量，其中一部分能量转变为输出信号输出，另一部分能量被放大电路中电阻等耗能元器件所消耗。

（2）晶体管放大电路的基本形式

晶体管组成的放大电路，根据输入回路和输出回路共用晶体管电极的不同，可以分为3种基本形式，如图3.2所示。

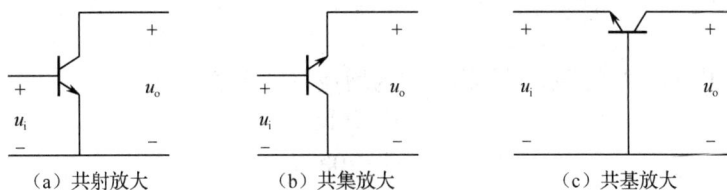

（a）共射放大 （b）共集放大 （c）共基放大

图 3.2 晶体管放大电路的基本形式

（3）放大电路的基本要求

晶体管构成的放大电路要实现放大作用，必须满足以下条件：

① 晶体管必须工作在放大状态，同时，信号在变化过程中应始终处于线性放大区，令信号不失真地放大。

② 用变化的输入电压产生变化的基极电流 i_b，以控制集电极电流 i_c。

③ i_c 应尽可能流到负载上去，使损耗尽量小。

（4）放大电路的主要性能指标

放大电路的主要性能指标有：放大倍数、输入电阻、输出电阻、最大输出幅值、通频带、最大输出功率、效率、非线性失真系数等。本小节主要介绍前面 3 个，即放大倍数、输入电阻及输出电阻。

任何一个放大电路都可以看成一个二端口网络，如图 3.3 所示。左边为输入端口，当有内阻为 R_s 的信号源 u_s 作用时，放大电路得到输入电压 u_i，同时产生输入电流 i_i；右边为输出端口，输出电压为 u_o，输出电流为 i_o，R_L 为负载电阻。

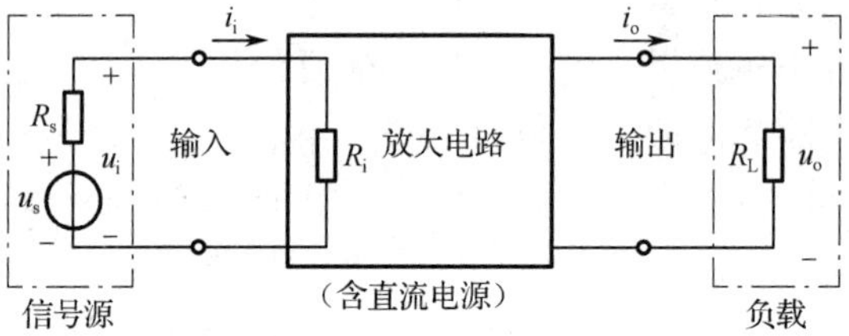

图 3.3　放大电路二端口网络示意图

① 放大倍数。

放大倍数是衡量电路放大能力的重要指标，用 A 表示。常用的放大倍数有电压放大倍数、电流放大倍数、源电压放大倍数。在实测放大倍数时，放大电路必须处于不失真状态，否则测试没有意义。

如图 3.3 所示，放大电路的输出电压与输入电压之比，称为电压放大倍数，用 A_u 表示，即

$$A_u = \frac{u_o}{u_i} \tag{3.1}$$

放大电路的输出电流与输入电流之比，称为电流放大倍数，用 A_i 表示，即

$$A_i = \frac{i_o}{i_i} \tag{3.2}$$

放大电路的输出电压与信号源电压之比，称为源电压放大倍数，用 A_{us} 表示，即

$$A_{us} = \frac{u_o}{u_s} \tag{3.3}$$

工程上也常用对数来表示放大倍数，称为增益 G，单位为分贝（dB），常用的有

$$G_u = 20\lg|A_u| \tag{3.4}$$

$$G_i = 20\lg|A_i| \tag{3.5}$$

② 输入电阻。

输入电阻是指从放大电路的输入端口看进去的交流等效电阻，用 R_i 表示。在数值上等于

输入电压与输入电流之比，即

$$R_i = \frac{u_i}{i_i} \qquad (3.6)$$

R_i 相当于信号源的负载，它的大小决定了放大电路从信号源索取信号能力的大小。R_i 越大，表明放大电路向信号源索取的电流越小，放大电路所得到的输入电压 u_i 越接近信号源电压 u_s，信号源的电压就可以更多地传输到放大电路的输入端，即索取信号的能力越强。通常情况下，希望 R_i 越大越好。

③ 输出电阻。

如图 3.4 所示，输出电阻是指从放大电路的输出端口看进去的交流等效电阻，用 R_o 表示。在数值上等于信号源短路、负载开路时，在放大电路的输出端外加一个交流输出电压 u_o 与其产生的电流 i_o 的比值，即

$$R_o = \frac{u_o}{i_o} \qquad (3.7)$$

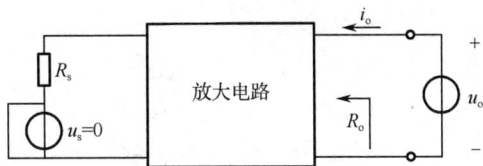

图 3.4 输出电阻的求法

R_o 的大小决定了放大电路带负载能力的大小。R_o 越小，负载电阻变化时 u_o 的变化越小，同时对放大电路的影响越小，即放大电路的带负载能力越强。通常情况下，希望 R_o 越小越好。

学与思

（1）在电压放大电路中，电压放大倍数是越大越好吗？为什么希望输入电阻大一些、输出电阻小一些？

（2）为什么 R_o 的大小决定了放大电路带负载能力的大小？

2. 共射放大电路的分析

（1）共射放大电路的组成

如图 3.5（a）所示为共射放大电路原理图。在放大电路中，晶体管为核心放大元器件。集电极回路中的直流电源 V_{CC}（一般为几伏到几十伏）保证集电结反偏，集电极电阻 R_c（一般为几千欧到几十千欧）负责将晶体管集电极电流 i_C 的变化转变为集电极电压 u_{CE} 的变化，再通过放大电路的输出端输出。基极回路中的直流电源 V_{BB} 保证发射结正偏，并通过基极电阻 R_b（一般为几十千欧到几百千欧）给基极提供合适的电流 I_B。习惯画法如图 3.5（b）所示，电容 C_1、C_2 称为隔直电容或耦合电容（一般为几微法到几十微法），起到"隔直通交"的作用。为了简化电路，一般选取 $V_{CC} = V_{BB}$，且只标出电源的正极。

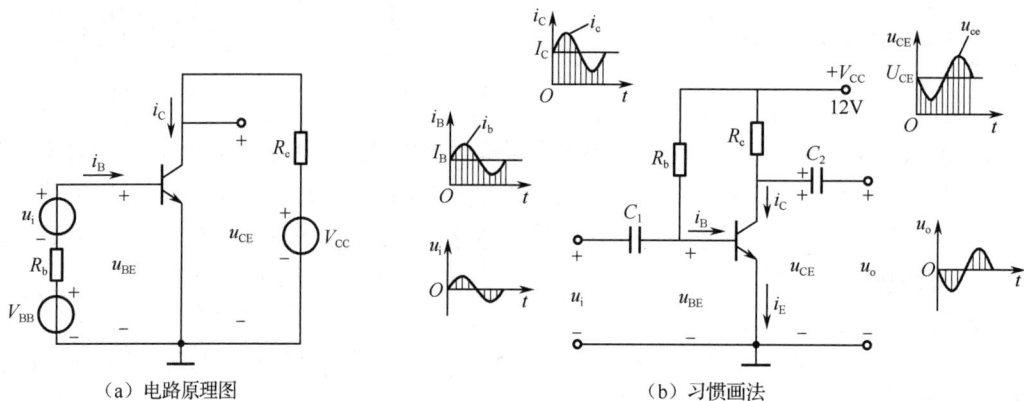

（a）电路原理图　　　　　　　　　　（b）习惯画法

图 3.5　共射放大电路原理图、习惯画法

一般情况下，放大电路中既有直流量，也有交流量。为了方便有效地分析电路，往往利用叠加定理把放大电路拆分成直流通路和交流通路两个子电路。为了区分直流量和交流量，电路中对符号的规定如下：

① 小写字母和小写下标，表示交流量，如 i_b、u_{be} 等。

② 大写字母和大写下标，表示直流量，如 I_B、U_{BE} 等。

③ 小写字母和大写下标，表示总的瞬时值，如 $i_B = i_b + I_B$、$u_{BE} = u_{be} + U_{BE}$ 等。

④ 大写字母和小写下标，表示交流量的有效值，如 I_b、U_{be} 等。

（2）电路的直流通路

因为放大电路可以拆分成直流通路和交流通路，所以对放大电路进行的定量分析可分为静态分析和动态分析。静态是指放大电路中没加输入信号时的工作状态，此时需要根据估算电路中各处的直流电压和直流电流的大小来判断晶体管是否处于放大状态。动态是指放大电路在静态的基础上外加了输入信号时的工作状态，此时需要估算放大电路的各项动态指标。分析过程一般是先静态后动态，因为在放大电路中，只有晶体管处于放大状态时，放大才具有意义。

静态时，输入信号为零。在直流电源作用下直流电流流经的通路称为直流通路，用于研究静态工作点。在画直流通路时，应考虑以下三个方面：

① 因为电容对直流开路，所以有电容的支路都应视为开路。

② 电感对直流短路。

③ 外加信号源视为短路，但保留其内阻。

根据上述原则，可画出图 3.5（b）中的共射放大电路的直流通路，如图 3.6 所示。

【例 3.1】 在图 3.6 中，若 $V_{CC} = -12V$，试判断该晶体管是否具有放大作用。

解：晶体管要具备放大作用，必须保证发射结正偏、集电结反偏，由于图中的晶体管为 NPN 型管，在放大状态下，$U_{CQ} > U_{BQ} > U_{EQ}$，而此图中，$V_{CC} = -12V < 0$，即 $U_{CQ} < U_{EQ}$。因此该晶体管不具备放大作用。

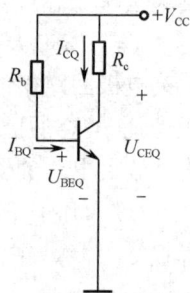

图 3.6　共射放大电路的直流通路

① 近似估算法。

由例 3.1 可知，在晶体管放大电路中，晶体管有可能不是处于放大状态，因此，通过估算静态工作点来判断晶体管是否处于有效放大状态就非常有必要了。静态时，晶体管的基极回路和集电极回路中均存在直流电流和直流电压，这些直流电流和直流电压在晶体管的输入、输出特性曲线上分别相交成一个点，这个点就叫作静态工作点，记为 Q。

在如图 3.6 所示的直流通路中，可列出两个 KVL 方程：

$$V_{CC} = I_{BQ}R_b + U_{BEQ} \tag{3.8}$$

$$V_{CC} = I_{CQ}R_c + U_{CEQ} \tag{3.9}$$

在放大状态下，晶体管的 U_{BEQ} 可视为已知量，硅管的 $|U_{BEQ}|$ 为 0.7V，锗管的 $|U_{BEQ}|$ 为 0.2V，并且此时有

$$I_{CQ} \approx \beta I_{BQ} \tag{3.10}$$

【例 3.2】　某共射放大电路的直流通路如图 3.6 所示，已知晶体管为硅管，β 为 40，V_{CC} 为 12V，R_b 为 300 kΩ，R_c 为 3.9 kΩ，试估算该放大电路的静态工作点。

解：因为晶体管为硅管，所以 U_{BEQ} 为 0.7V。

根据式（3.8）～式（3.10）可得：

$$I_{BQ} = \frac{V_{CC} - U_{BEQ}}{R_b} = \frac{12 - 0.7}{300}\text{mA} \approx 40\mu\text{A}$$

$$I_{CQ} \approx \beta I_{BQ} = 40 \times 40\mu\text{A} = 1.6\text{mA}$$

$$U_{CEQ} = V_{CC} - I_{CQ}R_c = 12 - 1.6 \times 3.9 = 5.76\text{V}$$

在该例题中，$U_{CEQ} = 5.76\text{V} > 0$，说明 $U_{CQ} > U_{EQ}$，符合 NPN 型晶体管在放大状态下 $U_{CQ} > U_{BQ} > U_{EQ}$ 的要求，因此该晶体管处于放大状态。一般情况下，要求 U_{CEQ} 的值约为 V_{CC} 的一半，但若计算所得 $U_{CEQ} < 0$，说明晶体管不是处于放大状态，而是处于饱和状态，那么此时的 I_{CQ} 和 I_{BQ} 之间，不再是简单的线性关系，不再适用以上方法。此时的集电极电流为集电极饱和电流，用 I_{CS} 表示。集电极与发射极之间的电压称为饱和压降，用 U_{CES} 表示。U_{CES} 的值可在晶体管数据手册上查得，一般情况下，硅管为 0.3V，锗管为 0.1V。此时可求得：

$$I_{CS} = \frac{V_{CC} - U_{CES}}{R_c} \approx \frac{V_{CC}}{R_c} \tag{3.11}$$

② 图解分析法。

图解分析法是在晶体管的特性曲线上通过作图的方式来分析放大电路的方法。用图解分析法可以很直观地看到放大电路的工作情况。它既可以用来进行静态分析，也可以用来进行动态分析。下面以图 3.7 为例介绍图解分析法。

如图 3.7（a）所示，静态时，共射放大电路的直流通路可用虚线分成线性和非线性两个部分。线性部分由输入回路的 V_{CC}、R_b 和输出回路的 V_{CC}、R_c 组成；非线性部分为晶体管。

由于半导体元器件手册上通常不给出晶体管的特性曲线，因此，一般不在输入特性上用图解分析法求 I_{BQ} 和 U_{BEQ}，而是利用近似估算法来估算。如图 3.7 所示电路中，求得：

$$I_{BQ} = \frac{V_{CC} - U_{BEQ}}{R_b} = \frac{12 - 0.7}{300}\text{mA} \approx 40\mu\text{A}$$

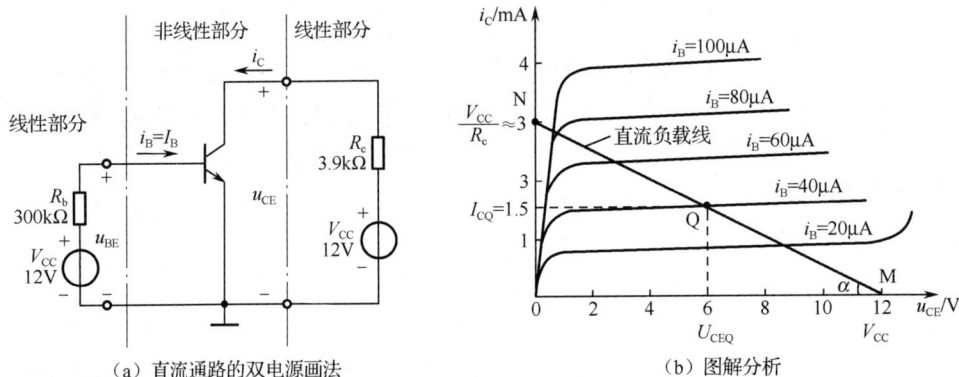

（a）直流通路的双电源画法 　　　　　（b）图解分析

图 3.7 共射放大电路的静态工作图解分析

这意味着非线性部分用晶体管的输出特性曲线来表征时，它的伏安特性对应的是 $i_B = I_B = 40\mu A$ 的那条曲线，如图 3.7（b）所示，即

$$i_C = f(u_{CE})|_{i_B = I_B = 40\mu A}$$

因为 V_{CC} 和 R_c 在图中都为已知量，所以 $U_{CEQ} = V_{CC} - I_{CQ}R_c$ 变成关于 U_{CEQ} 和 I_{CQ} 的二元一次方程，在输出特性曲线当中把该方程所表示曲线画出来，刚好是一条直线。由于该直线完全由直流负载电阻 R_c 确定，所以这条直线就叫直流负载线。它是静态工作点移动的轨迹，通常由两个特殊点（V_{CC}，0）和（0，V_{CC}/R_c）相连而成，本例中特殊点为 M（12，0）和 N（0，3）。

在电路中，两边的线性部分和中间的非线性部分实际上是连在一起的，因此 i_C 和 u_{CE} 之间既要符合晶体管输出特性表征的关系，又要符合直流负载线表征的关系，而只有直流负载线 MN 与 $i_B = I_B = 40\mu A$ 所描述的那条输出特性曲线的交点 Q 才能同时满足这两个条件，这个点就是静态工作点 Q。点 Q 所对应的电流值就是静态工作点的 I_{CQ}，对应的电压值就是静态工作点的 U_{CEQ}。由图 3.7（b）可知，$U_{CEQ} = 6V$，$I_{CQ} = 1.5mA$。

学与思

要使图 3.7(a)所示电路的静态工作点降低，即 I_{CQ} 减小，应调整什么元器件？怎么调整？

（3）电路的交流通路

在交流输入信号作用下，交流电流流经的通路称为交流通路，用于研究动态参数。画交流通路时，应考虑以下三个方面：

① 因为电容对交流短路，所以电容都用导线替代。

② 因为电感对交流开路，所以有电感的支路都应视为开路。

③ 直流电压源应视为短路，用导线替代。

根据上述原则，可画出如图 3.8 所示的共射放大电路的交流通路。

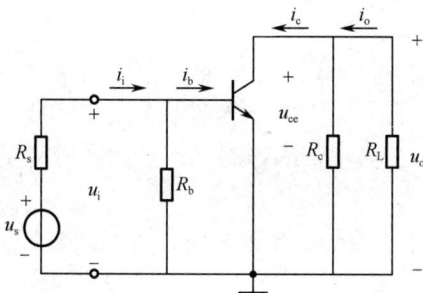

图 3.8　共射放大电路的交流通路

① 图解法。

当在放大电路中加入交流输入信号 u_i 后，其工作状态将来回变动，所以将引入 u_i 后电路的工作状态称为动态。

由图 3.8 可知，$u_o=u_{ce}=-i_c R'_L$（$R'_L=R_c//R_L$），该方程的斜率为 $-1/R'_L$，显然 $R'_L<R_c$。当 $u_i=0$ 时，放大电路相当于静态时的情况，所以交流信号沿着过 Q 点且斜率为 $-1/R'_L$ 的直线运动，这条直线称为交流负载线，如图 3.9 所示，直线 AB 即为交流负载线。该线表示交流通路外电路的伏安特性，是动态工作点移动的轨迹，也是动态工作点的集合。

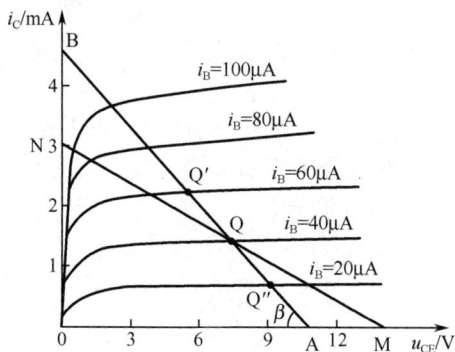

图 3.9　交流负载线

当 i_c 以 Q 点为中心按正弦规律变化时，对应的动态工作点则以 Q 点为中心沿着交流负载线，在 Q′ 到 Q″ 之间也按正弦规律移动，工作点移动的轨迹在横轴上的投影即为晶体管的管压降 u_{CE} 的变化范围。其中交流成分就是输出电压 u_o。

② 静态工作点对输出波形的影响。

信号在传输过程中，输出波形与输入波形变化不一致的情况称为失真，这在放大电路当中是需要尽量避免的。静态工作点设置不当，输入信号幅度又比较大时，将使放大电路的工作范围超出晶体管特性曲线的线性区域而产生失真。这种由于晶体管的非线性特性所引起的失真称为非线性失真，如图 3.10 所示。

a．截止失真。

如图 3.10（a）所示，静态工作点 Q 偏低，而信号幅度较大，在信号负半周的部分时间内，动态工作点进入截止区，i_b 的负半周被削去一部分。因此 i_c 的负半周和 u_{ce} 的正半周也被削去了一部分，产生了失真。这种由于晶体管的静态工作点过低引起的失真，称为截止失真。

b. 饱和失真。

如图 3.10（b）所示，静态工作点 Q 偏高，而信号幅度较大，在信号正半周的部分时间内，动态工作点进入饱和区，i_b 的正半周被削去一部分。因此 i_c 的正半周和 u_{ce} 的负半周也被削去一部分，产生了失真。这种由于晶体管的静态工作点过高所引起的失真，称为饱和失真。

c. 截顶失真。

如图 3.10（c）所示，当输入信号幅度过大时，可能同时产生截止失真和饱和失真，这种失真称为截顶失真。

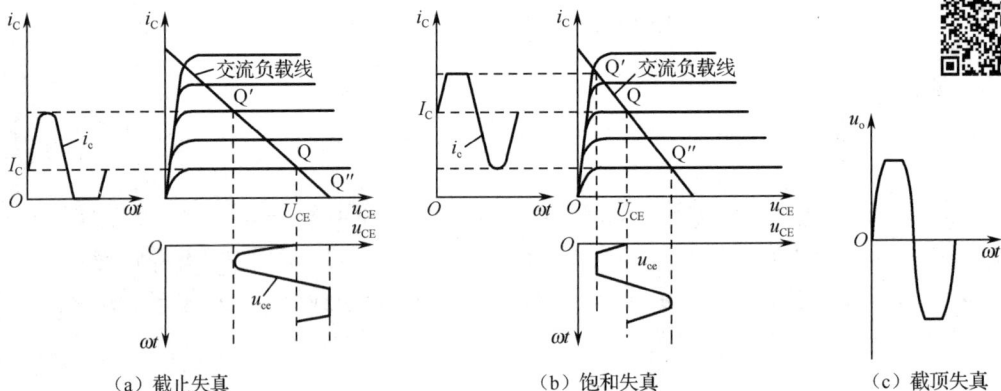

（a）截止失真　　　　　　　　　（b）饱和失真　　　　　　　　（c）截顶失真

图 3.10　非线性失真

由此可见，为了保证在交流信号作用下，晶体管始终工作在线性放大区，就必须给晶体管设置合适的静态工作点（一般情况下，点 Q 设置在交流负载线的中点位置），而且要求 u_i 不能太大，至少满足：U_{im}（输入信号幅值）$< U_{BEQ}$、I_{cm}（电流幅值）$< I_{CQ}$、U_{om}（输出信号幅值）$< U_{CEQ}$。

学与思

（1）共射放大电路的输出电压与输入电压的相位为什么相反？

_____

（2）直流通路和交流通路的绘制原则是什么？分别有何用途？

_____

课堂小测

课后拓展

对共射放大电路进行仿真，在 Multisim 中构建共射放大电路，晶体管的 β 设为 100，输入幅度为 5mV、频率为 1kHz 的正弦波，观察输出波形。

3.1.2 分压式工作点稳定电路

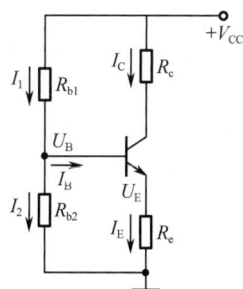

课前热身

1. 预习微课资源，记录预习笔记和疑难问题；
2. 完成教师创设的互动讨论话题，说说为什么要稳定静态工作点；
3. 分组讨论知识点后"学与思"的问题。

课中导学

1. 温度对静态工作点的影响

晶体管是一种对温度十分敏感的半导体元器件。温度变化会使晶体管的参数随之发生变化。当温度升高时，发射结导通电压 U_{BE} 将减小，电流放大系数 β 会增大，同时反向饱和电流 I_{CBO} 将急剧增加。因此当温度升高时，这三个因素的变化最终会导致晶体管的集电极电流 I_C 迅速增大，从而使工作点上移，输出波形产生严重的饱和失真，严重时会使电路不能正常工作。为了稳定静态工作点，就需要在电路结构上采取措施，使其在环境温度变化时，尽量减小 Q 点的波动。为此，在电路系统中往往引入分压式工作点稳定电路。

2. 分压式工作点稳定电路的组成及工作原理

分压式工作点稳定电路如图 3.11 所示。图中，R_e 为发射极电阻，直流电源 V_{CC} 经基极上偏置电阻 R_{b1} 和下偏置电阻 R_{b2} 分压后接到晶体管的基极，C_e 为射极旁路电容，它的作用是使电路的交流信号放大能力不因 R_e 的存在而降低。

为了稳定静态工作点，电路需要满足 $I_1 \gg I_B$ 及 $U_B \gg U_{BE}$ 这两个条件，在实际电路中，一般取 $I_1 = (5 \sim 10) I_B$，$U_B = (5 \sim 10) U_{BE}$。

该电路的直流通路如图 3.12 所示。

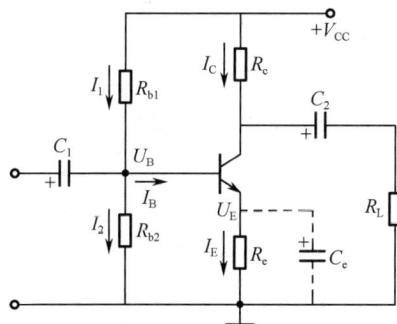

图 3.11 分压式工作点稳定电路 　　　　图 3.12 直流通路

当 R_{b1}、R_{b2} 选择恰当，使流过 R_{b1} 的电流 $I_1 \gg I_B$ 时，流过 R_{b2} 的电流 $I_2 \approx I_1$，则

$$U_B \approx \frac{R_{b2} V_{CC}}{R_{b1} + R_{b2}} \tag{3.12}$$

$$I_C \approx I_E = \frac{U_B - U_{BE}}{R_e} \tag{3.13}$$

$$U_{CE} = V_{CC} - I_C R_c - I_E R_e \approx V_{CC} - I_C (R_c + R_e) \quad\quad (3.14)$$

$$I_B = \frac{I_C}{\beta} \quad\quad (3.15)$$

从以上公式可看出，当 $U_B \gg U_{BE}$ 时，$I_C \approx I_E = \dfrac{U_B - U_{BE}}{R_e} \approx \dfrac{U_B}{R_e}$。由于 U_B 稳定，R_e 固定，因此 I_C 也不变，与晶体管参数无关；从电路工作过程来看，如果温度升高使 I_C 增大，则 I_E 增大，发射极电位 $U_E = I_E R_e$ 升高，则 $U_{BE} = U_B - U_E$ 减小，I_B 跟着减小，从而限制了 I_C 的增大，使之基本不变，达到稳定静态工作点的目的。

【例3.3】 如图3.11所示，$R_{b1} = 75\text{k}\Omega$，$R_{b2} = 18\text{k}\Omega$，$R_c = 3.9\text{k}\Omega$，$R_e = 1\text{k}\Omega$，$V_{CC} = 9\text{V}$。晶体管的 $U_{BE} = 0.7\text{V}$，$\beta = 50$。（1）计算静态工作点；（2）若 $\beta = 100$，其他参数不变，计算静态工作点。

解：（1）

$$U_B \approx \frac{R_{b2} V_{CC}}{R_{b1} + R_{b2}} = \frac{18 \times 9}{75 + 18} \approx 1.7\text{V}$$

$$I_C \approx I_E = \frac{U_B - U_{BE}}{R_e} = \frac{1.7 - 0.7}{1} = 1\text{mA}$$

$$U_{CE} \approx V_{CC} - I_C (R_c + R_e) = 9 - 1 \times (3.9 + 1) = 4.1\text{V}$$

$$I_B = \frac{I_C}{\beta} = \frac{1}{50}\text{mA} = 20\mu\text{A}$$

（2）

$$U_B \approx \frac{R_{b2} V_{CC}}{R_{b1} + R_{b2}} = \frac{18 \times 9}{75 + 18} \approx 1.7\text{V}$$

$$I_C \approx I_E = \frac{U_B - U_{BE}}{R_e} = \frac{1.7 - 0.7}{1} = 1\text{mA}$$

$$U_{CE} \approx V_{CC} - I_C (R_c + R_e) = 9 - 1 \times (3.9 + 1) = 4.1\text{V}$$

$$I_B = \frac{I_C}{\beta} = \frac{1}{100}\text{mA} = 10\mu\text{A}$$

由例题可知，更换 β 值不同的晶体管，虽然会使 I_B 发生变化，但不会影响电路的 U_B、I_C 和 U_{CE}。这说明分压式工作点稳定电路能够自动改变 I_B 以抵消 β 变化带来的影响，从而使静态工作点基本不变。

3. 微变等效电路分析法

晶体管具有非线性特性，如果能在一定的条件下将其线性化，就可以应用线性电路的分析方法来分析晶体管电路了。微变等效电路分析法，也称小信号分析法，就是一种常见的用来解决非线性问题的方法。当输入信号变化范围很小时，处于放大状态下的晶体管其特性近似为线性的，此时的晶体管可用一个线性电路来等效，该线性电路就称为微变等效模型。

（1）晶体管的微变等效模型

如图3.13（a）所示，在输入特性曲线中，当点 Q 选择合适，且输入的信号为小信号时，可认为在点 Q 附近的一段曲线近似为直线，即可认为 Δu_{BE} 与 Δi_B 之比是一个常数，因此晶体管的 B、E 之间可等效为一个电阻，用 r_{be} 来表示，r_{be} 由基区电阻 $r_{bb'}$、发射结电阻 $r_{b'e'}$、发射区电阻 r_e 组成，$r_{bb'}$ 一般为几十到几百欧姆，r_e 一般几欧姆可以忽略不计，则

$$r_{be} = \frac{\Delta u_{BE}}{\Delta i_B} = r_{bb'} + (1+\beta)\frac{26}{I_E} \tag{3.16}$$

或

$$r_{be} \approx r_{bb'} + \beta\frac{26}{I_C} \tag{3.17}$$

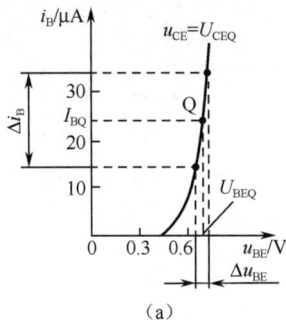

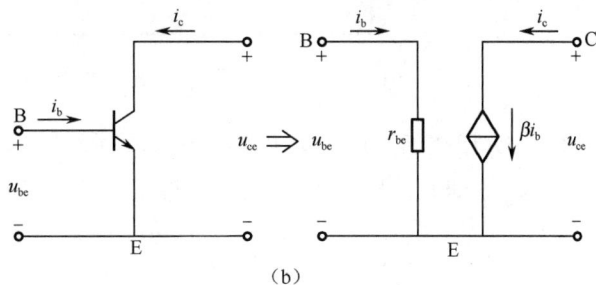

图 3.13　晶体管的微变等效模型

在晶体管输出特性曲线中，当晶体管工作在线性放大区时，i_C 基本上平行于横坐标轴，即当电压 u_{CE} 变化时，i_C 几乎不变，呈恒流特性。只有当基极电流 i_B 变化时，i_C 才跟着发生变化，且 $i_C = \beta i_B$，因此晶体管的 C、E 之间可等效为一个受控电流源，其大小受基极电流 i_B 的控制，体现了晶体管的电流控制作用。

从以上分析可知，晶体管在小信号放大状态下，可用如图 3.13（b）所示的等效电路来代替。

（2）晶体管放大电路的微变等效电路分析

用微变等效电路分析法分析放大电路的关键在于正确地画出放大电路的微变等效电路，基本步骤如下：

① 确定放大电路的静态工作点和 r_{be}；

② 画交流通路；

③ 画出放大电路的微变等效电路；

④ 应用线性电路理论进行计算，求得放大电路的主要性能指标。

将图 3.8 共射放大电路的交流通路中的晶体管用微变等效模型替代，可得到如图 3.14 所示的微变等效电路。

从图中可看出，根据输入电阻的定义，R_i 为 R_b 与 r_{be} 并联的结果，而在一般情况下，R_b 大约为几十到几百千欧，r_{be} 只有几千欧，所以有

$$R_i = R_b // r_{be} \approx r_{be} \tag{3.18}$$

根据输出电阻的定义，当 $u_s = 0$ 时，$i_b = 0$，那么 $i_C = \beta i_B = 0$。从输出端往电路看只有电阻 R_c，所以输出电阻为

$$R_o = R_c \tag{3.19}$$

令 $R_L' = R_c // R_L$，则

$$A_u = \frac{u_o}{u_i} = \frac{-i_c R_L'}{i_b r_{be}} = \frac{-\beta i_b R_L'}{i_b r_{be}} = -\frac{\beta R_L'}{r_{be}} \tag{3.20}$$

式中，负号表示 u_o 和 u_i 反相。

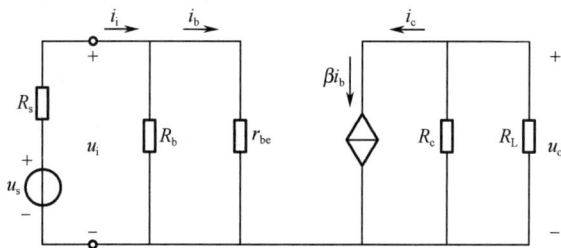

图 3.14　微变等效电路

【例 3.4】分压式工作点稳定电路如图 3.15 所示，已知晶体管 3DG4 的 β =60，U_{CES}=0.3V，U_{BE}=0.7V，$r_{bb'}$=300Ω。要求：（1）估算静态工作点；（2）计算 A_u、R_i、R_o、A_{us}。

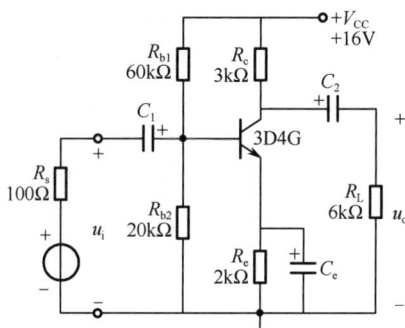

图 3.15　例 3.4 图

解：（1）$U_B \approx \dfrac{R_{b2}V_{CC}}{R_{b1}+R_{b2}}$ =20×16/80=4V

$I_C \approx I_E = \dfrac{U_B-U_{BE}}{R_e}$ =(4-0.7)/2=1.65mA

$U_{CE} \approx V_{CC}-I_C(R_c+R_e)$=16-1.65×5=7.75V

$I_B = \dfrac{I_C}{\beta}$ =1.65/60=27.5μA

（2）$r_{be} \approx 300 + (1+\beta)\dfrac{26}{I_E} = 300 + 61 \times \dfrac{26}{1.65} \approx 1261\Omega = 1.261k\Omega$

$R_L' = R_c // R_L$ =3×6/9=2kΩ

$A_u = \dfrac{u_o}{u_i} = \dfrac{-\beta R_L'}{r_{be}}$ =-60×2/1.261≈-95

$R_i = R_{b1} // R_{b2} // R_i' = R_b // r_{be} \approx r_{be} \approx 1.261k\Omega$

$R_o \approx R_c$=3kΩ

$A_{us} = \dfrac{u_o}{u_i} = \dfrac{R_i}{R_s+R_i} A_u$ =(1261/(100+1261))×(-95)=-88

课堂小测

课后拓展

利用已学知识，设计一个放大倍数为 300 的放大电路，画出电路图，选择合适的元器件，分析原理。

任务 3.2　其他晶体管放大电路

任务描述

本任务学习其他晶体管放大电路的分析方法，需要掌握共集和共基放大电路，会用微变等效电路分析法求放大电路的放大倍数；了解多级放大电路的耦合方式及其特点，熟悉多级放大电路的计算方法；理解单级阻容耦合共射放大电路的频率特性和波特图，了解多级放大电路频率特性；会制作分压式工作点稳定电路并进行测试，完成测试报告。

教师课前下发任务，学生依据课前任务要求通过看视频、查阅资料等方法自主学习，完成课前预习。课上教师采用讲解、实验电路板演示等形式，培养学生思考与探究问题的能力。

3.2.1　共集和共基放大电路

课前热身

1．预习微课资源，记录预习笔记和疑难问题；
2．完成教师创设的互动讨论话题，说说晶体管三种组态放大电路的不同；
3．分组讨论知识点后"学与思"的问题。

课中导学

1．共集放大电路

共集放大电路因其输入回路和输出回路共用晶体管的集电极而得名。信号从基极输入，从发射极输出，故又名"射极输出器"。其原理图、交流通路、微变等效电路、求 R_o 的等效电路如图 3.16 所示。

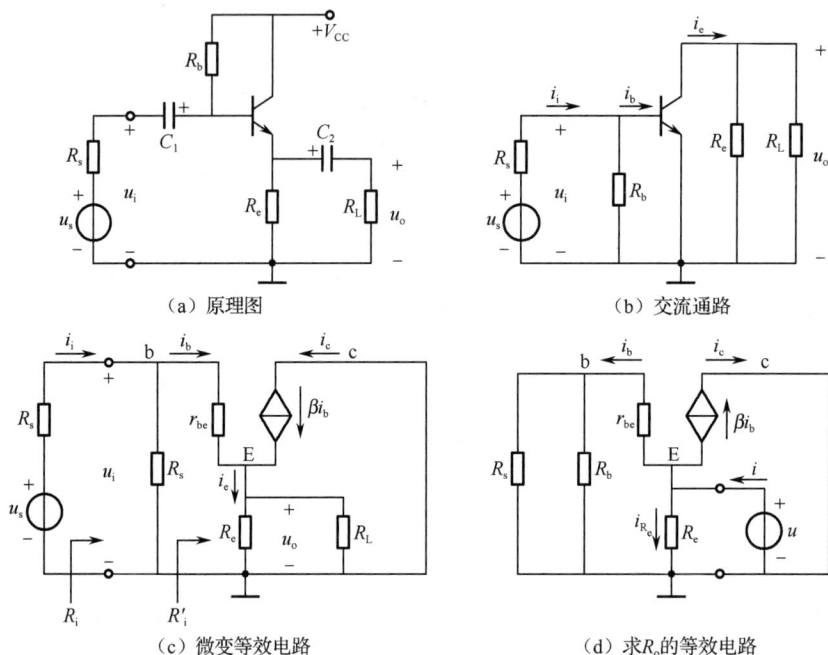

（a）原理图　　　　　　　　　　　（b）交流通路

（c）微变等效电路　　　　　　　　（d）求R_o的等效电路

图 3.16　共集放大电路

（1）静态分析

对图 3.16（a）的直流通路进行分析可得：

$$V_{CC}=I_B R_b+U_{BE}+I_E R_e$$

$$I_E=(1+\beta)I_B \tag{3.21}$$

可得：

$$I_B=\frac{V_{CC}-U_{BE}}{R_b+(1+\beta)R_e} \tag{3.22}$$

$$I_C=\beta I_B \tag{3.23}$$

$$U_{CE}=V_{CC}-I_E R_e \approx V_{CC}-I_C R_e \tag{3.24}$$

发射极电阻R_e有稳定静态工作点的作用，当I_C因温度升高而增大时，R_e上的压降$I_E R_e$上升，导致U_{BE}减小，从而牵制了I_C的变化。

（2）动态分析

共集放大电路的微变等效电路如图 3.16（c）所示，令$R_L'=R_e // R_L$，可得：

$$u_i=i_b r_{be}+i_e R_L'=i_b[r_{be}+(1+\beta)R_L'] \tag{3.25}$$

那么，从基极与地之间看进去的等效电阻为

$$R_i'=\frac{u_i}{i_b}=r_{be}+(1+\beta)R_L' \tag{3.26}$$

由上式可看出，R_i'由r_{be}与$(1+\beta)R_L'$串联而得，因此射极输出器的输入电阻被大大提高了。从而可得：

$$R_i=R_b // R_i'=R_b //[r_{be}+(1+\beta)R_L'] \tag{3.27}$$

再根据输出电阻的定义，可画出求R_o的等效电路，如图 3.16（d）所示。

$$i=i_{R_e}+i_e=i_{R_e}+(1+\beta)i_b=\frac{u}{R_e}+(1+\beta)\frac{u}{r_{be}+R_b//R_s}$$

故

$$R_o=\frac{u}{i}=R_e//\left(\frac{r_{be}+R_b//R_s}{1+\beta}\right) \qquad (3.28)$$

由于 r_{be} 一般情况下都较小，大约为几千欧，因此共集放大电路的 R_o 很小。

由图 3.16（c）可看出：

$$u_o=i_eR_L'=(1+\beta)i_bR_L'$$

因此

$$A_u=\frac{u_o}{u_i}=\frac{(1+\beta)i_bR_L'}{i_b[r_{be}+(1+\beta)R_L']}=\frac{(1+\beta)R_L'}{r_{be}+(1+\beta)R_L'} \qquad (3.29)$$

由上式可知共集放大电路的 $A_u\approx1$，即 $u_o\approx u_i$，输出电压与输入电压大小近似相等、相位也相同，u_o 随 u_i 的变化而变化，因此共集放大电路又称为"射极跟随器"。

（3）共集放大电路的应用

虽然共集放大电路没有电压放大作用，但是其输出电流 i_e 远大于输入电流 i_b，因此有电流放大和功率放大作用。

① 作为高输入电阻的输入级。

共集放大电路的输入电阻大，用作输入级时，可使放大电路的输入电压基本上等于信号源电压。

② 作为低输出电阻的输出级。

共集放大电路的输出电阻小，用作输出级时，可减小负载变动对电压放大倍数的影响，稳定输出电压，提高电路的带负载能力。

③ 作为多级放大电路的中间级。

共集放大电路用作中间级时，可以隔离前后级的影响，所以又称为缓冲级，起到阻抗变换的作用。

2. 共基放大电路

共基放大电路因其输入回路和输出回路共用晶体管的基极而得名。其原理图、交流通路如图 3.17 所示。

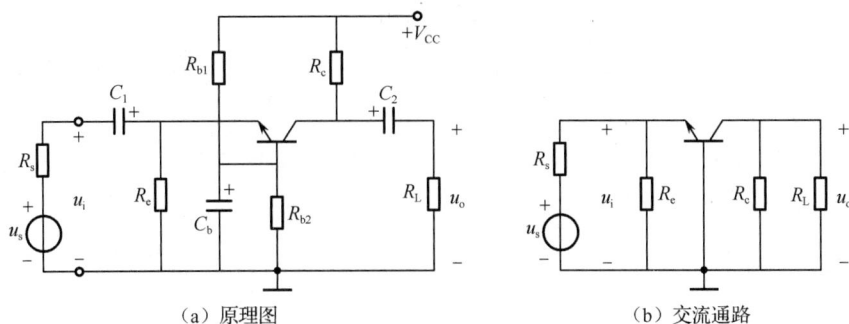

（a）原理图　　　　　　　　　　　（b）交流通路

图 3.17　共基放大电路

（1）静态分析

共基放大电路的直流通路与分压式工作点稳定电路的直流通路完全相同，因此静态分析略过。

（2）动态分析

由图 3.17（b）可知：

$$R_i'=\frac{u_i}{-i_e}=\frac{-i_b r_{be}}{-(i_b+\beta i_b)}=\frac{r_{be}}{1+\beta}$$

$$R_i=R_e//R_i'=R_e//\frac{r_{be}}{1+\beta} \tag{3.30}$$

由此可看出共基放大电路的输入电阻很小。

根据输出电阻的定义，当 $u_s=0$ 时，$i_b=0$，受控电源 $\beta i_b=0$，因此

$$R_o=R_c \tag{3.31}$$

令 $R_L'=R_e//R_L$，由于 $u_o=-\beta i_b R_L'$，所以

$$A_u=\frac{u_o}{u_i}=\frac{-\beta i_b R_L'}{-i_b r_{be}}=\frac{\beta R_L'}{r_{be}} \tag{3.32}$$

由以上分析可以看出，共基放大电路的电压放大倍数与共射放大电路的电压放大倍数在数值上是完全相等的，相位相同。其输入电流为 i_e，输出电流为 i_c，没有电流放大作用，但有电压放大的能力，因而具有功率放大作用。

共基放大电路允许的工作频率较高，高频特性较好，通常用于高频和宽频带电路中。

学与思

（1）若放大电路要求输入电阻小，放大倍数大，应选用哪种组态放大电路？

（2）若放大电路要求输入电阻大，输出电阻小，应选用哪种组态放大电路？

课堂小测

课后拓展

根据晶体管组成的共射、共集、共基三种组态放大电路的特点，查查它们各自的主要用途。

3.2.2 多级放大电路

课前热身

1. 预习微课资源，记录预习笔记和疑难问题；

2．完成教师创设的互动讨论话题，说说多级放大电路一般应用到哪些电子产品中；

3．分组讨论知识点后"学与思"的问题。

课中导学

1．级间耦合方式

在实际工作中，为了放大非常微弱的信号，需要把若干个基本放大电路连接起来，组成多级放大电路，以获得更高的放大倍数和功率输出。

多级放大电路内部各级之间的连接方式称为耦合方式。常用的耦合方式有三种，即阻容耦合、直接耦合和变压器耦合，有时也采用光电耦合方式。

（1）阻容耦合

通过电容和电阻将信号由一级传输到另一级的连接方式称为阻容耦合。如图 3.18 所示电路是典型的两级阻容耦合放大电路。

优点：耦合电容的隔直通交作用，使两级 Q 点相互独立，给设计和调试带来了方便。

缺点：放大频率较低的信号将产生较大的衰减，加之不便于集成化，因而在应用上也就存在一定的局限性。

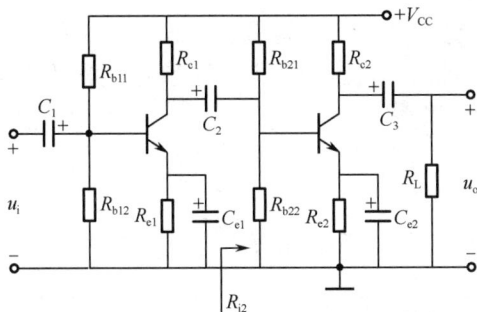

图 3.18　两级阻容耦合放大电路

（2）直接耦合

多级放大电路中各级之间直接（或通过电阻）连接的方式，称为直接耦合。直接耦合放大电路具有结构简单、便于集成化、能够放大变化十分缓慢的信号、信号传输效率高等优点，在集成电路中获得了广泛的应用。

两级直接耦合放大电路如图 3.19 所示。常用由 NPN 型和 PNP 型晶体管组成的直接耦合放大电路，各级的静态工作点将相互影响。

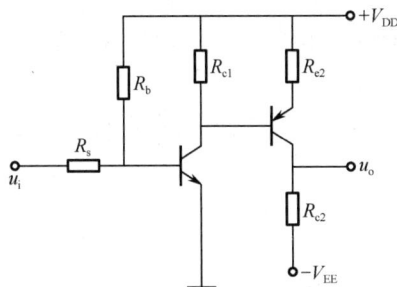

图 3.19　两级直接耦合放大电路

（3）变压器耦合

两级变压器耦合放大电路如图 3.20 所示。这种耦合电路的特点：级间无直流通路，各级 Q 点独立；变压器具有阻抗变换作用，可获最佳负载；变压器造价高、体积大、不能集成，其应用受到限制，并且频率特性较差，常用于选频放大或要求不高的功率放大电路。

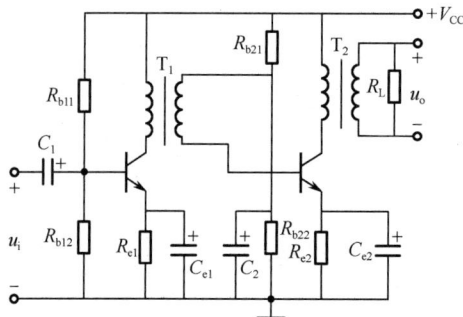

图 3.20　两级变压器耦合放大电路

（4）光电耦合

放大器的级与级之间通过光电耦合器连接的方式，称为光电耦合。它是通过电—光—电的转换来实现级间耦合的，各级的直流工作点相互独立。采用光电耦合可以提高电路的抗干扰能力。

学与思

直接耦合放大电路能否放大直流电压信号？

2. 多级放大电路的分析方法

分析多级放大电路的基本方法：化多级电路为单级电路，再逐级求解。求解多级电路时要注意，后一级电路的输入电阻是前一级电路的负载电阻；或者，将前一级电路的输出电阻作为后一级电路的信号源内阻。

（1）电压放大倍数

由于前级的输出电压就是后级的输入电压，因此，多级放大器的电压放大倍数等于各级电压放大倍数之积，对于 n 级放大电路，有

$$A_u = A_{u1}A_{u2}\cdots A_{un}$$

$$20\lg|A_u| = 20\lg|A_{u1}| + 20\lg|A_{u2}| + \cdots + 20\lg|A_{un}| \tag{3.33}$$

式中，A_{u1}、A_{u2}、…、A_{un} 为多级放大电路各级的电压放大倍数。

（2）输入电阻和输出电阻

多级放大电路的输入电阻就是第一级放大电路的输入电阻，其输出电阻就是最后一级放大电路的输出电阻。

学与思

（1）在共射放大电路与负载之间接一个电压放大倍数为 1 的共集放大电路，电路总的电

压放大倍数是否会发生变化？解释原因。

（2）一个多级放大电路，要使放大倍数大（约为几百）、输入电阻小、输出信号与输入信号同相，要如何进行电路的组合？

3. 单级阻容耦合放大电路的频率特性

放大电路的频率特性可用电压放大倍数与频率的关系来描述，即

$$A_u = A_u(f) \angle \varphi(f) \tag{3.34}$$

放大倍数模值与频率之间的关系，称为幅频特性，用 $A_u(f)$ 表示。电压放大倍数的相位与频率之间的关系，称为相频特性，用 $\varphi(f)$ 表示。幅频特性和相频特性统称为放大电路的频率特性。

（1）幅频和相频特性曲线的分析

在图 3.21 中，除输入耦合电容 C_1、输出耦合电容 C_2 及射极旁路电容 C_e 之外，晶体管还存在集电结电容 C_{bc}（小功率管为 2～10pF）、发射结电容 C_{be}（小功率管约为几十皮法至几百皮法）。

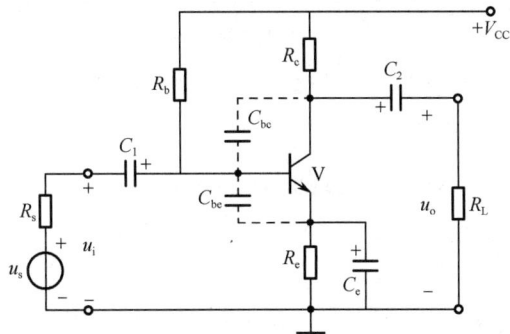

图 3.21　考虑极间电容时的单级阻容耦合放大电路

该电路的频率特性曲线如图 3.22 所示。图 3.22（a）为幅频特性，图 3.22（b）为相频特性。电压放大倍数的幅值下降到中频幅值的 0.707 时所对应的频率称为半功率点频率。在幅频特性曲线上，低频段和高频段各有一个半功率点，其相应的半功率点频率称为下限频率 f_L 和上限频率 f_H，这时相应的附加相位移分别为+45°和-45°。我们定义 f_H 与 f_L 之间的频率范围为放大电路的通频带并以 f_{BW} 表示，即

$$f_{BW} = f_H - f_L \tag{3.35}$$

（2）共射放大电路频率特性曲线

通频带内 $f_H - f_L$ 的区域称为中频区，频率低于下限频率 f_L 的区域称为低频区，频率高于上限频率 f_H 的区域称为高频区。

① 中频区。

中频区即特性曲线的平坦部分。输入耦合电容 C_1、输出耦合电容 C_2 及射极旁路电容 C_e 的容量较大，容抗较小，在中频区可视为短路；而集电结电容 C_{bc}、发射结电容 C_{be} 的容量较小，容抗较大，在中频区可视为开路。由此可得出中频区放大电路的电压放大倍数为

$$A_u = \frac{u_o}{u_i} = \frac{\beta R'_L}{r_{be}} \angle -180° \qquad (3.36)$$

它表明，在中频区范围内，A_u 和 φ 均为常数，与频率无关。

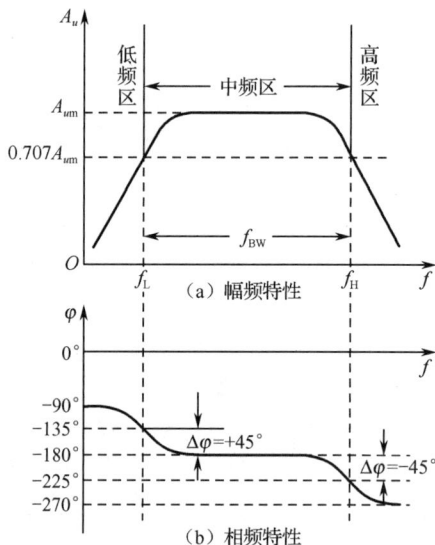

图 3.22　共射放大电路频率特性曲线

② 低频区。

在低频区范围内，C_1、C_2 及 C_e 的容抗增大，损耗了一部分信号电压，不能忽略。而集电结电容 C_{bc}、发射结电容 C_{be} 的容抗很大仍可视为开路。相位差比中频区超前一个附加相位移，当 $f \to 0$ 时，附加相位移接近-90°。

在实际电路中，常选取 $C_1 = C_2$（5～20）μF，C_e=（50～200）μF，基本上可满足一般低频放大电路对下限频率的要求，消除低频时的失真。

③ 高频区。

在高于中频区的范围内，随着信号频率的升高，C_1、C_2 及 C_e 的容抗较小均可视为短路，而集电结电容 C_{bc}、发射结电容 C_{be} 的容抗较小，其分流作用不可忽略。且这种影响随着频率的增大更加明显。同时，它们引起的附加相位移也随着频率的增大而增大，当 $f \to \infty$ 时，附加相位移接近-270°。

（3）频率失真

幅度失真和相位失真统称为频率失真，产生原因是放大电路的通频带不够宽。放大电路对不同频率分量的放大倍数不同而引起输出信号的波形失真称为幅度失真。放大电路对不同频率分量的相移不同而造成输出信号的波形失真称为相位失真。

在通频带内，由于输出功率的减少不会超过中频区的一半，附加相位移不超过45°，这样就可以认为在通频带内放大电路基本上没有频率失真。频率失真不同于放大电路工作在非线性区引起的截止、饱和、截顶等非线性失真，它不产生新的频率分量。为避免频率失真，应使信号的频率范围在放大电路的通频带内。避免非线性失真的方法：①使放大电路有合适的 Q 点；②输入信号不能过大。

（4）波特图

在分析放大电路的频率特性时，为了在有限的数轴上，描绘较大范围的频率变化对放大倍数的影响，通常采用对数频率特性曲线。这时横轴 f 采用对数坐标，纵轴采用 $20\lg|A_u|$（对数幅频特性），或 φ（相频特性），对数频率特性又叫波特图。如图 3.23 所示为共射放大电路的波特图，图 3.23（a）为对数幅频特性，图 3.23（b）为相频特性。放大倍数用分贝表示的优点：可避免放大倍数数字过大，并可以把对放大倍数的乘法运算简化为加法运算，对数单位比较符合听觉器官对声音感觉的特性，便于绘制频率特性的对数坐标图。

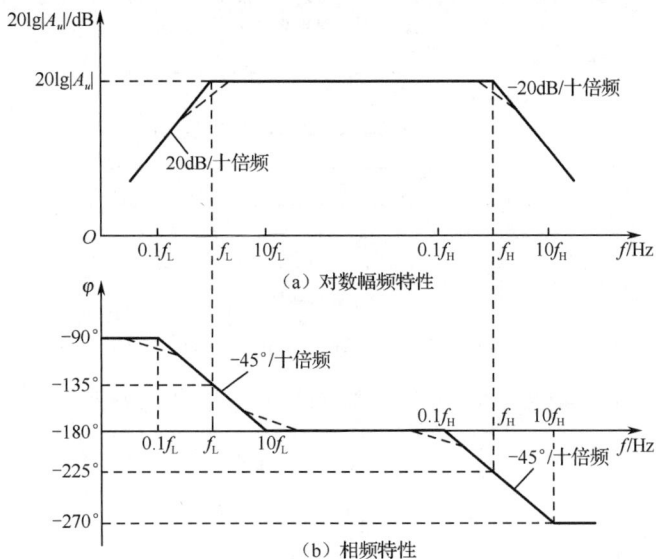

图 3.23　共射放大电路的波特图

学与思

频率失真是线性失真还是非线性失真？线性失真、非线性失真分别是如何定义的？

---

4. 多级阻容耦合放大电路的频率特性

多级放大电路的对数幅频特性为

$$20\lg|A_u| = 20\lg|A_{u1}| + 20\lg|A_{u2}| + \cdots + 20\lg|A_{un}| \tag{3.37}$$

相频特性为

$$\varphi = \varphi_1 + \varphi_2 + \cdots + \varphi_n \tag{3.38}$$

由以上两式可知，多级放大电路的对数幅频特性等于各级幅频特性的代数和，而相频特性等于各级相频特性的代数和。

设有两级放大电路，由相同频率特性的两个单级放大电路构成，则可得到两级放大电路总的对数幅频特性和相频特性，如图 3.24 所示。

对两级放大电路的对数幅频特性而言，对应于单级放大电路下降 3dB 的下限频率 f_{L1} 和上限频率 f_{H1} 处，已比中频值下降了 6dB。由此可见，两级放大电路下降 3dB 的通频带，比组成它的单级电路的通频带窄了。两级放大电路的上限频率 $f_H < f_{H1}$，而下限频率 $f_L > f_{L1}$。这说明采用多级放大电路来提高总增益是以牺牲通频带来换取的。

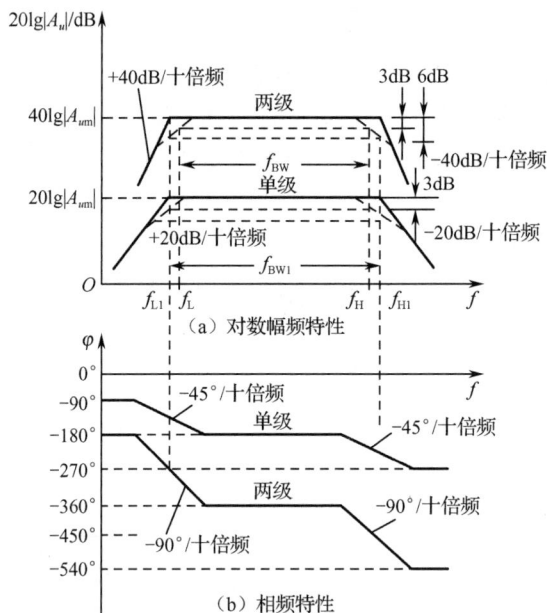

图 3.24　两级放大电路的波特图

分析证明，多级放大电路上、下限频率 f_H、f_L 与单级放大电路上、下限频率 f_{H1}、f_{L1} 的关系分别为

$$f_H = f_{H1} \sqrt{2^{\frac{1}{n}} - 1}$$

$$f_L = \frac{f_{L1}}{\sqrt{2^{\frac{1}{n}} - 1}}$$

(3.39)

式中，n 表示电路的级数，当 $n=2$ 时，$f_H \approx 0.64 f_{H1}$，$f_L \approx f_{L1}/0.64$，如果单级放大电路的上、下限频率分别为 $f_{H1}=1\text{MHz}$，$f_{L1}=100\text{Hz}$，则两级放大电路上、下限频率分别为 $f_H \approx 640\text{kHz}$、$f_L \approx 156.25\text{Hz}$。显然上限频率降低了，而下限频率提高了，通频带变窄。

以上式子表明，放大电路的级数越多，则 f_H 越低，f_L 越高，通频带越窄。

学与思

何谓放大电路的通频带？增加放大电路级数，对通频带有什么影响？

课堂小测

课后拓展

晶体管除具有电流放大作用以外，还有一个很重要的作用——构成无触点开关电路。请查阅相关资料，画出电路图并分析原理。

技能训练 4　分压式工作点稳定电路的制作与测试

1. 训练内容

学校承接了一批分压式工作点稳定电路的组装与调试任务，电路原理如图 3.25 所示。根据所提供的电路原理图和实际 PCB 装配电路板（裸板），按照 IPC-A-610D 标准进行组装调试。组装时，能正确选择不同类型的电子元器件，能按成形、插装和电烙铁手工焊接的要求进行元器件的装配，装配后不能出现开路、短路、不良焊点、元器件或印制板损坏等问题，基本符合 IPC-A-610D 规范要求。调试中，能正确选择和使用仪器仪表对电子产品的技术参数进行测量与调试，并使之达到要求，实现其基本功能，满足相应的技术指标，并正确填写相关技术文件或测试报告。

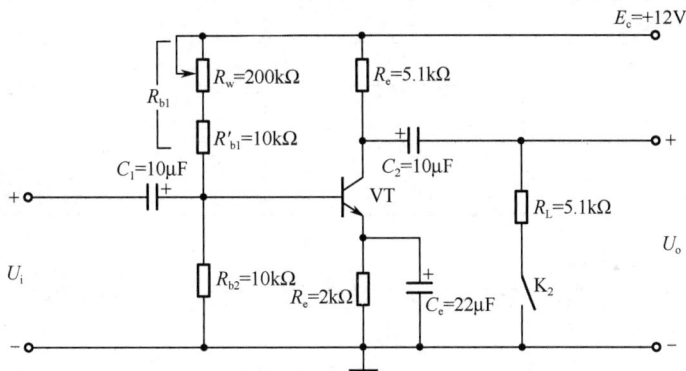

图 3.25　分压式工作点稳定电路原理图

2. 电路分析

分压式工作点稳定电路由于其静态工作点基本稳定而被广泛应用，请根据之前学过的相关内容对该电路进行分析。

（1）静态分析

请画出该电路的直流通路，并计算出 U_B。

（2）动态分析

请画出该电路的交流通路。

3. 元器件检测

（1）元器件明细表

本电路中的相关元器件如表 3.1 所示，请按要求准备好相关元器件。

表 3.1 元器件清单

序 号	符 号 名 称	名 称	规 格 型 号	数 量
1	VT	晶体管	8050	1
2	R_W	电位器	200kΩ	1
3	R'_{b1}	电阻	10kΩ	1
4	R_{b2}	电阻	10kΩ	1
5	R_c	电阻	2kΩ	1
6	R_L、R_e	电阻	5.1kΩ	1
7	C_1	极性电容	10μF	1
8	C_2	极性电容	10μF	1
9	C_e	极性电容	22μF	1

（2）元器件识别与检测

参照技能训练 2 中电阻、电容的识别与检测方法，根据晶体管检测方法用万用表欧姆挡对晶体管进行测量，完成表 3.2。

表 3.2 元器件测试表

元器件	识别及检测内容	
电阻器	色环或数码	标称值（含误差）
	色环电阻：棕黑黑红棕	
	所用仪表	数字表□ 指针表□
8050	测量 8050 的各引脚之间的电阻值（安装前测量），填入表中	TO-92 1.EMITTER 2.BASE 3.COLLECTOR

引脚编号	①R_{BE}	②R_{BC}	③R_{CE}
阻值			

4. 电路安装

参见技能训练 2 中的安装步骤进行电路安装。

5. 电路调试

（1）仪表准备

根据要测试的参数，准备所需的仪表，并检查仪表是否能正常工作，测试仪表清单如表 3.3 所示。

表 3.3　测试仪表清单

序　号	仪表名称	仪表型号	仪表规格	数量
1	数字万用表	V89D		1
2	毫伏表	DF2172B	100μV～300V	1
3	数字示波器	DS1002	20MHz	1
4	直流稳压电源	XJ17232	0～30V/0～2A	1
5	信号发生器	SFG-1003	10Hz～1MHz	1

（2）测试导线准备

根据要测试的参数，准备所需的导线，并检查导线是否完好，测试导线清单如表 3.4 所示。

表 3.4　测试导线清单

序　号	导线名称	单位	导线规格	数量
1	表笔线	副	50cm	1
2	双头鳄鱼夹测试线	副	40cm	1
3	BNC 头测试线	副	50cm	2
4	双头香蕉插头连接线	根	5cm	3

（3）不通电检查

电路安装完成后，对照电原理图和连线图，认真检查元器件是否正确安装，以及焊点有无虚焊。

（4）静态测试

将输入端断开，不接入交流输入信号，测量电路静态工作点。本电路要求按 U_E=2.1V 调试工作点。

若 U_E=2.1V，且晶体管工作于放大状态，写出静态工作点 U_B、U_C、I_C、U_{CE} 的计算步骤并将理论计算值填入下面的方框中。

按 U_E=2.1V 调试。调节 R_w，用万用表测量 U_E 的电位，使 U_E 等于或接近 2.1V。

绘出电路测试方框图：

在以上调试的基础上，测试晶体管的 U_B、U_C、I_C、U_{CE}，并记录于表 3.5 中。

表 3.5　静态工作点测试

测试条件	$V_{CC} = 12V$　　　$U_E = 2.1V$				
测试项目	U_B / V	U_C / V	I_C/mA	U_E / V	U_{CE} /V
理论计算值				2.1	
实际测试值					
晶体管工作状态					

（5）动态测试

保持表 3.5 中的静态工作点不变，低频信号发生器输出 1kHz 正弦波信号，并接入电路输入端 U_i 处，调节输入信号的大小，用数字示波器监测放大电路输出波形 U_o，使 U_o 波形无失真。用毫伏表或数字示波器测量此时输入和输出信号的大小（有效值），将测量数值填入表 3.6 中，并计算电压放大倍数。

绘出电路测试方框图：

表 3.6　电路放大倍数测量

项　　目	测 试 条 件		
	保持表 3.5 中的静态工作点不变，电路输入端输入 1kHz 正弦波信号，用示波器监测放大电路输出 U_o 无失真		
	测　　量		计算
名称	U_i /mV	U_o /V	$A_u = U_o / U_i$
空载		U_o（空载）=	
接入负载 R_L		U_o（负载）=	

注：当 K_2 断开时，电路处于空载状态；K_2 闭合，电路接入负载 $R_L = 5.1k\Omega$。

（6）研究静态工作点与输出波形失真的关系

分别逆时针和顺时针调节 R_W，使输出波形出现明显失真，用万用表测试晶体管三个电极的直流电位，并填写表格 3.7。

表 3.7　波形失真时的工作点

测试条件	波　形	U_B / V	U_C / V	U_E / V	U_{CE} /V	失真类型
上半周失真						
下半周失真						

评价

参照表 1.13 进行评分。

Note

Note

项目4　音频集成功率放大电路的制作与测试

项目描述

功率放大电路简称功放，不同于前面所学的电压放大电路，它输出足够大的电流和电压信号，实现较大功率输出，驱动负载运行，常分为分立元件功放和集成功放两种。功率放大电路广泛应用于电视机、组合音响、收音机及智能手机等。学会功率放大电路的分析、安装与调试，对从事相关行业具有重要意义。

知识体系

任务 4.1　常见功率放大电路

任务描述

本任务学习常见功率放大电路，熟悉互补对称功率放大电路的组成、工作原理、特点及应用，了解 OCL、OTL 电路的区别及应用，会估算输出功率，会估算功放的主要参数；理解交越失真产生的原因及消除方法；理解复合管的组成原则，会判别复合管的管型；了解常用集成功率放大器（LM386、TDA2030 等）的性能特点及使用方法；会制作音频集成功率放大电路并进行测试，完成测试报告。

教师课前下发任务，学生依据课前任务要求，通过看视频、查阅资料等方法自主学习，完成课前预习。课上教师采用讲解、实验电路板演示等形式，培养学生思考与探究问题的能力。

4.1.1　认识功率放大电路

课前热身

1. 预习微课资源，记录预习笔记和疑难问题；
2. 完成教师创设的互动讨论话题，说说功率放大电路与前面所学放大电路的区别；
3. 分组讨论知识点后"学与思"的问题。

课中导学

能够向负载提供大功率输出的放大电路称为功率放大电路，简称功放，又称放大器。如图 4.1 所示是音响系统结构图，前置放大器的作用是放大电压，而功率放大器的作用是放大电流，两者结合可实现功率放大，输出较大功率驱动扬声器工作，实现声音的放大。

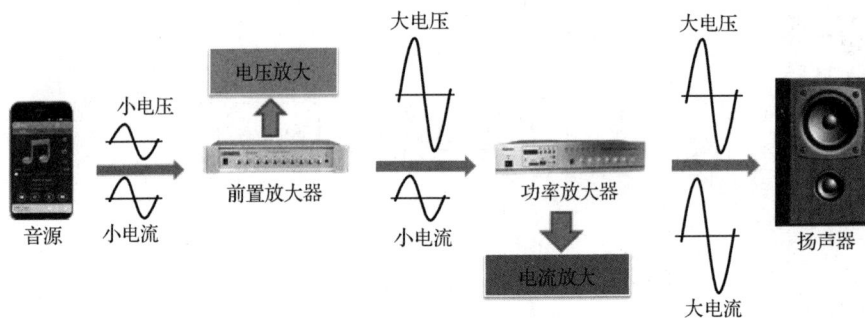

图 4.1　音响系统结构图

1. 功率放大电路应具备的功能

（1）输出功率足够大

功率放大电路的负载一般都需较大的功率。为了满足这个要求，功放元器件的输出电压和电流的幅度应足够大，功放元器件往往接近极限运行状态。

（2）效率尽量高

应尽可能地降低消耗在功放元器件和电路上的功率，提高输出效率。

（3）非线性失真尽量小

因功放元器件在大信号下工作，为此，在功放电路的设计、调试过程中，必须把非线性失真限制在允许的范围内。

（4）保护措施做到位

功率放大器要采取散热、过压、过流保护措施。

2. 功率放大电路的分类

按照放大信号的频率不同，功放可分为低频功放和高频功放，本小节仅介绍低频功放。按照晶体管在电路中静态工作点的位置不同，功放可分为甲类（class A）、乙类（class B）、甲乙类（class AB）三种，如图 4.2 所示。

甲类功放的静态工作点位于直流负载线的中点附近，在输入信号的整个周期内，晶体管都处于导通状态。由图 4.2（a）可看出，甲类功放的输出波形好，失真小。但是在整个周期内，即使没有输入信号，晶体管中也始终有较大的直流电流流过，所以静态功耗大、效率低。

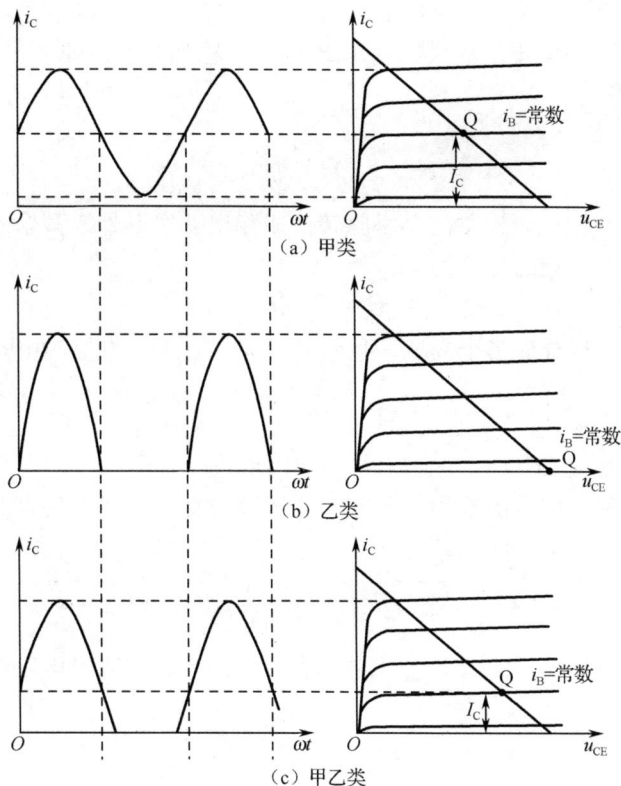

图 4.2　各类功放的静态工作点及其波形

乙类功放的静态工作点位于截止区，在输入信号的整个周期内，晶体管只导通半个周期，由图 4.2（b）可看出，乙类功放输出波形严重失真。但是在整个周期内，晶体管中没有直流电流通过，所以无静态功耗、效率高。

甲乙类功放的静态工作点设置得比较低，低于甲类但是高于乙类。由图 4.2（c）可看出，甲乙类功放输出波形失真也较为严重，但是通过合理设计，采用两个管子轮流工作的方式，便可大大减少失真程度。在整个周期内，晶体管中的直流电流较小，所以静态功耗很小、效率很高。

3. 衡量低频功放的主要技术指标

（1）最大输出功率 P_{om}

功放提供给负载的信号功率称为输出功率，用 P_o 表示，它的值与负载大小有关。

$$P_o = U_o I_o = \frac{U_{om}}{\sqrt{2}} \times \frac{U_{om}}{\sqrt{2}R_L} = \frac{U_{om}^2}{2R_L}$$

式中，U_{om} 表示输出电压的振幅。

当输出波形不超过规定的非线性失真指标时，功放的最大输出电压与最大输出电流的有效值的乘积，称为最大输出功率。负载上最大不失真电压为 $U_{om} = V_{CC} - U_{CES}$，故

$$P_{om} = \frac{1}{\sqrt{2}} I_{om} \frac{1}{\sqrt{2}} U_{om} = \frac{(V_{CC} - U_{CES})^2}{2R_L} \tag{4.1}$$

式中，I_{om} 和 U_{om} 分别表示输出电流和输出电压的振幅。

（2）效率 η

输出功率 P_o 与直流电源提供的供给功率 P_V 的比值称为效率，即

$$\eta = \frac{P_o}{P_V} \qquad (4.2)$$

（3）晶体管管耗 P_C

在功放电路中，直流电源提供的功率除转换成输出功率以外，其余的部分主要消耗在晶体管上，所以晶体管上消耗的功率为

$$P_C = P_V - P_o \qquad (4.3)$$

由于两个晶体管各自导通半个周期，且两管对称，故两管的管耗相同，为

$$P_{C1} = \frac{1}{2}(P_V - P_o) \qquad (4.4)$$

（4）非线性失真系数 THD

功放管的非线性和大信号的运用，易产生非线性失真。非线性失真的程度用非线性失真系数 THD 来衡量，即

$$\text{THD} = \frac{1}{I_{m1}}\sqrt{I_{m2}^2 + I_{m3}^2 + \cdots} = \frac{1}{U_{m1}}\sqrt{U_{m2}^2 + U_{m3}^2 + \cdots} \qquad (4.5)$$

式中，I_{m1}、I_{m2}、$I_{m3}\cdots$ 和 U_{m1}、U_{m2}、$U_{m3}\cdots$ 分别表示输出电流和输出电压中的基波分量和各次谐波分量的振幅。

学与思

（1）乙类功放的效率为什么比甲类功放的效率高呢？

（2）功放电路应具备什么功能？

课堂小测

课后拓展

查查生活中有哪些电子产品采用了功率放大电路。

4.1.2 乙类互补对称功率放大电路

课前热身

1. 预习微课资源，记录预习笔记和疑难问题；

2. 完成教师创设的互动讨论话题，说说 OCL 与 OTL 电路的区别；

3．分组讨论知识点后"学与思"的问题。

课中导学

1. OCL 电路

（1）电路结构及其原理

双电源互补对称功率放大电路又称为无输出电容的功率放大电路，简称 OCL 电路，如图 4.3 所示。

该电路采用双电源供电（V_{CC}、$-V_{CC}$），VT_1、VT_2 是一对导电类型互补（NPN、PNP）且性能参数完全相同的功放管。它们的发射极共同连接负载，输出电阻小，带负载能力强。

静态时，两功放管因发射结零偏而处于截止状态，从而使得输出端的静态电压为零。

动态时，电路输入如图 4.3（b）所示的正弦波信号。在 u_i 正半周期间，VT_1 发射结正偏导通，VT_2 发射结反偏截止，电流通路为 $+V_{CC} \rightarrow VT_1 \rightarrow R_L \rightarrow$ 地。在 u_i 负半周期间，VT_1 发射结反偏截止，VT_2 发射结正偏导通，电流通路为地 $\rightarrow R_L \rightarrow VT_2 \rightarrow -V_{CC}$。

由此可见，VT_1、VT_2 两管分别在正、负半周轮流工作，使负载 R_L 获得一个完整的正弦波信号电压，如图 4.3（c）所示。

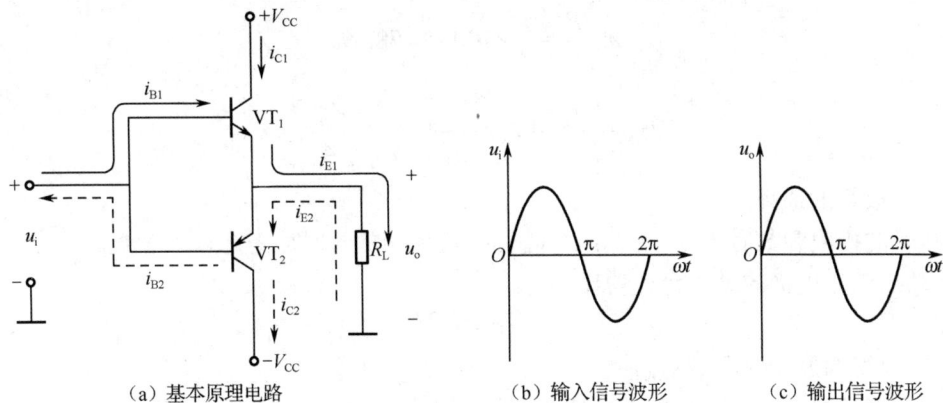

（a）基本原理电路　　　　（b）输入信号波形　　　　（c）输出信号波形

图 4.3　OCL 电路

（2）主要性能指标的计算

① 最大输出功率 P_{om}。

由式 4.1 可得，当输入信号足够大时，U_{CES} 可忽略，则

$$P_{om} = \frac{1}{2} \frac{(V_{CC} - U_{CES})^2}{R_L} \approx \frac{1}{2} \frac{V_{CC}^2}{R_L} \tag{4.6}$$

② 直流电源供给的功率 P_V。

当功放采用双电源供电时，每个直流电源只提供半个周期的能量。因此一个直流电源在一个周期内提供的平均功率 P_{V1} 等于电源电压 V_{CC} 与半个正弦波周期内晶体管集电极电流 i_C 的乘积的平均值，即

$$P_{V1} = \frac{1}{2\pi} \int_0^\pi V_{CC} i_C \mathrm{d}(wt) = \frac{V_{CC}}{2\pi} \int_0^\pi I_{om} \sin(wt) \mathrm{d}(wt) = \frac{V_{CC} U_{om}}{\pi R_L} \tag{4.7}$$

那么，正、负两个电源提供的总平均功率 P_V 为

$$P_{\text{V}} = \frac{2V_{\text{CC}}U_{\text{om}}}{\pi R_{\text{L}}} \tag{4.8}$$

③ 效率 η 。

$$\eta = \frac{P_{\text{o}}}{P_{\text{V}}} = \frac{\pi}{4} \frac{U_{\text{om}}}{V_{\text{CC}}} \tag{4.9}$$

④ 晶体管管耗 P_{C} 。

由于两个晶体管各自导通半个周期，且两管对称，故两管的管耗相同，为

$$P_{\text{C1}} = \frac{1}{2}(P_{\text{V}} - P_{\text{o}}) = \frac{1}{2}\left(\frac{2V_{\text{CC}}U_{\text{om}}}{\pi R_{\text{L}}} - \frac{U_{\text{om}}^2}{2R_{\text{L}}}\right) = \frac{1}{R_{\text{L}}}\left(\frac{V_{\text{CC}}U_{\text{om}}}{\pi} - \frac{U_{\text{om}}^2}{4}\right) \tag{4.10}$$

需要注意的是，在上述各指标的计算过程中，如果忽略晶体管的饱和压降 U_{CES} ，则最大输出电压幅值为

$$U_{\text{om}} = V_{\text{CC}} \tag{4.11}$$

那么

$$P_{\text{om}} = \frac{1}{2}U_{\text{om}}I_{\text{om}} = \frac{V_{\text{CC}}^2}{2R_{\text{L}}}, \quad P_{\text{V}} = \frac{2V_{\text{CC}}^2}{\pi R_{\text{L}}}$$

$$\eta = \frac{P_{\text{o}}}{P_{\text{V}}} = \frac{\pi}{4} \times 100\% \approx 78.5\%$$

$$P_{\text{C1}} = \frac{1}{2}(P_{\text{V}} - P_{\text{o}}) = \frac{1}{R_{\text{L}}}\left(\frac{V_{\text{CC}}^2}{\pi} - \frac{V_{\text{CC}}^2}{4}\right)$$

（3）功放管的选择

功放管的极限参数有 P_{CM} 、I_{CM} 、$U_{\text{(BR)CEO}}$ ，选择功放管时应考虑以下参数。

① 功放管集电极的最大允许功耗 P_{CM} 。

$$P_{\text{CM}} \geqslant 0.2P_{\text{om}} \tag{4.12}$$

② 功放管的最大耐压 $U_{\text{(BR)CEO}}$ 。

当一个管子饱和导通时，另一个管子承受的最大反向电压为 $2V_{\text{CC}}$ ，故

$$U_{\text{(BR)CEO}} \geqslant 2V_{\text{CC}} \tag{4.13}$$

③ 功放管的最大集电极电流 I_{CM} 。

$$I_{\text{CM}} \geqslant \frac{V_{\text{CC}}}{R_{\text{L}}} \tag{4.14}$$

（4）交越失真及其消除方法

当 OCL 电路中有信号输入时，晶体管发射结两端电压大于死区电压时晶体管才导通，小于死区电压时晶体管仍然截止，就没有电压输出。因此，信号在过零点附近，其波形会出现失真，称为交越失真，如图 4.4 所示。

为消除交越失真，应为两个晶体管，即功放管提供一定的偏置电压，组成甲乙类互补对称功放电路，如图 4.5 所示。

电路中，VD$_1$、VD$_2$ 正偏导通，和 R_{P} 一起为 VT$_1$、VT$_2$ 提供偏压，使 VT$_1$、VT$_2$ 在静态时处于微导通状态，即处于甲乙类工作状态，消除了交越失真。此外，VD$_1$、VD$_2$ 还有温度补偿作用，使 VT$_1$、VT$_2$ 的静态电流基本不随温度的变化而变化。

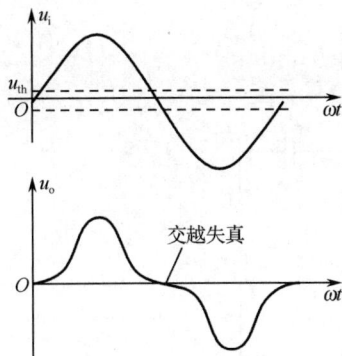

图 4.4　交越失真波形

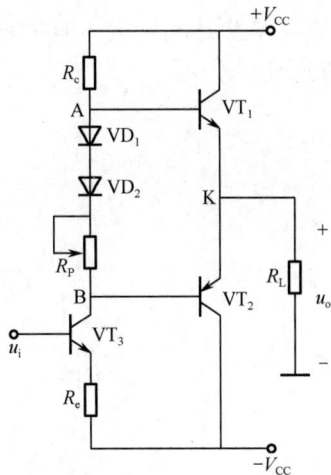

图 4.5　甲乙类互补对称功放电路

【例 4.1】　甲乙类互补对称功放电路如图 4.5 所示，V_{CC}=10V，R_L=16Ω，两个管子的 U_{CES} =2V，试求：（1）最大输出功率；（2）电源供给的功率；（3）输出最大功率时的效率。

解：（1）$P_{om} = \dfrac{1}{2}\dfrac{(V_{CC}-U_{CES})^2}{R_L} = \dfrac{1}{2}\dfrac{(10-2)^2}{16} = 2\text{W}$

（2）$P_V = \dfrac{2}{\pi}\dfrac{V_{CC}(V_{CC}-U_{CES})}{R_L} = \dfrac{2}{\pi}\dfrac{10(10-2)}{16} \approx 3.2\text{W}$

（3）$\eta_m = \dfrac{\pi}{4}\dfrac{V_{CC}-U_{CES}}{V_{CC}} = \dfrac{\pi}{4}\dfrac{10-2}{10} \approx 63\%$

学与思

（1）OCL 电路实现的是电压还是电流的放大？

_____

（2）在如图 4.5 所示电路中，若 R_P、VD_1、VD_2 中任一元器件虚焊，此时电路如何工作？

_____

（3）图 4.5 中，VD_1、VD_2 的温度补偿作用是如何体现的？

_____

2. OTL 电路

OCL 功放电路线路简单、效率高，但是需采用双电源供电。在某些只能采用单电源供电的场合，则需采用 OTL 互补对称功率放大电路（简称 OTL 电路），其特点是在输出端负载支路中串接了一个大容量电容 C_2，如图 4.6 所示。

（1）电路组成及工作原理

图中，VT_3 组成电压放大级，R_{c1} 为集电极电阻，VT_3 的偏置由输出 A 点电压通过 R_P 和 R_1 提供，采用分压式偏置电路稳定静态工作点。VD_1、VD_2 组成二极管偏置电路，为 VT_1、VT_2 提供偏置电压，消除交越失真。VT_1、VT_2 组成互补对称电路。C_2 容量很大，满足 $R_L C_2 \gg T$（信号周期），有信号输入时，电容两端电压基本不变，可视为一恒定值

（$V_{CC}/2$）。该电路就是利用大电容的储能作用来充当另一组电源（$-V_{CC}/2$）的。此外，C_2还具有隔直通交的作用。

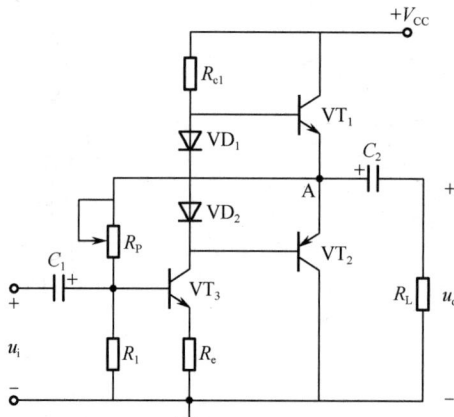

图 4.6   OTL 电路

该电路工作原理与 OCL 电路相似。当 $u_i<0$ 时，VT_1 正偏导通，VT_2 反偏截止。经 VT_1 放大后的电流经 C_2 送给负载 R_L，且对 C_2 充电，R_L 上获得正半周电压。当 $u_i>0$ 时，VT_1 反偏截止，VT_2 正偏导通，C_2 放电，经 VT_2 放大的电流由该管集电极经 R_L 和 C_2 流回发射极，负载 R_L 上获得负半周电压。输出电压 u_o 的最大幅值约为 $V_{CC}/2$。

（2）电路性能指标的计算

OTL 电路与 OCL 电路相比，每个管子实际工作电源电压不是 V_{CC}，而是 $V_{CC}/2$，故计算 OTL 电路的主要性能指标时，将 OCL 电路计算公式中的参数 V_{CC} 换成 $V_{CC}/2$ 即可。

学与思

（1）为什么 OTL 电路输出电压 u_o 的最大幅值约为 $V_{CC}/2$？

———————————————————————————————————————

（2）总结 OCL 与 OTL 电路的优缺点，哪种电路便于集成？

———————————————————————————————————————

3. 复合管

复合管是指将两个或多个晶体管按一定规律进行组合，等效成一个晶体管，复合管又称达林顿管。复合管的组合方式如图 4.7 所示。

当功率放大电路要求输出较大功率时，应采用较大功率的晶体管。但大功率晶体管的电流放大系数 β 往往较小，且选用特性一致的互补管也比较困难。故在实际应用中，常用复合管来解决这个问题。

复合管具有如下特点：

（1）复合管的导电类型取决于前一个管子，即 i_B 流入管等效为 NPN 型管，如图 4.7（a）、（d）所示。i_B 流出管等效为 PNP 型管，如图 4.7（b）、（c）所示。

（2）复合管的电流放大系数为各个管子电流放大系数之积，即 $\beta \approx \beta_1\beta_2\cdots$

（3）组成复合管各管的各极电流应满足电流一致性原则，即串接点处电流方向一致，并且接点处总电流为两管输出电流之和。

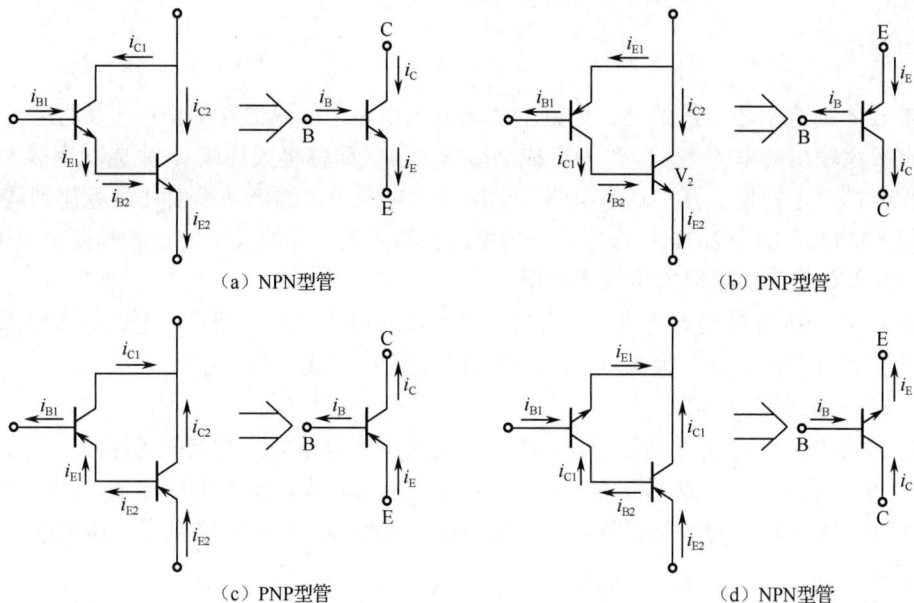

（a）NPN型管 （b）PNP型管

（c）PNP型管 （d）NPN型管

图 4.7 复合管的组合方式

学与思

采用复合管为什么可以解决乙类功放的配对问题？

课堂小测

课后拓展

以上学习了 OCL、OTL 两种常见的功放电路的结构和工作原理，除此之外，还有一种 BTL 结构的功放电路，查阅相关资料，分析该电路的结构特点及原理。

4.1.3 集成功率放大器

课前热身

1．预习微课资源，记录预习笔记和疑难问题；

2．完成教师创设的互动讨论话题，说说常见的集成功放有哪些；

3．分组讨论知识点后"学与思"的问题。

课中导学

在半导体制造工艺的基础上，把整个功率放大电路中的元器件制作在一块硅基片上，构成的具有较大输出功率的电路，称为集成功率放大器（简称集成功放）。集成功率放大器广泛应用于收音机、电视机、开关功率电路、伺服放大电路中，输出功率由几百毫瓦到几十瓦。

现以 LM386、TDA2030 等单片集成功率放大器为例，介绍其主要参数和典型应用电路。

1. LM386 集成功率放大器及其应用

LM386 是一种音频集成功放，具有自身功率低、电压增益可调整、电源电压范围大、外接元器件少和总谐波失真小等优点，广泛应用于录音机和收音机之中。

（1）LM386 外形及引脚

LM386 的外形与引脚排列如图 4.8 所示，它采用 8 脚双列直插式塑料封装。其引脚排列如图 4.8（b）所示，脚 2 为反相输入端，脚 3 为同相输入端，脚 5 为输出端，脚 6 和 4 分别为电源和地，脚 1 和 8 为增益调节端，使用时在脚 7 和地之间接旁路电容，通常取 10μF。

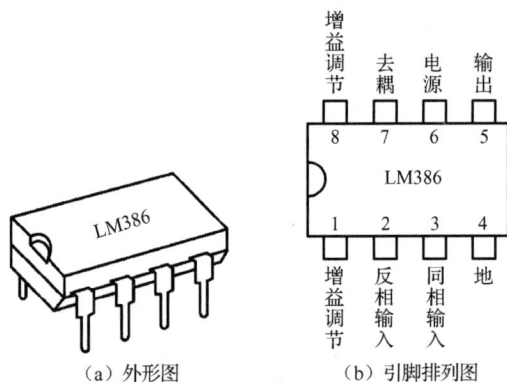

（a）外形图　　　　（b）引脚排列图

图 4.8　LM386 外形与引脚排列

（2）LM386 内部电路结构

LM386 内部电路原理图如图 4.9 所示，它是一个三级放大电路。

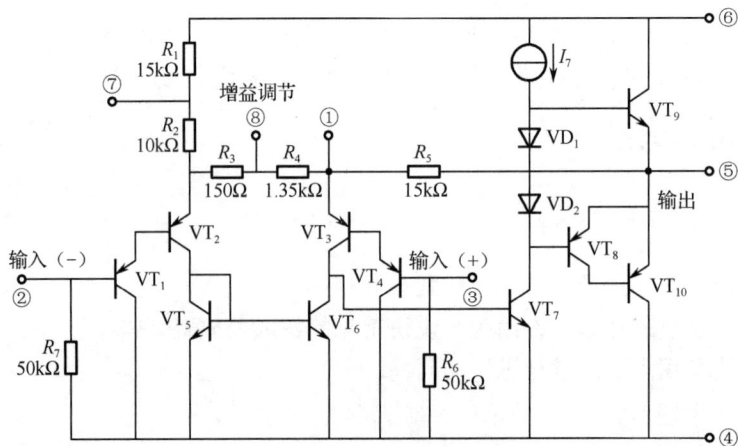

图 4.9　LM386 内部电路原理图

第一级为差动放大电路，VT_1 和 VT_2、VT_3 和 VT_4 分别构成复合管，作为差动放大电路的放大管；VT_5 和 VT_6 组成镜像电流源作为 VT_2 和 VT_3 的有源负载；信号从 VT_1 和 VT_4 的基极输入，从 VT_3 的集电极输出，为双端输入、单端输出差动电路。它可使单端输出电路的增益近似等于双端输出电路的增益。

第二级为共射放大电路，VT_7 为放大管，恒流源作为有源负载，以增大放大倍数。

第三级中的 VT_8 和 VT_{10} 复合成 PNP 型管，与 NPN 型管 VT_9 构成准互补输出级。二极管 VD_1 和 VD_2 为输出级提供合适的偏置电压，可以消除交越失真。

利用瞬时极性法可以判断出脚 2 为反相输入端，脚 3 为同相输入端，电路由单电源供电，故为 OTL 电路。输出端（脚 5）应外接输出电容后再接负载。

电阻 R_5 从输出端连接到了 VT_3 的发射极，形成反馈通路，并与 R_4 和 R_6 构成反馈网络。从而引入了深度电压串联负反馈，但整个电路具有稳定的电压增益。

LM386 的主要性能指标包括最大输出功率、电源电压范围、电源静态电流、电压增益、频带宽度、输入阻抗、输入偏置电流、总谐波失真等。使用时应查阅手册，以便获得准确的数据。

（3）LM386 的应用电路

用 LM386 组成的 OTL 功放电路如图 4.10 所示，信号从脚 3 同相输入端输入，从脚 5 经耦合电容（220μF）输出。

在如图 4.10 所示电路中，脚 1 与脚 8 所接电阻 R、电容 C_1 用于调节电路的闭环电压增益，电容取值为 10μF，电阻 R 调节范围为 0～20kΩ。通过调节电阻，可调节集成功放的电压放大倍数在 21～200 变化。R 值越小，电压放大倍数越大。当需要高增益时，可取 $R=0$，只将一个 10μF 电容接在脚 1 与脚 8 之间即可。脚 7 所接容量为 20μF 的电容 C_2 为去耦滤波电容。输出脚 5 所接电阻和电容，用来改善音质，同时防止电路自激，有时也可省去不用。该电路如用作手机音频的功放电路，输入端接手机音频信号即可。

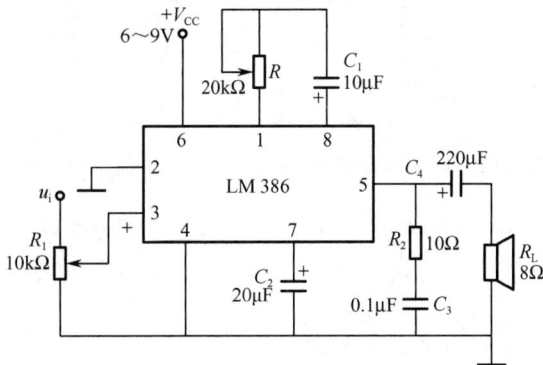

图 4.10　用 LM386 组成的 OTL 功放电路

学与思

在 Datasheet 中搜索 LM386 的工作手册，查查它的主要性能指标。

2. TDA2030 集成功率放大器及其应用

（1）TDA2030 主要性能参数及引脚排列

TDA2030 引脚排列如图 4.11 所示。它采用 TO-220 封装，具有引脚数少、外接元器件少的优点。它的电气性能稳定、可靠，适应长时间连续工作，且芯片内部具有过载保护和热切断保护电路。该芯片可作为高保真立体扩音装置中的音频功率放大器。

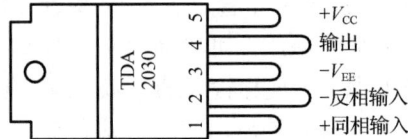

图 4.11　TDA2030 引脚排列

TDA2040 也是一款采用 TO-220 封装的音频甲乙类功放，具有输出电流大、失真小的特点。其最大输出电流为 4A，电源电压范围为 $\pm2.5V\sim\pm20V$。在电源电压为 $\pm16V$、负载 $R_L=4\Omega$ 时，输出功率可达 22W。引脚排列与 TDA2030 相同。

（2）TDA2030 的应用电路

TDA2030 接成 OCL（双电源）典型应用电路如图 4.12 所示。

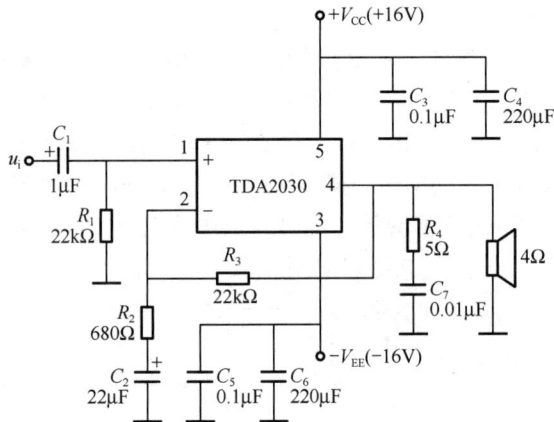

图 4.12　TDA2030 接成 OCL（双电源）典型应用电路

图 4.12 中，C_5、C_6 为电源低频去耦电容，C_3、C_4 为电源高频去耦电容。R_4 与 C_7 用于避免电感性负载产生过电压击穿芯片内功率管。为防止输出电压过大，可在输出端引脚 4 与正、负电源处接一个反偏二极管组成输出电压限幅电路。

3. TDA1521 集成功率放大器及其应用

如图 4.13 所示为 TDA1521 的基本应用电路。TDA1521 为 2 通道 OCL 电路，可作为立体声扩音机左、右两个声道的功放。其内部引入了深度电压串联负反馈，闭环电压增益为 30dB，并具有待机、静噪以及短路、过热保护等功能。

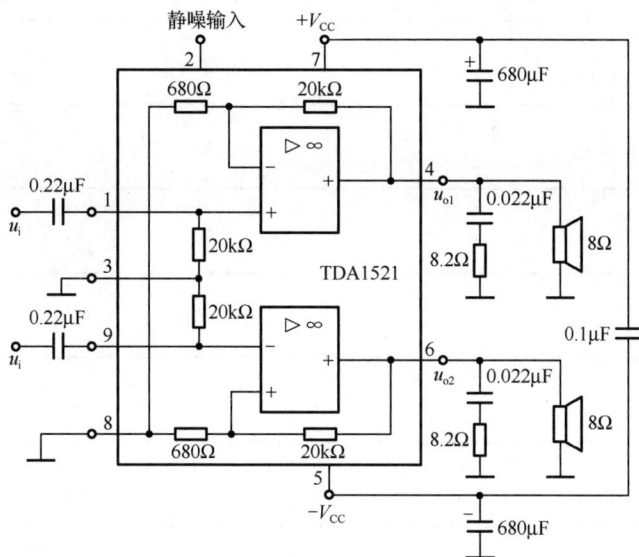

图 4.13　TDA1521 基本应用 OCL 电路

课堂小测

课后拓展

（1）集成功放常用于音响，查一查，现在市场上有哪些国内外知名的音响品牌，其代表性产品的性能如何？国外和国内品牌的产品性能区别在哪？围绕"中国智造"写一写你的感想吧。

（2）集成功放除应用于音响系统外，还有其他的应用对象，请找出一种应用电路并分析其原理，上传平台。

Note

技能训练 5　音频集成功率放大电路的制作与测试

1. 训练内容

学校承接了一批音频集成功放电路的组装与调试任务，电路原理如图 4.14 所示。根据所提供的音频集成功放电路原理图和实际 PCB 装配电路板（裸板），按照 IPC-A-610D 标准进行组装、调试。组装时，能正确选择不同类型的电子元器件，能按成形、插装和电烙铁手工焊接的要求进行元器件的装配，装配后不能出现开路、短路、不良焊点、元器件或印制板损坏等问题，基本符合 IPC-A-610D 规范要求。调试中，能正确选择和使用仪器仪表对电子产品的技术参数进行测量与调试，并使之达到要求，实现其基本功能，满足相应的技术指标，正确填写相关技术文件或测试报告。

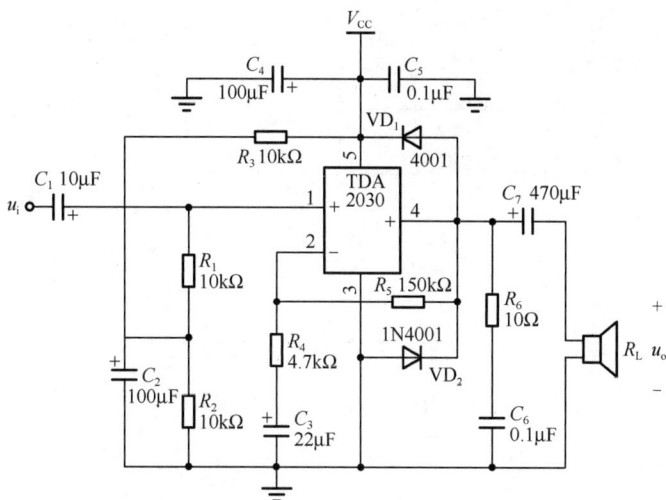

图 4.14　音频集成功放电路原理图

2. 电路分析

集成功放电路由于其外围元器件较少，输出功率较大而应用广泛，如图 4.15 所示为利用 TDA2030 构成的单电源功放电路的直流通路。

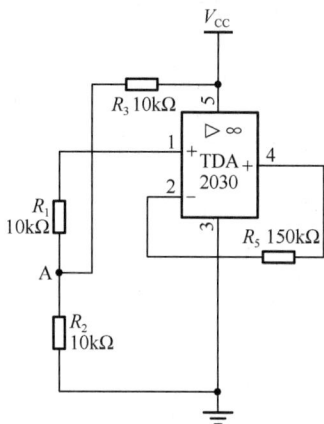

图 4.15　利用 TDA2030 构成的单电源功放电路的直流通路

（1）静态分析

由于 TDA2030 类似于一个集成运放，本电路又引入了负反馈，所以可以利用运放负反馈电路的虚断、虚短进行分析。如图 4.15 所示，同相端近似于虚断，R_2、R_3 可视为串联，则 $U_A=V_{CC}/2$，$U_+=V_{CC}/2$；由于运放的虚短特性，则 $U_-=U_+=V_{CC}/2$；又由于运放的虚断特性，R_5 无电流也无电压，则 $U_o=U_-=V_{CC}/2$。负反馈和虚断、虚短将在后面介绍。

（2）动态分析

集成功放电路的交流通路如图 4.16 所示，需要注意的是，由于本电路主要对音频信号进行功率放大，输入信号频率比较低，C_6 的容抗相对负载来说比较大，所以 R_6、C_6 支路也可以视为开路。由交流通路可知本电路可看成一个集成运放同相比例放大电路。所以 $u_o=(1+R_5/R_4)u_i=33\,u_i$，即本电路不仅具有功率放大作用，也具有电压放大作用。比例放大电路将在后面介绍。

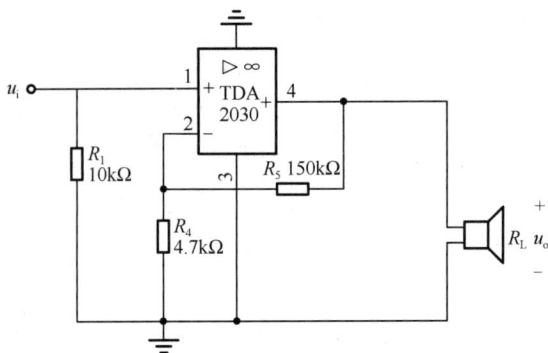

图 4.16　集成功放交流通路

3. 元器件识别与检测

（1）元器件明细表

本电路中的相关元器件如表 4.1 所示，按要求准备好相关元器件。

表 4.1　元器件清单

序　号	符号名称	名　称	规格型号	数　量
1	TDA2030	集成运放		1
2	VD_1、VD_2	二极管	1N4001	2
3	R_1、R_2、R_3	电阻	10kΩ	3
4	R_4	电阻	4.7kΩ	1
5	R_5	电阻	150kΩ	1
6	R_6	电阻	10Ω	1
7	C_1	极性电容	10μF	1
8	C_2	极性电容	100μF	1
9	C_3	极性电容	22μF	1
10	C_4	极性电容	100μF	1
11	C_5	电容	0.1μF	1
12	C_6	电容	0.1μF	1

序　号	符号名称	名　称	规格型号	数　量
13	C_7	极性电容	470μF	1
14	R_L	扬声器（负载）	8Ω/0.5W	1

（2）元器件识别与检测

用万用表欧姆挡对电阻、1N4007、TDA2030 引脚进行测量，完成表 4.2 中的检测内容。

表 4.2　元器件测试表

元器件	识别及检测内容		
电阻	色环或数码	标称值（含误差）	
	色环电阻：黄紫黑棕棕		
1N4007	所用仪表	数字表□　指针表□	
	万用表读数（含单位）	正测	
		反测	
TDA2030 集成块	所用仪表	数字表□　指针表□	
	测量出 TDA2030 集成块的电源脚、输出脚对接地脚的电阻值（安装后测量）	脚 1 是同相输入端 脚 2 是反相输入端 脚 3 是负电源（或 GND）输入端 脚 4 是功率输出端 脚 5 是正电源输入端	

引脚编号	1	2	3	4	5
阻值					

4. 电路安装

参照技能操作训练 2 中的安装步骤进行电路安装。

5. 电路调试

（1）仪表准备

根据要测试的参数，准备所需的仪表，并检查仪表能否正常工作，测试仪表清单如表 4.3 所示。

表 4.3　测试仪表清单

序　号	仪表名称	仪表型号	仪表规格	数　量
1	数字万用表	V89D		1
2	毫伏表	DF2172B	100μV～300V	1
3	数字示波器	DS1002	20MHz	1
4	直流稳压电源	XJ17232	0～30V/0～2A	1
5	信号发生器	SFG-1003	10Hz～1MHz	1

（2）测试导线准备

根据要测试的参数，准备所需的导线，并检查导线是否完好，是否有断线、接触不良等现象，测试导线清单如表 4.4 所示。

表 4.4　测试导线清单

序　号	导线名称	单　位	导线规格	数　量
1	表笔线	副	50cm	1
2	双头鳄鱼夹测试线	副	40cm	1
3	BNC 头测试线	副	50cm	3
4	双头香蕉插头连接线	根	5cm	2

（3）不通电检查

电路安装完毕后，对照电路原理图和连线图，认真检查元器件是否正确安装，以及焊点有无虚焊，功放板实物图如图 4.17 所示。再用万用表测量功放各引脚对地之间的电阻，与理论值进行比较，是否一致或接近。

图 4.17　功放板实物图

（4）静态测试

电路接入电源 V_{CC}=9V，用万用表测量功放各引脚的电位，并与理论值进行比较分析。电路静态测试方框图如图 4.18 所示。

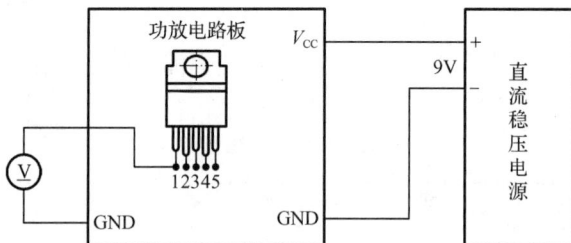

图 4.18　电路静态测试方框图

测试步骤：

① 输入端悬空或接地，电源端子接入 9V 直流电源；

② 用万用表分别测试集成功放 1、2、3、4、5 号引脚与 GND 之间的直流电压，填入表 4.5 中。

表 4.5 功放静态测试表

引脚电位	U_1	U_2	U_3	U_4	U_5
测 量 值					
理 论 值	4.5V	4.5V	0	4.5V	9V

（5）动态测试

保持静态不变，输入端接 1kHz 的正弦波信号，逐渐增大 u_i 的幅度，用示波器测量最大不失真输出，计算最大输出功率。电路动态测试方框图如图 4.19 所示。

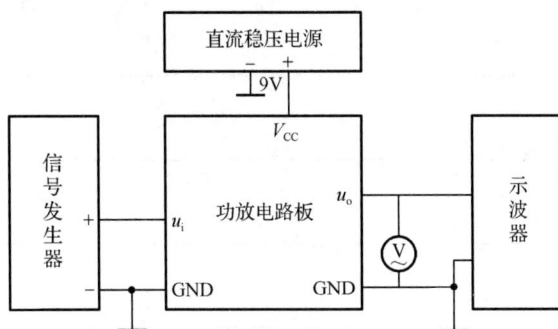

图 4.19 电路动态测试方框图

测试步骤：

① 保持静态工作点不变，输入端接 1kHz 正弦信号，接入负载，用示波器观察输出波形；

② 调节输入信号幅度，使输出信号无失真；

③ 用毫伏表或示波器测试输入 u_i、输出 u_o 的信号幅度，填入表 4.6 中；

④ 根据测试结果，计算功放电压放大倍数与最大输出功率，将计算结果填入表 4.6 中。

表 4.6 功放动态测试表

u_i/mV（f=1kHz）	u_o（示波器监测不失真）	$A_u= u_o/u_i$	$P_{om}= u_o^2/R_L$

6. 评价

参照技能训练 2 中表 1.13 进行评分。

Note

读与思

晶体管的发明——信息时代的基石

在晶体管诞生之前，电信号的放大主要是通过真空电子管来实现的。真空电子管制作困难、寿命很短，而且体积大、耗能高、易损坏，人们迫切地希望能用固态元器件来替代它。

美国物理学家肖克利、巴丁和布拉顿在 19 世纪 30~40 年代，先后进入贝尔研究所工作，都从事固体物理理论方面的研究。肖克利在 1939 年就提出"利用半导体而不用真空管的放大器在原则上是可行的"。巴丁和布拉顿在开始研究晶体管时，采用了肖克利的场效应概念，但实验屡遭失败。两人在总结经验教训时，巴丁提出了表面态理论。根据这一新的理论，在 1947 年 12 月 23 日的实验中，他们终于取得了意义重大的成功。巴丁和布拉顿把两根细金属丝放置在锗半导体晶片的表面上，其中一根接通电流，使另一根尽量靠近它，并加上微电流，这时，通过晶片的电流突然增大起来，这就是一种信号放大现象。这个发现震动了整个电子学界，贝尔研究所利用这种放大现象制造出晶体管。因为这种晶体管中，只是金属丝与半导体晶片的某一"点"相接触，故称之为"点接触型晶体管"。然而，当时这种晶体管存在着性能不稳定、噪声大、频率低、放大倍数小、制作困难等缺点，某些性能还比不上电子管。故而人们估计，它只能使用在助听器之类的小东西上，很少有人能预见到它以后的巨大发展。

在点接触型晶体管诞生之后，肖克利经过多次实验失败后认识到过去进展不大的主要原因是一味模仿真空晶体管。他对半导体的性能进行了更深刻的探讨，提出了"空穴"这一崭新的概念，并提出另一个新设想：在半导体的两个 P 区中间夹一个 N 区的结构就可以实现晶体管的放大作用。肖克利给这种晶体管取名为"结型晶体管"。由于当时技术条件较差，他克服了重重困难，整整花费了一年的时间，终于在 1950 年成功试制出第一个"结型晶体管"。这种晶体管是利用晶体中的电子和空穴的作用原理制成的，它是现代晶体管的雏型。结型晶体管的出现具有重大意义，它证明半导体的放大作用不是由表面现象引起的，而是在半导体内部发生的放大过程中形成的。它克服了点接触型晶体管的稳定性低的缺点，而且噪声低、功率大。肖克利和巴丁、布拉顿不仅获得了 1956 年的物理诺贝尔奖，同时由此还带来了一场信息革命的开端。这是继钢铁时代之后，在半导体材料上发生的又一次划时代的革命，这是一个全新信息时代最重要的基石，而基于此的数字时代已然是今天人类活动的主流。晶体管的一个关键优势是体积小，随着半导体微芯片（即硅片）的发明，一块半导体微芯片上能放置数十亿个晶体管。这些晶体管小到能放到血细胞的表面，而且价格非常低，几乎在每个电子产品里面都有着它们的身影。

思考与练习

2.1 填空题

1. 共射放大电路电压放大倍数为负值，说明输出信号与输入信号相位差_____。

2. 放大电路未输入信号时的状态称为_____，其在特性曲线上的点称为_____；有输入信号时的状态称为_____，动态工作点移动的轨迹称为_____。

3. 在放大电路的下限频率处，幅度的放大倍数为中频区的_____，这主要是由_____

引起的。

4．画放大电路交流通路时，直流电压源可认为_____，直流电流源可认为_____。

5．在共射放大电路中，电阻 R_c 的作用是_____。

6．放大电路的非线性失真包括_____失真和_____失真，引起非线性失真的主要原因是_____。

7．晶体管在电路中的三种基本连接方式分别是：①_____；②_____；③_____。

8．放大器的输出电阻小，向外输出信号时，自身损耗小，有利于提高_____的能力。

9．乙类互补对称功放的效率比甲类功放的高得多，其关键是_____。

10．由于功放电路中功放管常常处于极限工作状态，因此选择功放管时要特别注意_____、_____和_____。

2.2 判断题

1．阻容耦合多级放大电路的工作点相互独立，它只能放大交流信号。（　　　）

2．放大电路中各电量的交流成分是由交流信号源提供的。（　　　）

3．通常，JFET 在漏极与源极间互换时，仍有正常放大作用。（　　　）

4．乙类互补对称功放电路在输出功率最大时，管子的管耗最大。（　　　）

5．功放电路的效率是指输出功率与输入功率之比。（　　　）

6．乙类互补对称功放电路在输入信号为零时，静态功耗几乎为零。（　　　）

7．只有当两个晶体管的类型相同时才能组成复合管。（　　　）

8．在 OCL 电路中，输入信号越大，交越失真也越大。（　　　）

9．复合管的 β 值近似等于组成它的各晶体管 β 值的乘积。（　　　）

2.3 选择题

1．在共射放大电路中，用直流电压表测得 $U_{CE} \approx V_{CC}$，有可能是因为（　　　）；测得 $U_{CE} \approx 0$，有可能是因为（　　　）。

A．R_b 开路　　　　B．R_b 过小　　　　C．R_c 开路

2．当输入电压为正弦波信号时，如果 PNP 型管共射放大电路发生饱和失真，则输出电压波形将（　　　）。

A．正半周削波　　　B．负半周削波　　　C．不削波

3．为了使高阻输出的放大电路与低阻输入的放大负载很好地配合，可以在放大电路与负载之间插入（　　　）。

A．共射电路　　　　B．共集电路　　　　C．共基电路

4．电路的静态是指输入交流信号且（　　　）时的电路状态。

A．幅值不变　　　　B．频率不变　　　　C．幅值为零

5．对直流通路而言，放大电路中的电容应视为（　　　）。

A．直流电源　　　　B．开路　　　　　　C．短路

6．将共射放大电路中 $\beta=50$ 的晶体管换成 $\beta=100$ 的晶体管，其他参数不变，设电路不会产生失真，则电压放大倍数（　　　）。

A．约为原来的 1/2　　　　　　　　B．基本不变

C．约为原来的 2 倍　　　　　　　　D．约为原来的 4 倍

7.若PNP型晶体管组成的共射放大电路输出正半周波形削波,说明该电路工作点( )。

A. 偏低   B. 偏高   C. 合适

8. 上题中,要使输入信号正常放大,应( )。

A. 增大 R_b B. 减小 R_b C. 减小 V_{CC}

9. 若分压式共射放大电路出现饱和失真,应( )。

A. 增大 R_{b1} B. 减小 R_{b1}

10. 为了获得反相电压的放大,应选择一级( )放大电路。

A. 共集   B. 共基   C. 共射   D. 共漏

11. 有两个性能完全相同的放大电路,其开路电压增益为 20dB, $R_i=2k\Omega$, $R_o=3k\Omega$。现将两个放大电路级联构成两级放大电路,则开路电压增益为( )。

A. 40dB   B. 32dB   C. 16dB   D. 160dB

12. 功率放大电路的输出功率大是因为( )。

A. 电压放大倍数大或电流放大倍数大   B. 输出电压高且输出电流大

C. 输出电压变化幅值大且输出电流变化幅值大

13.单电源(+12V)供电的OTL功放电路在静态时,输出耦合电容两端的直流电压为( )。

A. 0V   B. +6V   C. +12V

14. 复合管的类型(NPN 或 PNP)与组成它的( )的类型相同。

A. 最前面的管子   B. 最后面的管子   C. 不确定

15. 互补对称功放电路从放大作用来看,( )。

A. 既有电压放大作用,又有电流放大作用

B. 只有电流放大作用,没有电压放大作用

C. 只有电压放大作用,没有电流放大作用

16. 甲乙类 OCL 电路可以克服乙类 OCL 电路产生的( )。

A. 交越失真   B. 饱和失真   C. 截止失真   D. 零点漂移

2.4 分析图题 2.1 所示各电路能否正常放大交流信号,为什么?若不能,应如何改正?

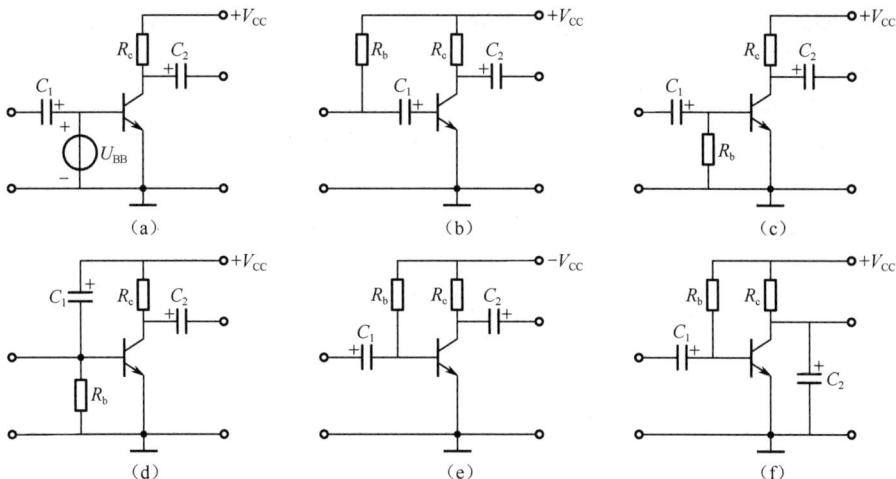

图题 2.1

2.5 求图题 2.2 所示各电路的工作点,设 $\beta=50$, U_{BE}、U_{CES} 均可忽略不计。

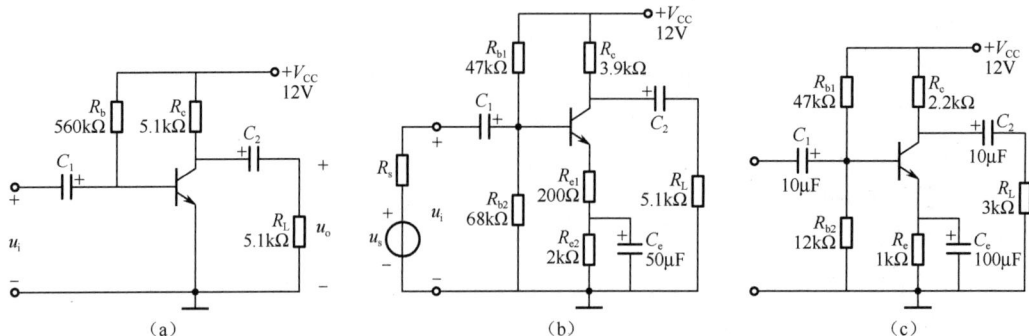

图题 2.2

2.6 电路参数如图题 2.3 所示，$\beta=60$，$U_{BE}=0.7V$，$U_{CES}=0V$。若电路发生下列故障，求此时的静态值 I_B、I_C、U_B、U_C。

（1）R_{b2} 开路；

（2）R_c 开路；

（3）C_e 被短路；

（4）发射结开路；

（5）发射结短路。

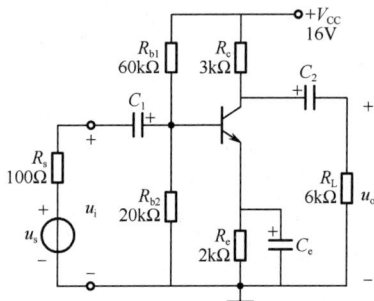

图题 2.3

2.7 电路如图题 2.4 所示，已知晶体管的 $\beta=100$，$r_{bb'}=300\Omega$，$V_{CC}=10V$，$U_{BE}=0.7V$，晶体管饱和压降 $U_{CES}=0.5V$。

（1）求电路的静态工作点；

（2）当出现下列各种故障时用直流电压表测量晶体管的集电极电位，应分别为多少？

　　① C_1 短路；② C_2 短路；③ R_{b1} 短路。

（3）画出微变等效电路，求 A_u、R_i 及 R_o。负载开路时其动态性能如何变化？

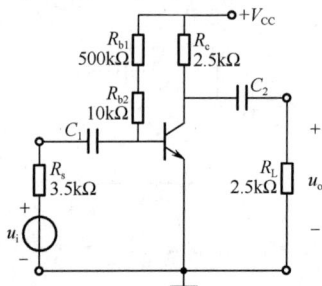

图题 2.4

2.8 如图题 2.5 所示为 PNP 型管组成的放大电路，输入端加正弦波交流信号。已知晶体管的 $\beta=100$，$r_{bb}=200\Omega$。

（1）估算静态工作点；

（2）画出微变等效电路，求 A_u、A_{us}、R_i 及 R_o。

（3）改变输入信号的幅度并调节 R_b 的值，用示波器观察输出波形，当出现如图题 2.5（b）、（c）、（d）所示的三种失真现象时，说明分别是什么性质的失真，应如何消除？

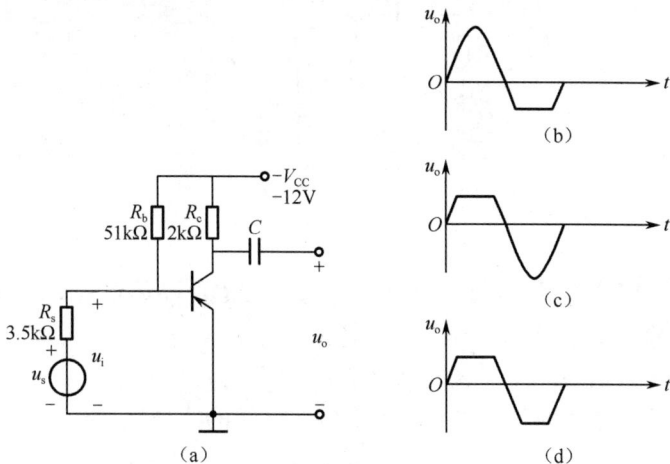

图题 2.5

2.9 放大电路如图题 2.6（a）所示，输入信号为正弦波。

（1）试分析图中标有符号的各电量（电流或电压）哪些属于直流量哪些是交流量，哪些是在直流量上叠加了交流量，设电路中各电容对交流短路。

（2）在图题 2.6（b）所示晶体管的输出特性曲线上作直流负载线和交流负载线，分析其动态范围。

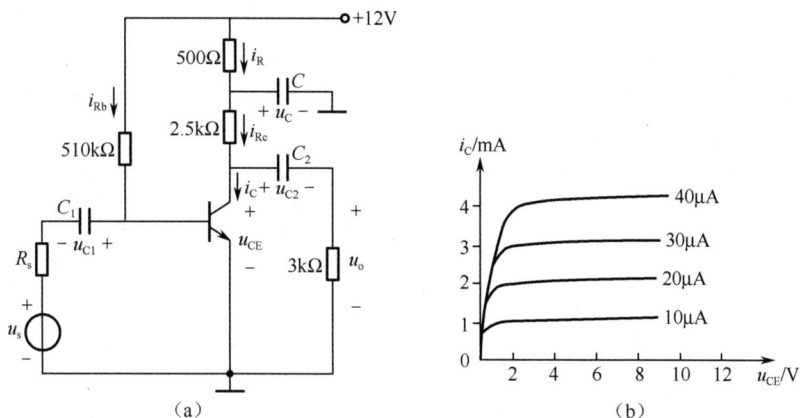

图题 2.6

2.10 在图题 2.7 所示电路中，$V_{CC}=24V$，$R_L=R_c=2k\Omega$，$\beta=50$，$R_{b1}=10k\Omega$，$R_{b2}=30k\Omega$，$R_{e1}=2k\Omega$，$R_{e2}=150\Omega$，$R_s=1k\Omega$，晶体管的 $r_{bb}=200\Omega$。

（1）求静态工作点的值。如果断开 R_{b1}，电路能否正常放大？

（2）画出微变等效电路，计算 A_u、R_i 及 R_o。

（3）设输入正弦信号 u_s 的有效值为 10mV，计算输出电压 u_o 的有效值。

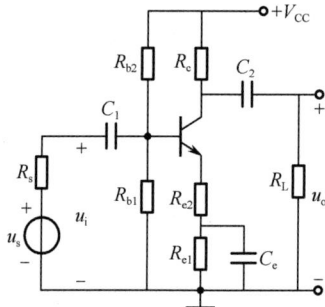

图题 2.7

2.11 在图题 2.8 所示电路中，$V_{CC}=12V$，$R_e=R_L=2k\Omega$；晶体管的 $U_{BE}=0.7V$，$\beta=100$。

（1）现已测得静态管压降 $U_{CEQ}=6V$，估算 R_b 的值；

（2）画出微变等效电路，计算 A_u、R_i 及 R_o。

（3）求该电路的跟随范围（即最大不失真输出电压的峰-峰值）。

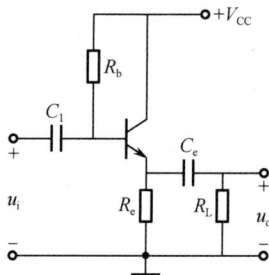

图题 2.8

2.12 试用组成复合管的规则判断图题 2.9 所示各电路的连接方法是否正确。如正确，指出其等效成什么管子，脚 1、2、3 分别对应什么电极。

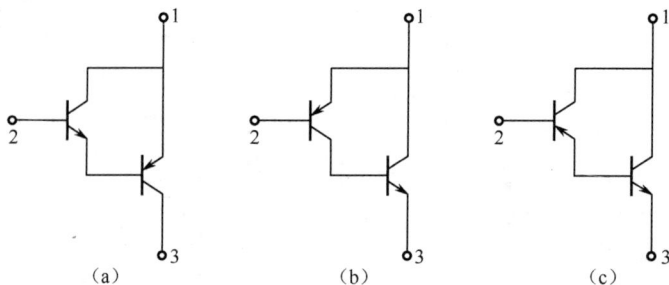

（a）　　　　　　　　（b）　　　　　　　　（c）

图题 2.9

2.13 电路如图题 2.10 所示，其中 $R_L=16\Omega$，C_L 的容量很大。

（1）若 $V_{CC}=12V$，U_{CES} 可忽略不计，试求 P_{om} 和 P_{cm}；

（2）若 $P_{om}=2W$，$U_{CES}=1V$，求 V_{CC} 的最小值并确定管子参数 P_{CM}、I_{CM}、$U_{(BR)CEO}$。

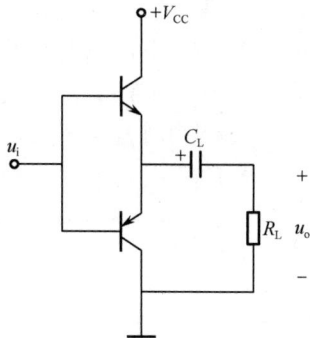

图题 2.10

2.14 如图题 2.11 所示为集成运放的互补对称输出电路。试说明电路的组成特点及各元器件的作用。

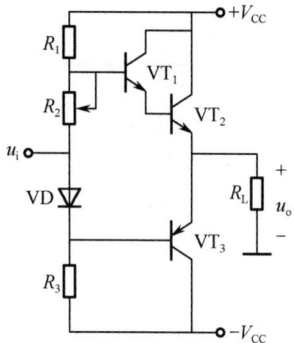

图题 2.11

2.15 在图题 2.12 所示电路中，已知 $V_{CC}=12V$，$R_L=8\Omega$，静态时的输出电压为零，在忽略 U_{CES} 的情况下，试求：

（1）当 u_i 的有效值为 6V 时的输出功率和效率；

（2）当输入信号足够大时的最大输出功率 P_{om}、效率及晶体管的最大功耗；

（3）给出管子功耗最大和最小时的输出电压值；

（4）说明 VD_1、VD_2 的作用，若其中一个二极管虚焊，可能产生什么后果？

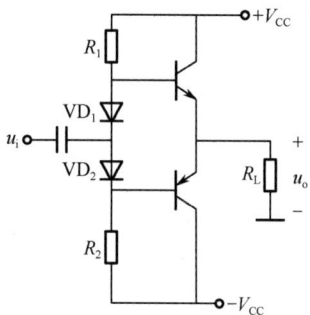

图题 2.12

2.16 一单电源供电的 OTL 功放电路，已知 $V_{CC}=20V$，$R_L=8\Omega$，U_{CES} 忽略不计，估算电路的最大输出功率，并指出功率管的极限参数 P_{CM}、I_{CM}、$U_{(BR)CEO}$ 应满足什么条件？

2.17 OTL 电路如图题 2.13 所示，$R_L=8\Omega$，$V_{CC}=12V$，C_1 的容量很大。

（1）静态时电容 C_L 两端电压应是多少？调整哪个电阻能满足这一要求？

（2）动态时，若出现交越失真，应调整哪个电阻？是增大还是减小电阻值？

（3）若两管的 U_{CES} 可忽略不计，求 P_{om}。

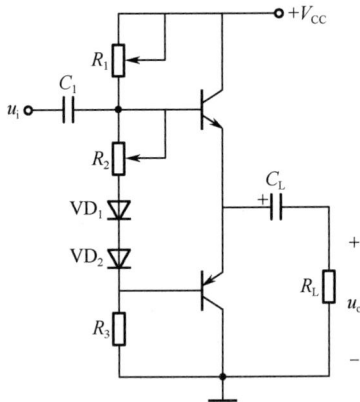

图题 2.13

2.18 现有一台用于功率输出的录音机，最大输出功率为 20W，机内扬声器（阻抗为 8Ω）已损坏，为了提高音质，拟改接音箱。现有 10W、16Ω 和 20W、4Ω 两种规格的音箱出售，选用哪一种好？

模块三 模拟集成电路

在半导体制造工艺的基础上，把整个模拟电路中的元器件制作在一块硅基片上，构成的具有特定功能的电子电路，称为模拟集成电路。它具有体积小、重量轻、引出线和焊接点少、寿命长、可靠性高、性能好等优点，同时其成本低，便于大规模生产。目前模拟集成电路的应用几乎遍及各种产品中，广泛应用于军事设备、工业设备、通信设备、计算机和家用电器中。如测力传感器，其原理是利用微细加工工艺技术在一小块硅片上加工出硅膜片，并在膜片上用离子注入工艺做了四个电阻并连接成电桥。当力作用在硅膜片上时，膜片产生变形，电桥中两个桥臂电阻的阻值增大；另外两个桥臂电阻的阻值减小，电桥失去平衡，集成运放电路放大输出电压信号和补偿失调电压，输出与作用力成正比的电压信号。动态扭矩传感器采用的是集成运放组成的峰值检测电路，对扭矩或旋转角度进行上限或下限检测，选择其中最高的或最低的作为控制或报警的对象，广泛应用于各种在线测试与工业控制系统中。

测力传感器   动态扭矩传感器

本模块以项目 5——集成运算放大电路的制作与测试为载体，学习集成运算放大电路及其制作技能。

项目 5　集成运算放大电路的制作与测试

项目描述

本项目主要学习集成运算放大电路的基础知识和制作、测试技能。在教师指导下，以学生为中心采取线上、线下混合式教学，线上学生通过扫码看视频、查阅资料、团队协助等多种方法自主学习，线下教师以启发引导为主进行授课，使学生较好地掌握知识的同时，培养学生思考与探究问题的能力。能够按照企业生产标准完成集成运算放大电路的组装与调试，实现其基本功能，满足相应的技术指标，并正确填写相关技术文件或测试报告，培养严谨认真的工匠精神。

知识体系

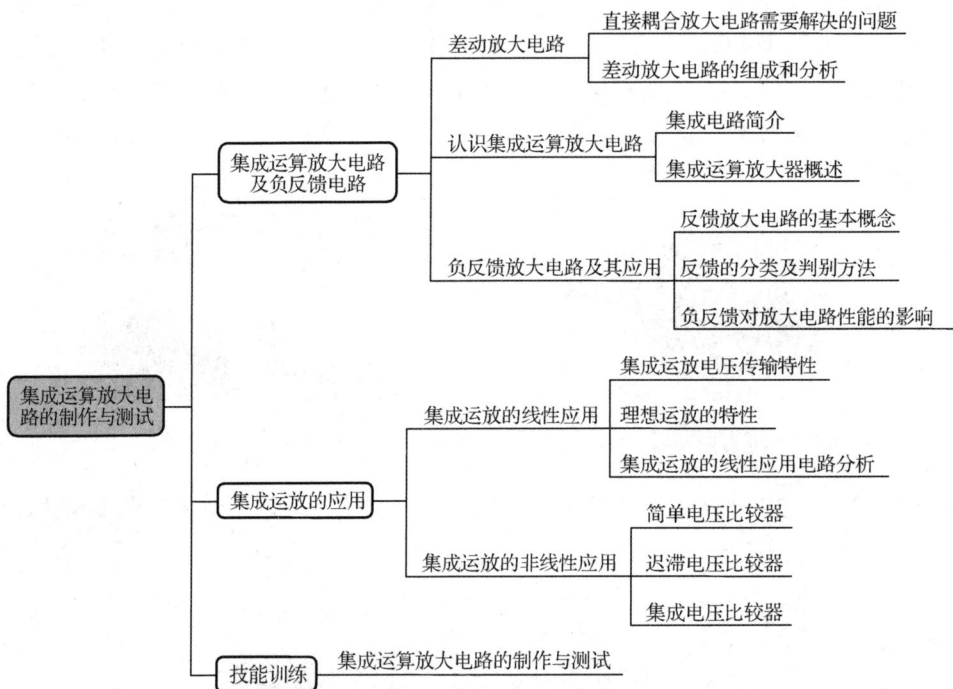

任务 5.1　集成运算放大电路及负反馈电路

任务描述

本任务学习集成运算放大电路（又称集成运算放大器）及负反馈电路，需要了解直接耦合电路存在的问题、零点漂移产生的原因及抑制措施；理解差动放大电路的组成、抑制零漂的原理，理解差模信号与共模信号及其放大倍数、共模抑制比，会对任意信号进行分解；理解集成运算放大电路特点及其内电路框图，熟悉运放图形符号和理想运放的特点；理解负反馈放大电路的类型，会判别常用负反馈电路的类型；了解负反馈对电路性能的影响；了解深度负反馈电路的特点、负反馈电路产生自激振荡的条件及其消除方法。

教师课前下发任务，学生依据课前任务要求通过看视频、查阅资料等方法自主学习，完成课前预习。课上教师采用讲解、实验电路板演示等形式，培养学生思考与探究问题的能力。

5.1.1 差动放大电路

课前热身

1. 预习微课资源，记录预习笔记和疑难问题；
2. 完成教师创设的互动讨论话题，说说差动放大电路具有什么特点，常用于哪些电路中；
3. 分组讨论知识点后"学与思"的问题。

课中导学

差动放大电路又称差动放大器、差分放大器，是集成运算放大电路中常用的一种单元电路，具有优越的抑制零点漂移的性能。

1. 直接耦合放大电路需要解决的问题

（1）各级静态工作点相互影响，相互牵制

直接耦合电路前后级之间存在直流通路，当某一级静态工作点发生变化时，会对前后级产生影响。

（2）直接耦合放大电路存在零点漂移

零点漂移是指当放大电路输入信号为零时，受温度变化、电源电压不稳等因素的影响，静态工作点发生变化，并被逐级放大和传输，导致电路输出端电压偏离原固定值而上下漂动的现象。显然，放大电路级数越多、放大倍数越大，输出端的漂移现象越严重，有可能使输入的微弱信号湮没在漂移之中，无法分辨，从而达不到预期的传输效果，因此，提高放大倍数、降低零点漂移是直接耦合放大电路的主要需求。

产生零点漂移的原因很多，如电源电压不稳、元器件参数变化、环境温度变化等。其中最主要的因素是环境温度的变化，因为晶体管是对温度敏感的元器件，当温度变化时，其参数 U_{BE}、β、I_{CBO} 都将发生变化，最终导致放大电路静态工作点产生偏移。温度变化产生的零点漂移，称为温漂。它是衡量放大电路对温度稳定程度的一个指标。

（3）抑制零点漂移的措施

① 精选高稳定性的元器件。

② 电路元器件在安装前要经过认真的筛选和防老化处理，以确保质量和参数的稳定性。

③ 选用高稳定度电源，减少电源电压波动的影响。

④ 采用补偿电路。补偿是指用另外一个元器件的漂移来抵消放大电路的漂移，如果参数配合得当，就能把漂移抑制在较低的限度之内。在分立元器件组成的电路中常用二极管补偿

的方式来稳定静态工作点。在集成电路内部应用最广的单元电路就是基于参数补偿原理构成的差动放大电路。

⑤ 采用调制型直流放大电路。调制是指将直流变化量转换为其他形式的变化量（如正弦波幅度的变化），并通过漂移很小的阻容耦合电路放大，再设法将放大了的信号还原为直流成分的变化。这种电路结构复杂、成本高、频率特性差。

2. 差动放大电路的组成和分析

这种电路能有效减少晶体管的参数随温度变化所引起的漂移，较好地解决在直流放大电路中放大倍数和零点漂移的矛盾，因而在分立元器件和集成电路中获得了十分广泛的应用。

（1）电路组成和工作原理

简单差动放大电路如图 5.1 所示，它由两个完全对称的单管放大电路构成，有两个输入端和两个输出端。其中晶体管 VT_1、VT_2 的参数和特性完全相同（如 $\beta_1 = \beta_2 = \beta$ 等），$R_{b1} = R_{b2} = R_b$，$R_{c1} = R_{c2} = R_c$。显然，两个单管放大电路的静态工作点和电压增益均相同。实际电路总存在一定的差异，不可能完全对称，但在集成电路中，这种差异很小。

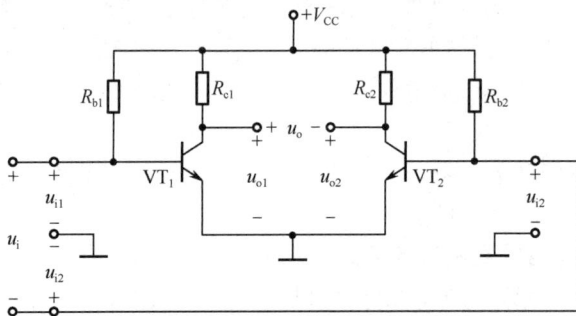

图 5.1 简单差动放大电路

由于两个电路完全对称，因此，静态（$u_i = 0$）时，直流工作点 $U_{C1} = U_{C2}$，此时电路的输出电压 $u_o = U_{C1} - U_{C2} = 0$（这种情况称为零输入时零输出）。当温度变化引起管子参数变化时，每一单管放大器的工作点必然随之改变（存在零漂），但由于电路对称，U_{C1} 和 U_{C2} 同时增大或减小，并保持 $U_{C1} = U_{C2}$，即始终有输出电压 $u_o = 0$，或者说零漂被抑制了。这就是差动放大电路抑制零漂的原理。

设每个单管放大电路的电压放大倍数为 A_{u1}，在电路完全对称的情况下，有

$$A_{u1} = \frac{u_{o1}}{u_{i1}} = \frac{u_{o2}}{u_{i2}} \tag{5.1}$$

显然 $u_{o1} = A_{u1}u_{i1}$，$u_{o2} = A_{u1}u_{i2}$，而差动放大电路的输出取自两个对称单管放大电路的两个输出端之间（称为平衡输出或双端输出），其输出电压为

$$u_o = u_{o1} - u_{o2} = A_{u1}(u_{i1} - u_{i2}) \tag{5.2}$$

由式（5.2）可知，差动放大电路输出电压与两个单管放大电路的输入电压之差成正比，"差动"的概念由此而来。

实际的输入信号（即有用信号）通常加到两个输入端之间（称为平衡输入或双端输入），由于电路对称，因此两管的发射结电流大小相等、方向相反，此时若一管的输出电压升高，另一管的则降低，且有 $u_{o1} = -u_{o2}$，则 $u_o = u_{o1} - u_{o2} = 2u_{o1}$，因此输出电压不但不会为 0，反而会比

单管输出的大一倍。这就是差动放大电路可以有效放大有用输入信号的原理。

设输入有用信号时，两管各自的输入电压（参考方向均为由 B 极指向 E 极）分别用 u_{id1} 和 u_{id2} 表示，$u_{id1}=u_{i1}$，$u_{id2}=u_{i2}$，则有 $u_{id1}=u_i/2$，$u_{id2}=-u_i/2$，$u_{id1}=-u_{id2}$。

显然，u_{id1} 与 u_{id2} 大小相等、极性相反，通常称它们为一对差模输入信号或差模信号。而电路的差动输入信号则为两管差模输入信号之差，即 $u_{id}=u_{id1}-u_{id2}=2u_{id1}=u_i$。在只有差模输入电压 u_{id} 作用时，差动放大电路的输出电压就是差动输出电压 u_{od}。通常把输入差模信号时的放大器增益称为差模增益，用 A_{ud} 表示，即

$$A_{ud}=\frac{u_{od}}{u_{id}} \tag{5.3}$$

显然，差模增益就是放大器的电压增益（也称电压放大倍数），对于简单差动放大电路，有

$$A_{ud}=A_u=A_{u1} \tag{5.4}$$

差模增益 A_{ud} 表示电路放大有用信号的能力，一般情况下要求 $|A_{ud}|$ 尽可能大。

以上讨论的是差动放大电路是如何放大有用信号的，下面介绍它抑制零漂信号（即共模信号）的原理。

设在温度变化值 ΔT 一定的情况下，两个单管放大电路的输出漂移电压分别为 u_{oc1} 和 u_{oc2}，u_{oc1} 和 u_{oc2} 折合到各自输入端的等效输入漂移电压分别为 u_{ic1} 和 u_{ic2}，显然有

$$u_{oc1}=u_{oc2}，\quad u_{ic1}=u_{ic2}$$

将 u_{ic1} 与 u_{ic2} 分别加到差动放大电路的两个输入端，它们大小相等，极性相同，通常称它们为一对共模输入信号或共模信号。共模信号可以表示为 $u_{ic1}=u_{ic2}=u_{ic}$。显然，共模信号并不是实际的有用信号，而是温度等因素变化所产生的漂移或干扰信号，因此需要进行抑制。

当只有共模输入电压 u_{ic} 作用时，差动放大电路的输出电压就是共模输出电压 u_{oc}，通常把输入共模信号时的放大电路增益称为共模增益，用 A_{uc} 表示，则

$$A_{uc}=\frac{u_{oc}}{u_{ic}} \tag{5.5}$$

在电路完全对称的情况下，差动放大电路双端输出时的 $u_{oc}=0$，则 $A_{uc}=0$。共模增益 A_{uc} 表示电路抑制共模信号的能力。$|A_{uc}|$ 越小，电路抑制共模信号的能力也越强。当然，实际差动放大电路的两个单管放大电路不可能做到完全对称，因此 A_{uc} 不可能等于 0。

需要指出的是，差动放大电路在实际工作中，总是既存在差模信号，也存在共模信号，因此，实际的 u_{i1} 和 u_{i2} 可表示为

$$u_{i1}=u_{ic}+u_{id1}$$
$$u_{i2}=u_{ic}+u_{id2}=u_{ic}-u_{id1}$$

由上述两式可得到：

$$u_{ic}=(u_{i1}+u_{i2})/2 \tag{5.6}$$
$$u_{id1}=-u_{id2}=(u_{i1}-u_{i2})/2$$

电路的差模输入电压为

$$u_{id}=2u_{id1}=u_{i1}-u_{i2}=u_i \tag{5.7}$$

（2）共模抑制比

在差模信号和共模信号同时存在的情况下，若电路基本对称，则对输出起主要作用的是

差模信号，而共模信号对输出的作用要尽可能被抑制。为定量反映放大电路放大有用的差模信号和抑制有害的共模信号的能力，通常引入参数共模抑制比，用 K_{CMR} 表示。它的定义为

$$K_{CMR} = \left| \frac{A_{ud}}{A_{uc}} \right| \tag{5.8}$$

共模抑制比用分贝形式表示为

$$K_{CMR} = 20\lg \left| \frac{A_{ud}}{A_{uc}} \right| \quad (dB)$$

显然，K_{CMR} 越大，输出信号中的共模成分相对越少，电路对共模信号的抑制能力就越强。

（3）射极耦合差动放大电路

前面所讨论的简单差动放大电路在实际应用中存在以下不足。

① 即使电路完全对称，每个单管放大电路仍存在较大的零漂，在单端输出（非对称输出，即输出取自任一单管放大电路的输出）的情况下，该电路和普通放大电路一样，没有任何抑制零漂的能力。电路不完全对称时，抑制零漂的作用明显变差。

② 每个单管放大电路存在的零漂（即工作点的漂移）可能使它们均工作于饱和区，从而使整个放大电路无法正常工作。

采用射极耦合差动放大电路可以较好地克服简单差动放大电路的不足，其电路如图 5.2（a）所示，电路中接入 $-V_{EE}$ 的目的是保证输入端在未接信号时基本为零输入（I_b、R_b 均很小），同时又给双极型晶体管发射结提供了正偏。其中，$R_{c1}=R_{c2}=R_c$，$R_{b1}=R_{b2}=R_b$。

（a）基本电路

（b）差模交流通路

（c）共模交流通路

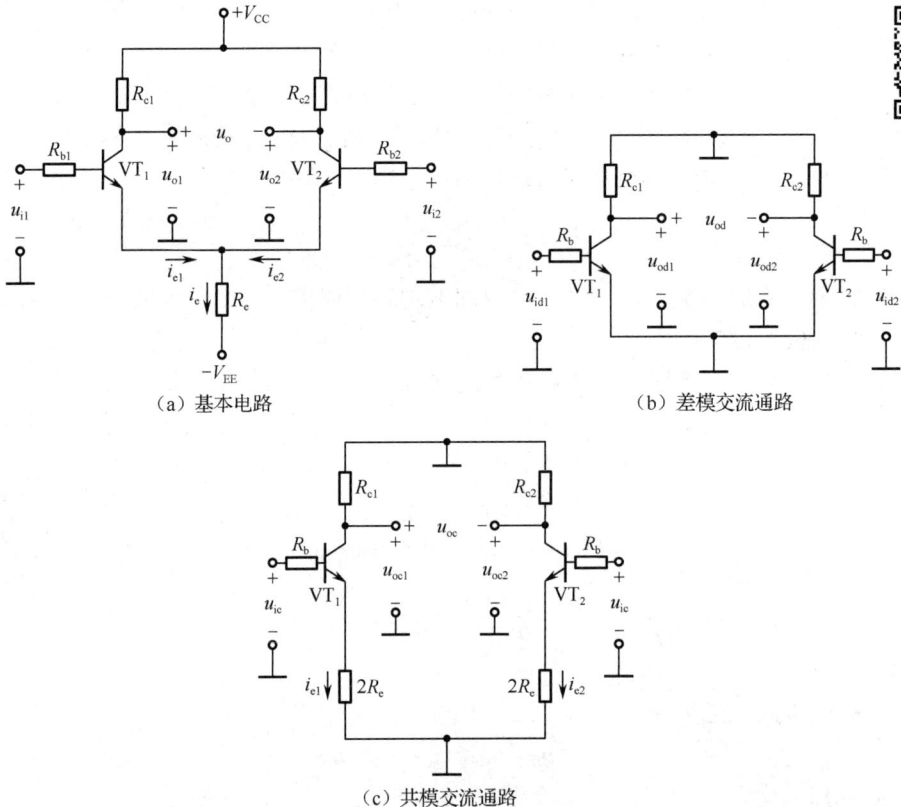

图 5.2 射极耦合差动放大电路

由图 5.2（a）可以看出，射极耦合差动放大电路与简单差动放大电路的关键不同之处在于两管的发射极串联了一个公共电阻 R_e（因此也称为电阻长尾式差动放大电路），而正是 R_e 的接入使得电路的性能发生了明显变化。

当输入信号为差模信号时，则 $u_{i1}= -u_{i2} =u_{id}/2$，因此两管的发射极电流 i_{e1} 和 i_{e2} 将一个增大、另一个减小，即流过 R_e 的电流 $i_e =i_{e1}+i_{e2}$ 保持不变，R_e 两端的电压也保持不变（相当于交流 i_e=0、u_e=0），也就是说，R_e 对差模信号可视为短路，由此可得该电路的差模交流通路如图 5.2（b）所示。显然，R_e 的接入对差模信号的放大没有任何影响。

当输入（等效输入）信号为共模信号时，则 $u_{ic1}=u_{ic2}=u_{ic}$，因此两管的发射极电流 i_{e1} 和 i_{e2} 将同时同量增大或减小，相当于交流 $i_{e1}= i_{e2}$，即 $i_e =i_{e1}+i_{e2}=2i_{e1}$，$u_e = i_e R_e =2i_{e1}R_e$。容易看出，此时 R_e 对每个单管放大电路所呈现的等效电阻为 $2R_e$，由此可得该电路的共模交流通路如图 5.2（c）所示。显然，R_e 的接入对共模信号产生了明显影响，这个影响就是每个单管放大电路相当于引入了反馈电阻为 $2R_e$ 的电流串联负反馈。当 R_e 较大时，单端输出的共模增益也很低，有效地抑制了零漂，并稳定了静态工作点。

由图 5.2（c）可以看出，R_e 越大，共模负反馈越深，可以有效地提高差动放大电路的共模抑制比。但受集成电路制造工艺的限制，R_e 不可能很大；另外，R_e 太大，则要求负电源电压也很高（以产生一定的直流偏置电流），这一点对电路的实现是不利的。针对上述问题，可以考虑将 R_e 用直流恒流源来代替。

学与思

（1）若差动放大电路两边参数不完全对称，输出会发生什么变化？

_____

（2）差动放大电路发射极电阻为什么要用恒流源来代替？

_____

课堂小测

课后拓展

一个完全对称的差动放大电路，静态时应该具有"零输入时零输出"的性能，即输入电压为零（$u_{i1}=u_{i2}=0$）时，双端输出电压也为零。然而实际的放大电路由于存在元器件失配，很难做到完全对称。因此在输入电压为零时，双端输出电压不一定为零，查查如何解决这个问题。

5.1.2　认识集成运算放大电路

课前热身

1. 预习微课资源，记录预习笔记和疑难问题；

2．完成教师创设的互动讨论话题，说说生活中有哪些电子产品用到集成运算放大器；

3．分组讨论知识点后"学与思"的问题。

课中导学

1. 集成电路简介

在半导体制造工艺的基础上，把整个电路中的元器件制作在一块硅基片上，构成的具有特定功能的电子电路，称为集成电路。

集成电路按其功能来分，有数字集成电路和模拟集成电路。模拟集成电路种类繁多，有运算放大器、宽频带放大器、功率放大器、模拟乘法器、模拟锁相环、模/数和数/模转换器、稳压电源和音像设备中常用的其他模拟集成电路等。

模拟集成电路与分立元件电路相比具有如下特点：

（1）采用有源元器件

受制造工艺的限制，在集成电路中制造有源元器件比制造大电阻容易实现。因此大电阻多用有源元器件构成的恒流源电路代替，以获得稳定的偏置电流。双极型晶体管比二极管更易制作，一般用集-基短路的双极型晶体管代替二极管。

（2）采用直接耦合作为级间耦合方式

由于集成工艺不易制造大电容，集成电路中电容量一般不超过 100pF，至于电感，只能限于极小的数值（1μH 以下）。因此，在集成电路中，级间不能采用阻容耦合方式，均采用直接耦合方式。

（3）采用多管复合或组合电路

集成电路制造工艺的特点是晶体管特别是双极型晶体管或场效应管容易制作，而复合和组合结构的电路性能较好，因此，在集成电路中多采用复合管（一般为两管复合）和组合（共射-共基、共集-共基组合等）电路。

2. 集成运算放大器概述

在模拟集成电路中，集成运算放大器是应用极为广泛的一种，也是其他各类模拟集成电路应用的基础。

集成运算放大器简称集成运放或运放，是模拟集成电路的一个重要分支。它实际上是用集成电路工艺制成的具有高增益、高输入电阻、低输出电阻的直接耦合放大器，具有通用性强、可靠性高、体积小、重量轻、功耗小、性能优越等特点，而且外部接线很少，调试极为方便。现在已经广泛应用于自动测试、自动控制、计算技术、信息处理以及通信工程等各个领域。

（1）集成运放的基本组成

集成运放内部一般由输入级、中间级、输出级和偏置电路组成，如图 5.3 所示。

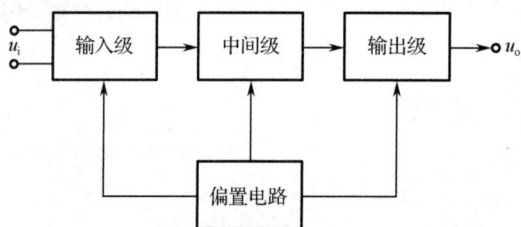

图 5.3　集成运放内部电路框图

①　偏置电路。

偏置电路的作用是向各级放大电路提供合适的偏置电流，使之具有合适的静态工作点。偏置电路一般由恒流源组成。

②　输入级。

输入级对集成运放的多项技术指标起着决定性的作用，一般由高性能的恒流源差动放大电路组成，具有温漂小、共模抑制比高、输入阻抗高的特点，可减少零点漂移，提高共模抑制比。设置两个输入端可扩大集成运放的应用范围。

③　中间级。

中间级的主要任务是提供足够大的电压放大倍数，并向输出级提供较大的输出电流。它的电路大多由有源负载的共射电路组成，电压放大倍数一般可达几万甚至几十万以上。

④　输出级。

输出级的作用是向负载输出足够大的电流，它的输出电阻要小，并应有过载保护措施。输出级大都采用互补对称放大电路，两管轮流工作，且每个管子导电时均使电路工作在射极输出状态，故带负载能力较强。

集成运放的外形，常见的有以下三种，如图 5.4 所示。

（a）圆壳式　　　（b）双列直插式　　　（c）扁平式

图 5.4　集成运放的外形

集成运放的图形符号如图 5.5 所示，图 5.5（a）是国家标准图形符号，图 5.5（b）是曾用符号。

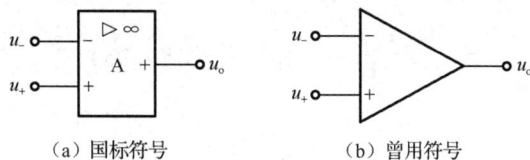

（a）国标符号　　　　　　　（b）曾用符号

图 5.5　集成运放的图形符号

它有两个输入端：反相输入端和同相输入端，分别用"–""+"表示。有一个输出端，输出电压 u_o 与反向输入端电压 u_- 的相位相反，与同向输入端电压 u_+ 的相位相同，其输入、输出关系式为

$$u_o = A_{od}(u_+ - u_-) \tag{5.9}$$

式中，A_{od} 为集成运放开环电压放大倍数。

（2）集成运放的主要技术参数

集成运放的参数是合理选择使用运放的基本依据，集成运放的主要参数有以下几种。

①　集成运放开环电压放大倍数（或称开环电压增益）A_{od}。

A_{od} 为集成运放在开环、线性放大区并在规定的测试负载和输出电压幅度条件下的直流差模电压增益（绝对值）。一般运放的 A_{od} 为 60～120dB，性能较好的运放的 A_{od}>140dB。

值得注意的是，一般希望 A_{od} 越大越好，实际的 A_{od} 与工作频率有关，当工作频率大于一定值时，A_{od} 随频率的升高而迅速下降。

② 温度漂移。

放大器的零点漂移的主要来源是温度漂移，而温度漂移对输出的影响可以折合为输入失调电压 U_{IO} 和输入失调电流 I_{IO}，因此可以用以下指标来表示放大器的温度稳定性，即温漂指标。

在规定的温度范围内，输入失调电压的变化量 ΔU_{IO} 与引起 U_{IO} 变化的温度变化量 ΔT 之比，称为输入失调电压/温度系数 $\Delta U_{IO}/\Delta T$。$\Delta U_{IO}/\Delta T$ 越小越好，一般为 $\pm$（10～20）μV/℃。

③ 最大差模输入电压 U_{idmax}。

指集成运放的两个输入端之间所允许的最大输入电压值。若输入电压超过该值，则可能使运放输入级双极晶体管的其中一个发射结产生反向击穿，显然这是不允许的。U_{idmax} 大一些好，一般为几到几十伏。

④ 最大共模输入电压 U_{icmax}。

指运放输入端所允许的最大共模输入电压。若共模输入电压超过该值，则可能造成运放工作不正常，共模抑制比 K_{CMR} 将明显下降。显然，U_{icmax} 大一些好，高质量运放最大共模输入电压可达十几伏。

⑤ 单位增益带宽 f_T。

指使运放开环差模电压增益 A_{od} 下降到 0（即 A_{od} =1）时的信号频率，它与晶体管的特征频率 f_T 相似，是集成运放的重要参数。

⑥ 开环带宽 f_H。

指使运放开环差模电压增益 A_{od} 下降为直流增益的 $1/\sqrt{2}$（相当于 3dB）时的信号频率。由于运放的增益很高，因此 f_H 一般较低，约为几赫兹至几百赫兹（宽带高速运放除外）。

⑦ 转换速率 S_R。

指运放在闭环状态下，输入为大信号（如矩形波信号等）时，其输出电压对时间的最大变化速率，即

$$S_R = \left| \frac{du_o(t)}{dt} \right|_{max} \tag{5.10}$$

转换速率 S_R 反映了运放对高速变化的输入信号的响应情况，主要与补偿电容、运放内部各管的极间电容、杂散电容等因素有关。S_R 大一些好，S_R 越大，说明运放的高频性能越好。一般运放的 S_R 小于 1V/μs，高速运放的 S_R 可达 65 V/μs 以上。

需要指出的是，转换速率 S_R 是由运放瞬态响应情况得到的参数，而单位增益带宽 f_T 和开环带宽 f_H 是由运放频率响应（即稳态响应）情况得到的参数，它们均反映了运放的高频性能，从这一点来看，它们的本质是一致的。但它们分别是在大信号和小信号的条件下得到的，从结果看，它们之间有较大的差别。

⑧ 最大输出电压 U_{omax}。

最大输出电压 U_{omax} 是指在一定的电源电压下，集成运放的最大不失真输出电压的峰-峰值。

除上述指标外，集成运放的参数还有共模抑制比 K_{CMR}、差模输入电阻 R_{id}、共模输入电阻 R_{ic}、输出电阻 R_{o}、静态功耗 P_{C} 等，其含义可查阅相关手册，这里不再赘述。

学与思

（1）集成运放一般由哪 4 部分组成？

（2）在集成运放组成的电压放大电路中，分别在同相和反相输入端加上极性与大小相同的电压，输出电压有何变化？

课堂小测

课后拓展

学习以上课程后，查找集成运放的应用电路，并尝试分析原理。

5.1.3　负反馈放大电路及其应用

课前热身

1．预习微课资源，记录预习笔记和疑难问题；
2．完成教师创设的互动讨论话题，说说负反馈放大电路的特点，常用于哪些电路中；
3．分组讨论知识点后"学与思"的问题。

课中导学

1．反馈放大电路的基本概念

反馈是将放大电路的输出量（电压或电流）的一部分或全部，通过某种电路（称为反馈网络）送回输入端，与外部所加输入信号共同形成放大电路的输入信号（电压或电流），以影响输出量（电压或电流）的过程，具有反馈的放大电路称为反馈放大电路，又称反馈放大器。

一个电路是否存在反馈，就是看输出与输入回路之间有没有起联系作用的元器件。若有则存在反馈，若无则不存在反馈。

（1）反馈放大电路的组成框图

反馈放大电路的组成框图如图 5.6 所示。反馈放大电路由基本放大电路和反馈网络两部分组成。

图中，$\dot{X}_{\mathrm{i}}$ 为输入信号，$\dot{X}_{\mathrm{o}}$ 为输出信号，$\dot{X}_{\mathrm{f}}$ 为反馈信号，$\dot{X}_{\mathrm{id}}$ 为净输入信号。

若 $\dot{X}_{\mathrm{id}} > \dot{X}_{\mathrm{i}}$，反馈信号增强了净输入信号，为正反馈。

若 $\dot{X}_{\mathrm{id}} < \dot{X}_{\mathrm{i}}$，反馈信号削弱了净输入信号，为负反馈。

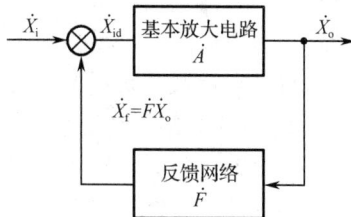

图 5.6　反馈放大电路的组成框图

开环放大倍数（也称开环增益）为

$$\dot{A} = \dot{X}_\mathrm{o}/\dot{X}_\mathrm{id} \qquad\qquad (5.11)$$

反馈系数为

$$\dot{F} = \dot{X}_\mathrm{f}/\dot{X}_\mathrm{o} \qquad\qquad (5.12)$$

闭环放大倍数（也称闭环增益）为

$$\dot{A}_\mathrm{f} = \frac{\dot{X}_\mathrm{o}}{\dot{X}_\mathrm{i}} \qquad\qquad (5.13)$$

可得：

$$\dot{A}_\mathrm{f} = \frac{\dot{X}_\mathrm{o}}{\dot{X}_\mathrm{id} + \dot{X}_\mathrm{f}} = \frac{\dot{X}_\mathrm{o}/\dot{X}_\mathrm{id}}{\dot{X}_\mathrm{id}/\dot{X}_\mathrm{id} + \dot{X}_\mathrm{f}/\dot{X}_\mathrm{id}} = \frac{\dot{A}}{1 + \dot{A}\dot{F}} \qquad\qquad (5.14)$$

上式表明了反馈放大电路的闭环放大倍数与开环放大倍数、反馈系数之间的关系。

（2）反馈深度和深度负反馈

① 在式（5.14）中，若 $|1+\dot{A}\dot{F}|>1$，则 $|\dot{A}_\mathrm{f}|<|\dot{A}|$，说明加入反馈后闭环放大倍数变小了，这类反馈属于负反馈。

② 若 $|1+\dot{A}\dot{F}|<1$，则 $|\dot{A}_\mathrm{f}|>\dot{A}$，即加入反馈后，闭环放大倍数增加，这类反馈属于正反馈，正反馈使放大电路性能不稳定，在放大电路中一般很少用。

③ 若 $|1+\dot{A}\dot{F}|=0$，则 $|\dot{A}_\mathrm{f}|\to\infty$，即在没有输入信号时，电路中也会有输出信号，这种现象称为自激振荡。

在式（5.14）中，加入负反馈以后的闭环放大倍数 $\dot{A}_\mathrm{f}$ 是基本放大电路开环放大倍数 $\dot{A}$ 的 $1/(1+\dot{A}\dot{F})$，把 $1+\dot{A}\dot{F}$ 称为反馈深度，$|1+\dot{A}\dot{F}|$ 越大，反馈越深，$|\dot{A}_\mathrm{f}|$ 就越小。$1+\dot{A}\dot{F}$ 是衡量反馈强弱的一个重要指标。

如果 $|1+\dot{A}\dot{F}|\gg1$（如 $|1+\dot{A}\dot{F}|>10$），则一般认为反馈已加得很深，把这时候的反馈称为深度负反馈，此时式（5.14）可简化为

$$\dot{A}_\mathrm{f} = \frac{\dot{A}}{\dot{A}\dot{F}+1} \approx \frac{\dot{A}}{\dot{A}\dot{F}} = \frac{1}{\dot{F}} \qquad\qquad (5.15)$$

由式（5.15）可知，放大电路一旦引入深度负反馈，其闭环放大倍数仅与反馈系数 $\dot{F}$ 有关，而与放大电路本身的参数无关。

2. 反馈的分类及判别方法

（1）直流反馈与交流反馈

如图 5.7 所示，仅在直流通路中存在的反馈称为直流反馈，或者说，反馈量中只有直流量时称为直流反馈；仅在交流通路中存在的反馈称为交流反馈，或者说，反馈量中只有交流量时称为交流反馈。反馈量中既有直流量又有交流量，这样的反馈称为交、直流反馈。

（2）正反馈和负反馈

① 定义。

正反馈：放大电路引入的反馈信号使放大电路的净输入信号增加。

负反馈：反馈信号使放大电路的净输入信号减少。

② 判别方法：瞬时极性法。

一般在第一级输入端标"+"，然后依据放大、反馈信号的传递途径逐级标出"+""−"，

"+"表示瞬时电位升高，"–"表示瞬时电位下降，最后标出反馈信号极性，从而判断反馈信号是增强还是减弱输入信号，输入信号减弱的是负反馈，增强的是正反馈。

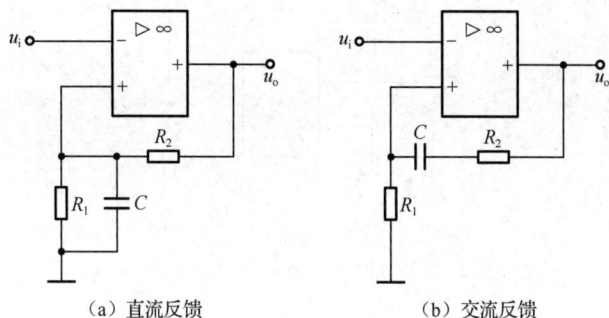

（a）直流反馈　　　　　　（b）交流反馈

图 5.7　直流与交流反馈判别

（3）电压反馈与电流反馈

① 定义。

电压反馈：在输出回路中，若反馈信号取自输出电压，即为电压反馈。

电流反馈：在输出回路中，若反馈信号取自输出电流，即为电流反馈。

② 判别方法。

用负载短路法判别：假设输出端的负载短路，若反馈量依然存在（不为零），则是电流反馈；若反馈量消失（为零），则是电压反馈。

根据反馈网络与输出端的接法判断：若反馈网络与输出端接同一节点则为电压反馈，不接同一节点则为电流反馈。电流反馈和电压反馈的效果与负载 R_L 有关，要得到较强的负反馈效果，电压负反馈要求 R_L 越大越好，电流负反馈要求 R_L 越小越好。

（4）并联反馈和串联反馈

按基本放大电路输入端与反馈网络的输出端之间的连接方式，反馈可分为并联反馈和串联反馈，与输出端取样的形式无关。

① 定义。

串联反馈：反馈信号送到输入端是以电压相加、减的形式出现的，反馈信号与输入信号串联。并联反馈：反馈信号表现为电流相加、减的形式，反馈信号与输入信号并联。

② 判别方法。

若反馈信号与输入信号是在输入端的同一个节点引入的，则为并联反馈；如果它们不是在同一个节点引入的，则为串联反馈。

（5）负反馈放大电路的 4 种基本组态

① 电压串联负反馈：负反馈信号取自输出电压，反馈信号与输入信号串联。

② 电压并联负反馈：负反馈信号取自输出电压，反馈信号与输入信号并联。

③ 电流串联负反馈：负反馈信号取自输出电流，反馈信号与输入信号串联。

④ 电流并联负反馈：负反馈信号取自输出电流，反馈信号与输入信号并联。

（6）反馈判别示例

首先要判断电路中有无反馈元器件或网络，即输出、输入端之间有无元器件或网络连接，有则有反馈；然后再用上述方法判别反馈性质、类型。

【例 5.1】 反馈放大电路如图 5.8 所示，试判断其反馈类型。

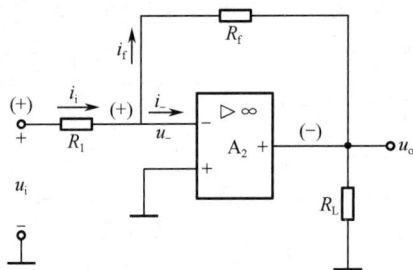

图 5.8　例 5.1 图

解：电路中 R_f 为反馈元件。输入信号加在集成运放反相输入端，利用瞬时极性法，假设输入端瞬时极性为"+"，则输出端瞬时极性为"－"，经 R_f 反馈到反相输入端为"－"，净输入信号减少，为负反馈。

对于输入端，由于输入信号与反馈信号在同一节点输入，所以为并联反馈。

对于输出端，假设 R_L 短路，反馈信号为零，所以为电压反馈。

因此图中所示电路反馈类型为电压并联负反馈。

【例 5.2】 试判别如图 5.9 所示放大电路中，从运算放大电路 A_2 输出端引至 A_1 输入端的反馈是哪种类型？

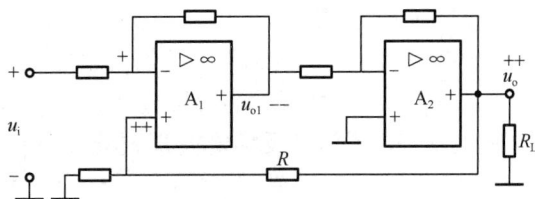

图 5.9　例 5.2 图

解：由瞬时极性法可知图中反馈为负反馈；因反馈信号取自输出电压，所以是电压反馈；因输入信号和反馈信号分别加在反相输入端和同相输入端，所以是串联反馈。因此反馈类型为电压串联负反馈。

学与思

（1）判别电压反馈和电流反馈的方法是什么？

_____

（2）判别串联反馈、并联反馈的方法是什么？

_____

3. 负反馈对放大电路性能的影响

（1）提高放大倍数的稳定性

在负反馈条件下，比较闭环放大倍数与开环放大倍数的稳定性：

$$\dot{A}_f = \frac{\dot{A}}{1 + \dot{A}\dot{F}}$$

$$\frac{\mathrm{d}\dot{A}_\mathrm{f}}{\mathrm{d}\dot{A}} = \frac{1}{(1+\dot{A}\dot{F})^2}, \quad 即\ \mathrm{d}\dot{A}_\mathrm{f} = \frac{1}{(1+\dot{A}\dot{F})^2}\mathrm{d}\dot{A} \tag{5.16}$$

负反馈放大电路的放大倍数变化量只有基本放大电路放大倍数变化量的 $1/(1+\dot{A}\dot{F})^2$，说明引入负反馈使放大倍数的稳定性提高。

（2）影响输入电阻和输出电阻

① 串联负反馈使输入电阻增大。

无论采用电压负反馈还是电流负反馈，只要输入端采用串联负反馈方式，与无反馈时相比，其输入电阻都要增大，即 $r_\mathrm{if} = (1+\dot{A}\dot{F})r_\mathrm{i}$，其中 r_if 为引入负反馈后的输入电阻，r_i 为无负反馈时的输入电阻。

② 并联负反馈使输入电阻减小。

无论采用电压负反馈还是电流负反馈，只要输入端采用并联负反馈方式，与无反馈时相比，其输入电阻都要减小，即 $r_\mathrm{if} = r_\mathrm{i}/(1+\dot{A}\dot{F})$。

③ 电压负反馈使输出电阻减小。

引入电压负反馈时，输出电阻为 $r_\mathrm{of} = r_\mathrm{o}/(1+\dot{A}\dot{F})$，表明电压负反馈使输出电阻减小。其中，$r_\mathrm{o}$ 为无负反馈时的输出电阻，r_of 为引入负反馈时的输出电阻。

④ 电流负反馈使输出电阻增大。

引入电流负反馈时，输出电阻为 $r_\mathrm{of} = (1+\dot{A}\dot{F})r_\mathrm{o}$，表明电流负反馈使输出电阻增大。

（3）减少非线性失真

由于晶体管特性的非线性，当输入信号较大时，就会出现失真，在其输出端得到了正、负半周不对称的失真信号。当加入负反馈以后，这种失真将可得到改善。其过程如图 5.10 所示，输出失真波形反馈到输入端与输入信号合成得到上半周小、下半周大的失真波形，经放大后恰好补偿输出失真波形。

（4）扩展通频带

负反馈电路能扩展通频带，如图 5.11 所示。引入负反馈后放大倍数下降，但扩展了通频带。对于单 RC 电路系统，通频带将扩展 $1+\dot{A}\dot{F}$ 倍。通频带的扩展，意味着频率失真的减少，故负反馈能减少频率失真。

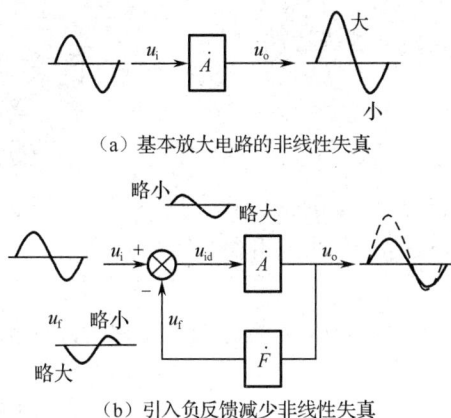

（a）基本放大电路的非线性失真

（b）引入负反馈减少非线性失真

图 5.10 负反馈减少非线性失真示意图

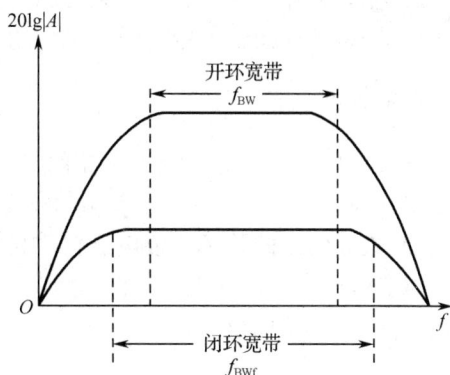

图 5.11 负反馈扩展通频带

课堂小测

课后拓展

负反馈使放大电路的性能得到改善，但也可能使电路产生自激振荡，查查消除自激振荡的方法有哪些。

任务 5.2 集成运放的应用

任务描述

本任务学习集成运放应用电路的分析，需要掌握集成运放的特性、线性应用条件及其"虚短""虚断"特性，了解运放主要参数；掌握集成运放构成的常用电路（反相输入、同相输入、差动输入运放电路和加法、减法、微分、积分运算电路）组成、特点及应用；掌握集成运放非线性应用条件及其特点；了解滤波器功能及其分类；了解集成运放的使用常识，会根据要求正确选用元器件；会制作集成运算放大电路，进行测试，并完成测试报告。

教师课前下发任务，学生依据课前任务要求通过看视频、查阅资料等方法自主学习，完成课前预习。课上教师采用讲解、实验电路板演示等形式，培养学生思考与探究问题的能力。

5.2.1 集成运放的线性应用

课前热身

1. 预习微课资源，记录预习笔记和疑难问题；
2. 完成教师创设的互动讨论话题，说说集成运放具有哪些特性；
3. 分组讨论知识点后"学与思"的问题。

课中导学

集成运放应用十分广泛，电路的接法不同，集成运放所处的工作状态也不同，电路也就呈现出不同的特点。因此可以把集成运放的应用分为两类：线性应用和非线性应用。

1. 集成运放的开环差模电压传输特性

集成运放在开环状态下，输出电压 u_o 与差模输入电压 $u_{id}=u_+-u_-$ 之间的关系称为开环差模传输特性，其函数关系为

$$u_o=f(u_+-u_-)=A_{od}(u_+-u_-) \tag{5.17}$$

理论分析与实验得出的开环差模传输特性如图 5.12 所示。

图 5.12 表明运放有两个工作区域：线性区和非线性区。

在线性区内，$u_o = A_{od}(u_+-u_-)$，即输出电压与输入电压成线性关系。由于 u_o 为有限值，而一般运放的开环电压放大倍数 A_{od} 又很大，所以线性区很小。应用时，应引入深度负反馈网络，以保证运放稳定地工作在线性区内。

在非线性区内，u_o 有两种可能取值，即正向饱和电压 $+U_{om}$（$u_+>u_-$）和负向饱和电压 $-U_{om}$（$u_->u_+$）。

在两种区域内，运放的性质截然不同，因此在使用和分析应用电路时，首先要判明运放的工作区域。

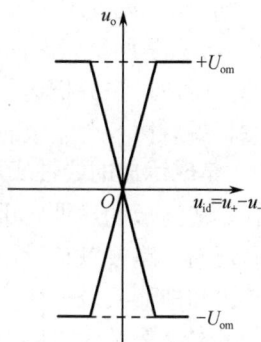

图 5.12　开环差模传输特性

2. 理想运放的特性

为了突出主要特性，简化分析过程，在分析实际电路时，一般将实际运放当作理想运放。所谓理想运放是指具有如下理想参数的运放：

① 开环电压放大倍数 $A_{od} \to \infty$。

② 差模输入电阻 $R_{id} \to \infty$。

③ 输出电阻 $R_o=0$。

④ 共模抑制比 $K_{CMR} \to \infty$，即没有温度漂移。

⑤ 开环带宽 $f_H \to \infty$。

⑥ 转换速率 $S_R \to \infty$。

⑦ 干扰和噪声均不存在。

理想运放是不存在的，然而，随着集成电路工艺的发展，现代集成运放的参数与理想运放的参数很接近。实践表明用理想运放作为实际运放的简化模型，分析运放应用电路所得结果与实验结果基本一致，误差在工程允许范围之内。因此，在分析实际电路时，除要求考虑分析误差的电路外，均可把实际运放当作理想运放处理，以使分析过程得到合理简化。

工作在线性区的理想运放具有两个重要特性：

（1）理想运放两个输入端的电位相等，即"虚短"。因为 $u_+-u_-=u_o/A_{od}$，而 $A_{od} \to \infty$，u_o 为有限值，故有

$$u_+ = u_-$$

（2）理想运放的输入电流为零，即"虚断"，由于 $R_{id} \to \infty$，所以有

$$i_+=i_-=0$$

这两条特性大大简化了运放应用电路的分析过程，是分析运放工作在线性区的基本依据。运放在工作时都带有一定的正反馈或负反馈网络，因此，分析时首先要判别运放的工作状态。判别其工作状态的依据：若运放引入的是负反馈，则其工作在线性区；若运放引入的是正反馈或为开环状态，则其工作在非线性区。

理想运放工作在非线性区时，也有两个基本特性：

（1）运放的输入电流为零，即 $i_i=0$。

（2）输出电压有两种可能取值：

① $u_+>u_-$，则 $u_o = U_{om}$。

② $u_- > u_+$，则 $u_o = -U_{om}$。

$u_+ = u_-$ 只是两个状态的转换点。

综上所述，在分析运放应用电路时，首先将实际运放视为理想运放，然后判别运放的工作状态，最后按各个区域的特性结合电路分析理论进行分析计算。

3. 集成运放的线性应用电路分析

在集成运放的线性应用电路中，集成运放与外部电阻、电容和半导体元器件等一起构成深度负反馈电路或以负反馈为主兼有正反馈的电路。此时，集成运放本身处于线性工作状态，即其输出和净输入成线性关系，但整个应用电路的输出和输入也可能是非线性关系。

如同晶体管放大电路有三种基本组态一样，各种复杂的运放应用电路也可划分为几种最基本的组态（或称连接方式），掌握了这几种组态的分析方法及其主要特性，就可分析更为复杂的电路。

（1）反相输入组态

电路连接方式如图 5.13 所示。输入信号通过 R_1 加到运放的反相输入端，输出信号通过负反馈电阻 R_f 也加到反相输入端，从而在反相输入端实现电流相加（$i_1 = i_i + i_f$），即引入电压并联负反馈，这种类型的应用电路称为反相输入组态。图中 R_p 为输入平衡电阻，R_p 应选为 $R_1 // R_f$。

根据工作在线性区运放的基本特性可得：$u_+ = u_- = 0$，$i_1 = i_f$，有

$$\frac{u_i}{R_1} = \frac{-u_o}{R_f}$$

图 5.13 反相输入放大电路

该电路的电压放大倍数为

$$A_{uf} = \frac{u_o}{u_i} = -\frac{R_f}{R_1}$$

即

$$u_o = -\frac{R_f}{R_1} u_i \qquad (5.18)$$

可见，这种组态电路的输出电压与输入电压反相且成比例（也称为反相比例器），其基本功能是实现比例运算。当 $R_f = R_1$ 时，$u_o = -u_i$，实现了反相功能（相应电路也称为反相器或反号器）。

（2）同相输入组态

电路如图 5.14 所示，输入信号加到同相输入端，反馈信号通过 R_f、R_1 加到反相输入端，即引入电压串联负反馈，这类电路称为同相输入组态。

根据 $u_+ = u_-$ 及 $i_+ = i_- = 0$，可得该电路的电压放大倍数为

$$A_{uf} = \frac{u_o}{u_i} = \frac{u_o}{u_f} = 1 + \frac{R_f}{R_1}$$

即

$$u_o = \left(1 + \frac{R_f}{R_1}\right) u_i \qquad (5.19)$$

由式 5.19 可得，输出电压与输入电压同相且成比例，实现了同相比例运算。

当 $R_1 \to \infty$ 时，$A_{uf} = 1$，这种电路称为电压跟随器，如图 5.15 所示，它具有电压放大倍数等于 1，输入阻抗高、输出阻抗低的特点，广泛用于隔离或缓冲电路中。

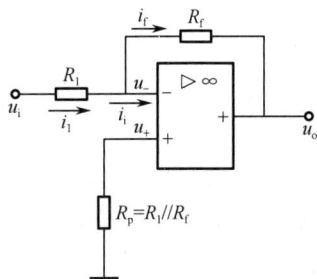

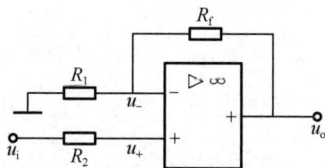

图 5.14　同相输入放大电路

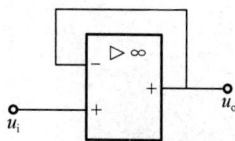

图 5.15　电压跟随器

（3）差动输入组态

电路如图 5.16 所示，输入信号 u_{i1}、u_{i2} 分别通过 R_1、R_2 加到反相端和同相端。输出信号通过与 R_3 匹配的电阻 R_f 反馈到反相输入端，从而构成闭环负反馈电路。为了保证输入端工作平衡和提高共模抑制比，选取电路参数 $R_1 = R_2$，$R_3 = R_f$。

根据 $u_+ = u_-$，$i_+ = i_- = 0$，利用叠加原理可得：

$$u_- = u_{i1} \frac{R_f}{R_1 + R_f} + u_o \frac{R_1}{R_1 + R_f}$$

$$u_+ = u_{i2} \frac{R_3}{R_2 + R_3}$$

$$u_o = \left(1 + \frac{R_f}{R_1}\right) \frac{R_3}{R_2 + R_3} u_{i2} - \frac{R_f}{R_1} u_{i1}$$

当取 $R_1 = R_2$ 和 $R_f = R_3$ 时，上式为

$$u_o = \frac{R_f}{R_1}(u_{i2} - u_{i1}) \tag{5.20}$$

可见输出电压与输入电压之差成比例，实现了差动比例运算。

（4）加法器

① 反相加法器。

两个输入信号 u_{i1}、u_{i2} 分别通过 R_1、R_2 接至反相输入端，如图 5.17 所示，R_f 为反馈电阻，R_3 为直流平衡电阻。根据"虚短"和"虚短"的概念可知：$u_+ = u_-$，$i_+ = i_- = 0$。

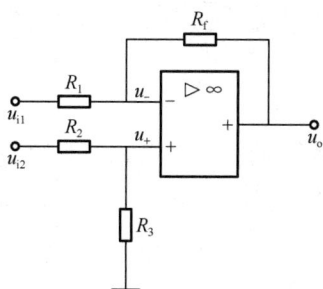

图 5.16　差动输入放大电路

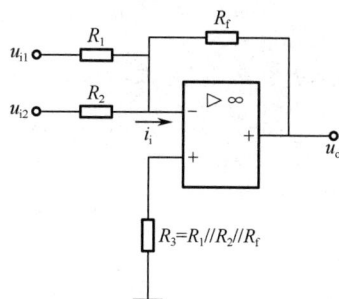

图 5.17　反相加法器

因此，在反相输入节点可得节点电流方程：

$$\frac{u_{i1} - u_-}{R_1} + \frac{u_{i2} - u_-}{R_2} = \frac{u_- - u_o}{R_f}$$

即

$$\frac{u_{i1}}{R_1} + \frac{u_{i2}}{R_2} = \frac{-u_o}{R_f}$$

整理可得：

$$u_o = -\left(\frac{R_f}{R_1} u_{i1} + \frac{R_f}{R_2} u_{i2} \right)$$

若 $R_1 = R_2 = R_f$，则上式变为

$$u_o = -(u_{i1} + u_{i2}) \tag{5.21}$$

式 5.21 表明电路实现了各输入信号电压的反相相加。

② 同相加法器。

同相加法器如图 5.18 所示，输入信号 u_{i1}、u_{i2} 加到同相输入端，而反相输入端通过电阻 R_3 接地。

应用叠加定理进行分析：

a. 设 u_{i1} 单独作用，$u_{i2}=0$，则此时的同相输入端和输出端电压为

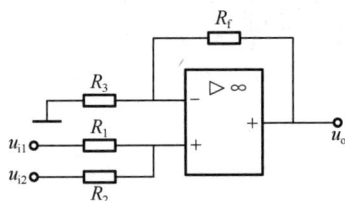

图 5.18 同相加法器

$$u'_+ = \frac{R_2}{R_1 + R_2} u_{i1}$$

$$u'_o = \left(1 + \frac{R_f}{R_3} \right) \frac{R_2}{R_1 + R_2} u_{i1}$$

b. 设 u_{i2} 单独作用，$u_{i1}=0$，则此时的同相输入端和输出端电压为

$$u''_+ = \frac{R_1}{R_1 + R_2} u_{i2}$$

$$u''_o = \left(1 + \frac{R_f}{R_3} \right) \frac{R_1}{R_1 + R_2} u_{i2}$$

两者叠加得：

$$u_o = u'_o + u''_o = \left(1 + \frac{R_f}{R_3} \right) \left(\frac{R_1 R_2}{R_1 + R_2} \right) \left(\frac{u_{i1}}{R_1} + \frac{u_{i2}}{R_2} \right) \tag{5.22}$$

若取 $R_1 = R_2$、$R_3 = R_f$，则 $u_o = u_{i1} + u_{i2}$。

（5）积分电路

积分电路如图 5.19 所示。输入信号 u_i 通过电阻 R 接至反相输入端，电容 C 为反馈元件，则

$$i_R = \frac{u_i}{R}$$

① 若 C 上起始电压为零，则

$$u_o = -u_C = -\frac{1}{C} \int_0^t i_C \mathrm{d}t = -\frac{1}{RC} \int_0^t u_i \mathrm{d}t$$

② 若 C 上起始电压不为零，则

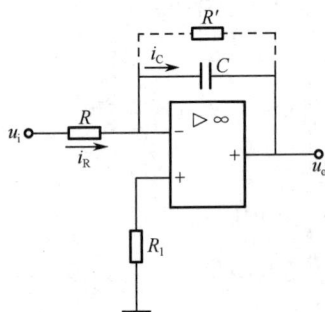

图 5.19 积分电路

$$u_o = -\frac{1}{RC} \int_{t_0}^t u_i \mathrm{d}t + u_C \tag{5.23}$$

式中，u_C 为 C 上起始电压。

（6）微分电路

将图 5.19 中反相输入端的电阻 R 和反馈电容 C 的位置互换，便构成基本微分电路，如图 5.20 所示。

$$i_C = C\frac{du_i}{dt}$$

$$i_R = -\frac{u_o}{R}$$

$$i_C = i_R$$

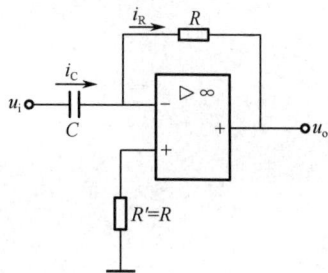

图 5.20　微分电路

则
$$u_o = -Ri_R = -RC\frac{du_i}{dt} \tag{5.24}$$

（7）有源滤波器

允许某一区间频率的信号顺利通过，而使另一区间频率的信号急剧衰减（即被过滤掉）的电子元器件称为滤波器。

滤波器按照其功能可以分为低通、高通、带通、带阻滤波器。如图 5.21 所示为 4 种滤波器的幅频特性。图中，f_H 为上限截止频率；f_L 为下限截止频率；f_0 为中心频率，即通带和阻带的中点。

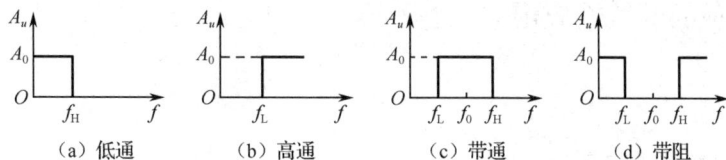

（a）低通　　（b）高通　　（c）带通　　（d）带阻

图 5.21　4 种滤波器的幅频特性

滤波器具有"选频"的功能。在电子通信、电子测试及自动控制系统中，常常利用滤波器具有"选频"的功能来进行模拟信号的处理（数据传送、抑制干扰等）。此外，滤波器在信号处理、数据传输和干扰抑制等方面也获得了广泛应用。

滤波器可分为有源滤波器和无源滤波器两种。主要采用无源元器件 R、L 和 C 组成的模拟滤波器称为无源滤波器；由集成运放和 R、C 组成的滤波器称为有源滤波器。有源滤波器具有不用电感、体积小、重量轻等优点。此外，由于集成运放的开环电压放大倍数和输入阻抗均很高，输出阻抗又很低，构成有源滤波电路后还具有一定的电压放大和缓冲作用。不过，有源滤波器的工作频率不高，一般在几千赫以下。在频率较高的场合，常采用 LC 无源滤波器或固态滤波器。

无源滤波器一般不存在噪声问题，而有源滤波器由于使用了放大器，其噪声问题就比较突出。因此，使用有源滤波器时要注意：一是滤波器的电阻要尽可能小一些，电容则要大一些；二是反馈量要尽可能大一些，以减小放大倍数；三是放大器的开环频率特性应该比滤波器的通频带要宽。

如图 5.22 所示为一阶 RC 有源低通滤波电路。其输入阻抗很高，输出阻抗很低，因此，其带负载能力很强，同时该电路还具有电压放大作用。

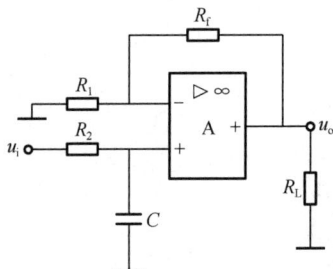

图 5.22　一阶 RC 有源低通滤波电路

课堂小测

课后拓展

查资料，找找生活中集成运放线性应用实例。

5.2.2　集成运放的非线性应用

课前热身

1．预习微课资源，记录预习笔记和疑难问题；
2．完成教师创设的互动讨论话题，说说集成运放非线性应用电路有哪些；
3．分组讨论知识点后"学与思"的问题。

课中导学

在集成运放的非线性应用电路中，运放一般工作在开环或仅有正反馈的状态。而运放的增益很高。在非负反馈状态下，其线性区的工作状态是极不稳定的，因此主要工作在非线性区，实际上这正是非线性应用电路所需要的工作区。

集成运放开环工作状态电路如图 5.23 所示。

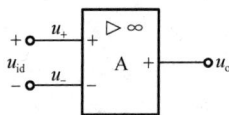

图 5.23　集成运放开环工作状态电路

u_+ 为同相输入电压，u_- 为反相输入电压，u_{id} 为差动输入电压，则

$$u_{id}= u_+-u_-, \quad u_o= A_{od}（u_+-u_-）$$

由于 $A_{od}\to\infty$，所以，当 $u_{id}=u_+-u_->0$，即 $u_+> u_-$ 时，输出电压达到正向最大值，$u_o=+U_{om}$，其值比正电源电压低 1～2V。

当 $u_{id}=u_+-u_-< 0$，即 $u_+< u_-$ 时，输出电压达到负向最大值，$u_o =-U_{om}$，其值比负电源电压高 1～2V。

由于集成运放差模输入电阻很大，在非线性应用时，输入电流约为零，仍有"虚断"的特性。

1. 简单电压比较器

电压比较电路是用来比较两个电压大小的电路，在自动控制、越限报警、波形变换等电路中得到了广泛应用，也称电压比较器，简称为比较器。

简单电压比较器的基本电路如图 5.24（a）所示，它将一个模拟量的电压信号 u_i 和一个参考电压 U_{REF} 相比较。模拟量信号可以从同相端输入，也可从反相端输入。图 5.24（a）所示的信号为从反相端输入，参考电压接于同相端。

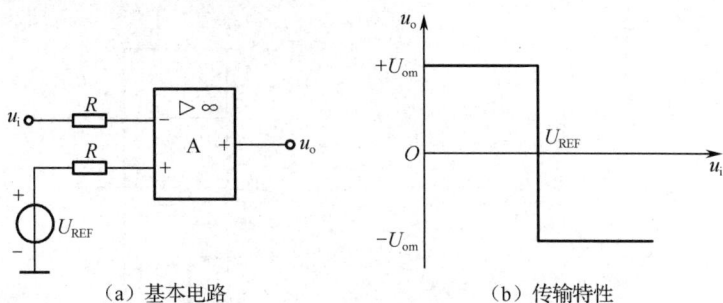

（a）基本电路　　　　　　　　　（b）传输特性

图 5.24　简单电压比较器的基本电路及传输特性

当输入信号 $u_i < U_{REF}$ 时，输出即为高电平，$u_o = +U_{om}$。

当输入信号 $u_i > U_{REF}$ 时，输出即为低电平，$u_o = -U_{om}$。

显然，当比较器输出为高电平时，表示输入电压 u_i 比参考电压 U_{REF} 小；反之当输出为低电平时，则表示输入电压 u_i 比参考电压 U_{REF} 大。

根据上述分析，可得到该比较器的传输特性如图 5.24（b）所示。

通常把比较器的输出电压从一个电平跳变到另一个电平时对应的临界输入电压称为阈值电压或门限电压，简称为阈值，用符号 U_{TH} 表示。这里所讨论的简单比较器，有 $U_{TH} = U_{REF}$。

如果参考电压 $U_{REF} = 0$（该端接地），则输入电压超过零时，输出电压将产生跃变，这种比较器称为过零比较器。在过零比较器的反相输入端输入正弦波信号可以将正弦波转换成方波，波形图如图 5.25（b）所示。

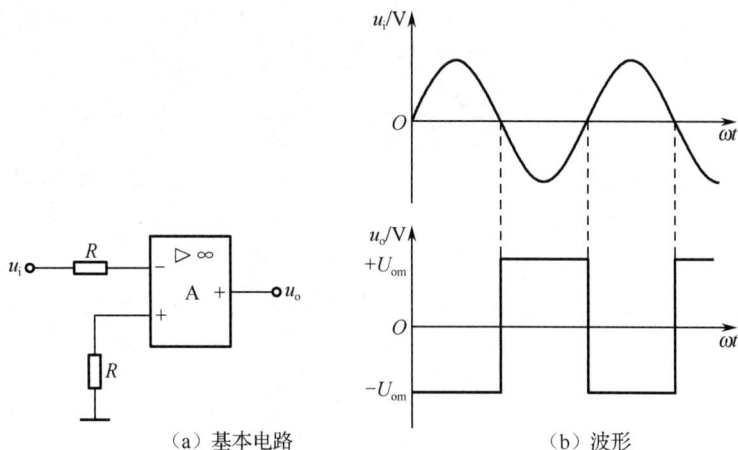

（a）基本电路　　　　　　　　　（b）波形

图 5.25　过零比较器

2. 迟滞电压比较器

当简单电压比较器的输入电压正好在参考电压附近上下波动时，不管这种波动是信号本身引起的还是干扰引起的，输出电平必然会随之变化，发生翻转。这表明虽然简单电压比较器结构简单，灵敏度高，但抗干扰能力差。在实际运用中，有的电路过分灵敏会对执行机构产生不利的影响，甚至使之不能正常工作。为了提高比较器的抗干扰能力，人们研制了一种具有滞回特性的比较电路，也称迟滞电压比较器，简称迟滞比较器，如图 5.26 所示。

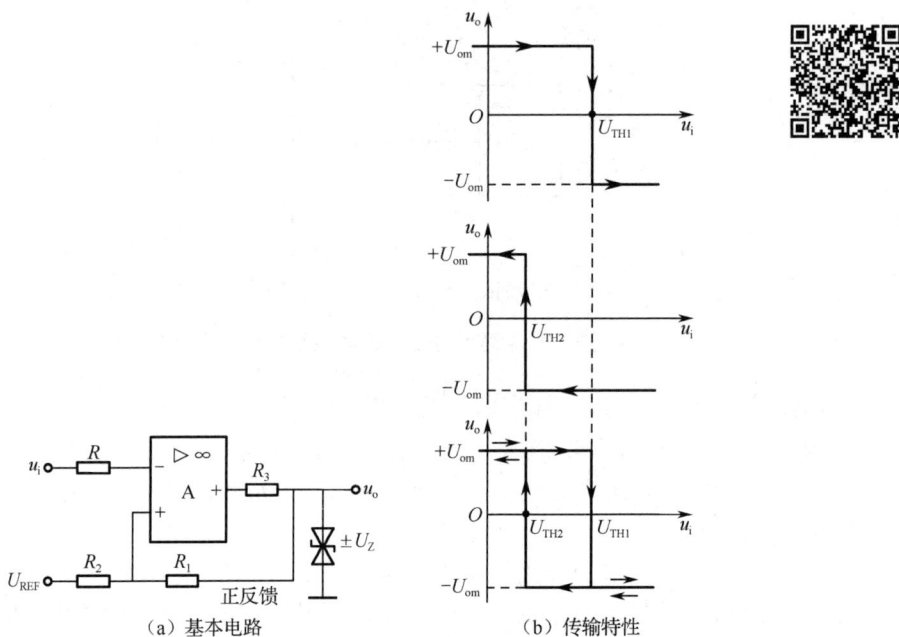

(a) 基本电路　　　(b) 传输特性

图 5.26　迟滞电压比较器

图中输入信号通过平衡电阻 R 接到反相端，基准电压 U_{REF} 通过 R_2 接到同相端，同时输出电压 u_o 通过 R_1 接到同相端，构成正反馈。

当运放输出高电平时（$u_o=U_{om}\approx U_Z$），根据"虚断"，有 $u_+=u_-$，运放同相端输入电压为参考电压 U_{REF} 和输出电压 u_o 共同作用的结果，根据叠加定理有

$$u_+ = \frac{R_1}{R_1+R_2}U_{om} + \frac{R_2}{R_1+R_2}U_{REF}$$

此时 $u_i=u_- < u_+$，输出电压将保持 $+U_{om}$，令 $u_+=U_{TH1}$，U_{TH1} 称为上阈值电压。

$$U_{TH1} = \frac{R_1}{R_1+R_2}U_Z + \frac{R_2}{R_1+R_2}U_{REF} \tag{5.25}$$

但当 u_i 增加，使 $u_-=u_+$ 时，运放输出低电平（$u_o=-U_{om}\approx-U_Z$），根据"虚断"，有 $u_+=u_-$，同理可得：

$$u_- = \frac{R_1}{R_1+R_2}(-U_{om}) + \frac{R_2}{R_1+R_2}U_{REF}$$

令 $u_-=U_{TH2}$，U_{TH2} 称为下阈值电压，则

$$U_{\mathrm{TH2}} = \frac{R_1}{R_1 + R_2}(-U_z) + \frac{R_2}{R_1 + R_2}U_{\mathrm{REF}} \tag{5.26}$$

得到了两个阈值电压，显然有 $U_{\mathrm{TH1}} > U_{\mathrm{TH2}}$。

当输入信号 $u_i = u_-$ 很小时，$u_- < u_+$，则比较器输出高电平 $u_o = U_{\mathrm{om}}$，此时比较器的阈值为 U_{TH1}；当增大 u_i 直到 $u_i = u_- > U_{\mathrm{TH1}}$ 时，才有 $u_o = -U_{\mathrm{om}}$，输出高电平翻转为低电平，此时比较器的阈值变为 U_{TH2}；若 u_i 反过来又由较大值（$> U_{\mathrm{TH1}}$）开始减小，在略小于 U_{TH1} 时，输出电平并不翻转，而是减小到 $u_i = u_- < U_{\mathrm{TH2}}$ 时，才有 $u_o = U_{\mathrm{om}}$，输出低电平翻转为高电平，此时比较器的阈值又变为 U_{TH1}。以上过程可以简单概括为，输出高电平翻转为低电平的阈值为 U_{TH1}，输出低电平翻转为高电平的阈值为 U_{TH2}。

由上述分析可得到迟滞比较器的传输特性，可见该比较器的传输特性与磁滞回线类似，故称为迟滞（或滞回）比较器。

特别是当 $U_{\mathrm{REF}} = 0$ 时，相应的传输特性如图 5.26（b）所示，两个阈值则为

$$U_{\mathrm{TH1}} = \frac{R_1}{R_1 + R_2}U_z \tag{5.27}$$

$$U_{\mathrm{TH2}} = -\frac{R_1}{R_1 + R_2}U_z \tag{5.28}$$

显然有 $$U_{\mathrm{TH2}} = -U_{\mathrm{TH1}}$$

由于迟滞比较器输出高、低电平相互翻转的阈值不同，因此具有一定的抗干扰能力。当输入信号值在某一阈值附近时，只要干扰量不超过两个阈值之差，输出电压就可保持高电平或低电平不变。

令两个阈值之差为

$$\Delta U = U_{\mathrm{TH1}} - U_{\mathrm{TH2}} = \frac{2R_1}{R_1 + R_2}U_z \tag{5.29}$$

ΔU 称为回差电压，回差电压是表明迟滞比较器抗干扰能力的一个参数。

另外，由于迟滞比较器输出高、低电平相互翻转的过程是在瞬间完成的，即具有触发器的特点，因此又称为施密特触发器。

电压比较器将输入的模拟信号转换成输出的高、低电平，输入模拟量可能是温度、压力、流量、液面等通过传感器采集的信号，因而广泛用于各种报警电路；在自动控制、电子测试、模/数转换、各种非正弦波的产生和变换电路中也得到了广泛应用。

3. 集成电压比较器

随着集成技术的不断发展，根据比较器的工作特点和要求，集成电压比较器得到了广泛应用，现在市场上用的比较多的产品有 LM239/LM339 系列、LM293/LM393 系列和 LM111/LM211/LM311 系列。LM293/LM393 系列为双电压比较器，LM239/LM339 系列为四电压比较器，LM111/LM211/LM311 系列为单电压比较器。它们都是集电极开路输出，均可采用双电源或单电源方式供电，供电电压从+5V 到±15V。LM111/LM211/LM311 的不同在于工作温度分别为−55℃～+125℃、−25℃～+85℃、0℃～70℃。如图 5.27 所示为 LM311 的引脚图。

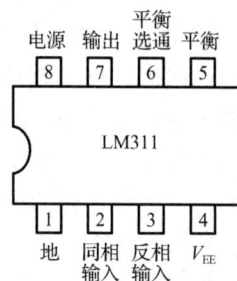

图 5.27 LM311 的引脚图

如图 5.28 所示为 LM311 在超声波接收器中的应用电路图。JSQ 为超声波接收器，接收发射器发射过来的超声波信号，TL082 为双集成运放，由于信号比较微弱，经过两级放大后至 LM311 电压比较器的反相输入端。调节电位器，当没有超声波信号时 LM311 输出为零；当有超声波信号时，电压比较器有输出，由于是集电极开路门，输出端通过一个上拉电阻至+5V 电源，以便和单片机电源相匹配。

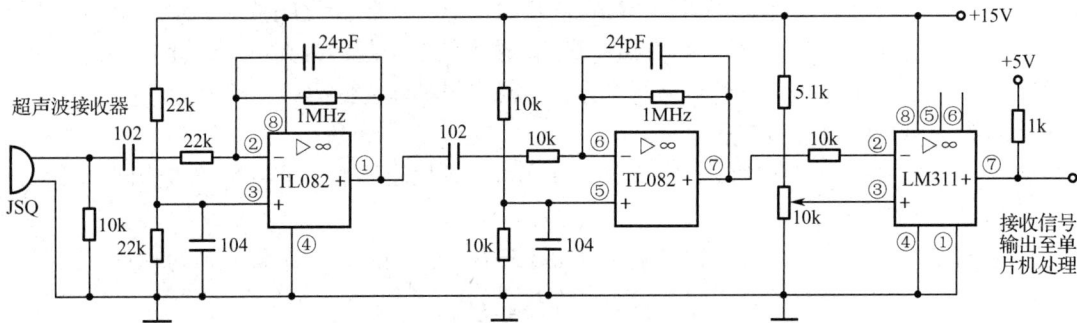

图 5.28　LM311 在超声波接收器中的应用电路

集成电压比较器除了具有比较器功能，通过不同的接法，还可以组成不同用途的电路，如继电器驱动电路、振荡器、电平检测电路等。

4．集成运放在使用中应注意的问题

在集成运算放大电路的应用中，会碰到一些实际问题，如果对这些问题不了解和不设法解决，使用起来将十分困难，甚至其根本不能工作。解决办法主要包括：偏差调整、相位校正、采取保护措施及性能扩展等。

（1）偏差调整

对一个单片集成运放，总是要求输入为零时，输出也为零。但在实际中往往做不到，主要原因是运放中第一级差动放大电路中存在着失调电压和失调电流，或者使用过程中电路上存在某些不合理之处。为了减小偏差电压，就要求：

① 失调电压、失调电流尽可能小；

② 两个输入端的直流电阻一定要相等；

③ 输入端总串联电阻（R_{i1}、R_{i2}）不能过大；

④ 偏流应尽可能小。

这几条减小偏差的要点是使用运放中十分重要的问题。

（2）相位校正

由于集成运放是一个高增益的多级放大器，虽然它是在负反馈条件下工作的，但由于在高频区将产生附加相移，这就可能使负反馈变为正反馈，此时，如反馈深度较大，就会产生自激振荡，从而使运放无法稳定工作。

要保证电路稳定工作，就必须设法破坏产生自激振荡的条件，在电路中人为地加一些校正网络来改变电路的相频特性或幅频特性，破坏自激条件，这就是相位校正或相位补偿技术。

相位校正的方法很多，常用的有积分校正、微分校正等。一般在出厂时，厂家都已给出相位校正端子及不同闭环增益下补偿元器件的数据，可在产品手册上查到。

（3）采取保护措施

集成运放的电源电压接反或电源电压突变、输入电压过大、输出短路等，都可能造成运放损坏，因此，使用时必须采取适当的保护措施。

为了防止电源接反造成故障，可在电源引线上串入保护二极管，当电源极性接反时，二极管将处于截止状态。

为了防止差模或共模输入电压过高而产生自锁故障（信号或干扰过大导致输出电压突然增高，接近于电源电压，此时不能调零，但集成运放不一定损坏），可在输入端加一个限幅保护电路，使过大的信号或干扰不能进入电路。

为了防止输出端碰到高压而击穿或输出端短路造成电流过大，可在输出端增加过压保护电路和限流保护电路。

（4）性能扩展

实际运放的某些参数有时不能满足实际电路的要求，如有时需要有较高的输入电阻，有时需要有较大的输出功率，有时需要高速低漂移等，这时就需要在现有集成运放的基础上，增加适当的外围电路进行功能改善。

课堂小测

课后拓展

查资料，找找生活中集成运放非线性应用实例。

Note

技能训练 6　集成运算放大电路的制作与测试

1．训练内容

学校承接了一批集成运算放大电路的组装与调试任务，电路原理如图 5.29 所示。根据所提供的集成运算放大电路原理图和实际 PCB 装配电路板（裸板），按照 IPC-A-610D 标准进行组装调试。组装时，能正确选择不同类型的电子元器件，能按成形、插装和电烙铁手工焊接的要求进行元器件的装配，装配后不能出现开路、短路、不良焊点、元器件或印制板损坏等现象，基本符合 IPC-A-610D 规范的要求。调试中，能正确选择和使用仪器仪表对电子产品的技术参数进行测量与调试并使之达到要求，实现其基本功能，满足相应的技术指标，并正确填写相关技术文件或测试报告。

图 5.29　集成运算放大电路原理图

2．元器件明细表

本电路中的相关元器件如表 5.1 所示，请按要求准备好相关元器件。

表 5.1　元器件清单

序　号	符号名称	名　称	规格型号	数　量
1		集成运放	LM358	1
2	R_1、R_2、R_4	电阻	10kΩ	3
3	R_3、R_6	电阻	5.1kΩ	2
4	R_5	电阻	20kΩ	1
5	R_7、R_8、R_9	电阻	1kΩ	2
6	R_{w1}、R_{w2}	电阻	4.7kΩ	1
7	C_1	电容	104	3

3．元器件识别与检测

用万用表欧姆挡对电阻和二极管进行测量，用直接读取电容容量的方法完成表 5.2。

表 5.2　元器件测试表

元 器 件	识别及检测内容				
电阻	色环或数码	标称值（含误差）			
	色环电阻：黄紫黑棕棕				
LM358 集成块	所用仪表	数字表□　　指针表□			
	右框中是 LM358 集成块的外形图及引脚名称。测量出 LM358 集成块的电源脚、输出脚对接地脚的电阻值（安装后测量）	脚 1 是第 1 个运放输出端 脚 2 是第 1 个运放反相输入端 脚 3 是第 1 个运放同相输入端 脚 4 是电源地 脚 5 是第 2 个运放同相输入端 脚 6 是第 2 个运放反相输入端 脚 7 是第 2 个运放输出端 脚 8 接电源正极			
		引脚编号	1	2	3	4	5
		阻值					

引脚图：
1OUT □1　8□ V_{cc}
1IN- □2　7□ 2OUT
1IN+ □3　6□ 2IN-
GND □4　5□ 2IN+

4. 安装步骤

参照技能训练 2 中的安装步骤进行安装，电路板如图 5.30 所示。

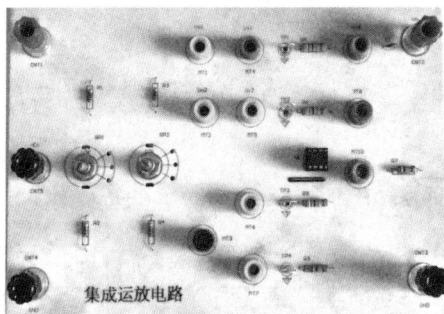

图 5.30　集成运放电路板

5. 电路调试

（1）仪表准备

根据要测试的参数，准备所需的仪表，并检查仪表能否正常工作，测试仪表清单如表 5.3 所示。

表 5.3　测试仪表清单

序　号	仪 表 名 称	仪 表 型 号	仪 表 规 格	数　量
1	数字万用表	V89D		1
2	信号发生器	DF2172B	100μV～300V	1
3	数字示波器	DS1002	20MHz	1
4	直流稳压电源			1

（2）测试导线准备

根据要测试的参数，准备所需的导线，并检查导线是否完好，有无断线、接触不良等现象，测试导线清单如表 5.4 所示。

表 5.4   测试导线清单

序　　号	导线名称	单　　位	导线规格	数　　量
1	表笔线	副	50cm	1
2	双头鳄鱼夹测试线	副	40cm	1
3	BNC 头测试线	副	50cm	3
4	双头香蕉插头连接线	根	5cm	2

（3）不通电检查

电路安装完毕后，对照原理图和连线图，认真检查元器件是否安装正确，以及焊点有无虚焊。再用万用表测量输入与输出之间的电阻，看电路是否短路。

（4）静态测试

电路接入直流电源$+E_C$=+12V，$-E_C$=-12V，输入端接地 u_i=0，用万用表测量运放各引脚的电位，并与理论值进行比较分析，填入表 5.5 中。

表 5.5   各引脚的电位

引脚编号	U_1	U_2	U_3	U_4	U_8
理论值/V					
测量值/V					

（5）测量小信号交流电压放大倍数

从 K_1 端输入 1kHz 的正弦波信号，示波器接在 u_o 端，用示波器观察输入、输出波形与相位，改变输入信号的大小，使输出波形不失真。用毫伏表或示波器测量此时输入、输出电压的大小，将测量数据填入表 5.6 中。

表 5.6   电压放大倍数测试

测 试 条 件	测 量 数 据		由测试值计算	
$+E_C$=+12V，$-E_C$=-12V，输入 1kHz 的正弦波信号	U_i /V	U_o /V	$A_u=\dfrac{U_o}{U_i}$	理论计算值

（6）测量最大不失真输出电压 U_{om}

输入 1kHz 正弦波信号，逐渐增大幅度，用示波器观察波形，可获得最大不失真输出电压 U_{om}，并用毫伏表或数字示波器测量最大不失真输出电压 U_{om}，填入表 5.7 中。

表 5.7   最大不失真输出电压记录表

测 试 条 件	测 量 数 据		
$+E_C$=9V，$-E_C$=-9V，输入 100kHz 正弦波信号	U_i /V	U_{om} /V	U_{PP}（峰-峰值）/V

（7）测量放大器的频率特性

从运算放大器输入端输入幅度为 0.3V 的正弦波信号，保持不变。从 10Hz 开始增大频率，用示波器同时观察输入、输出波形的形状与幅度，随着频率的变化，观察输出波形的变化。用毫伏表或数字示波器测量输出电压的大小，测量上限截止频率 f_H 和下限截止频率 f_L，填入表 5.8 中。

表 5.8 放大器频率特性测试

测试频率	10Hz	$f_L=$	100Hz	1kHz	10kHz	100kHz	$f_H=$
U_o		$0.7U_{om}$					$0.7U_{om}$

6. 评价

参照技能训练 2 中表 1.13 进行评分。

Note

读与思

从沙子到芯片——芯片的诞生

随着科技的高速发展，智能产品在我们生活中变得必不可少，这些智能产品的"命脉"就是芯片，这里的芯片就是指集成电路。根据半导体上集成元器件的数量，集成电路可以分为小规模集成电路、中规模集成电路、大规模集成电路和超大规模集成电路，超大规模集成电路的生产从理论到实践都有着很大的难度，CPU 就属于超大规模集成电路。CPU 是怎么生产出来的呢？让我们一探究竟。

简单地说，CPU 的制造要经过沙子（石英）、硅锭、晶圆、光刻（平版印刷）、蚀刻、离子注入、金属沉积、金属层、互连、晶圆测试与切割、核心封装、等级测试、包装上市等诸多步骤，而且每一步又包含更多细致的过程。

（1）中央处理器（CPU）是一块超大规模的集成电路，是一台计算机的运算核心和控制核心。它的主要功能是解释计算机指令及处理计算机软件中的数据，CPU 的制造也在一定程度上代表了世界科技发展水平。

（2）硅是地壳内第二丰富的元素，沙子中含有 25%的硅，经过氧化之后就成为了二氧化硅，沙子中，尤其是石英中二氧化硅的含量非常高，这就是制造半导体的基础材料。

（3）在采购原材料沙子后，将其中的硅进行分离，多余的材料被废弃，再经过多个步骤进行提纯，以最终达到半导体制造要求，这就是所谓的电子级硅。它的纯度非常高，每 10 亿个硅原子中只有一个是不符合要求的。

（4）一个被铸成硅锭的电子级硅的单晶体，质量大约为 100 千克，硅的纯度达到了 99.9999%。

（5）铸好硅锭后，将进入切割阶段。将整个硅锭切成一片一片的圆盘，也就是我们俗称的晶圆，这样切割出来的晶圆是非常薄的，随后，晶圆就要进行抛光，直至达到完美，表面如镜面一样光滑。

（6）在晶圆上涂上蓝色液体（光阻剂），这是类似拍照时用的胶片的光阻剂，晶圆不停旋转，使液体均匀涂抹在晶圆上，并且涂层也是非常薄的。

（7）用紫外光照射晶圆。紫外光先通过一个带有图案的挡板，其功能在于遮掉部分光线，使光线以特定的形状照射在晶圆上，中间的透镜用于将光线汇聚于一个很小的范围内。紫外光照射到感光物质上，发生类似于胶片感光的化学反应，使感光物质变得可溶。这样就将挡板上的图案，其实就是微电路的版图形状"影印"在了晶圆上。

（8）晶体管相当于开关，控制着电流的方向。晶体管是 CPU 的基本组成单位。现在的工艺可以在一个针尖大小的面积内制造 30 万个晶体管。

（9）光刻过程中曝光在紫外线下的光刻胶被溶解，清除后留下的图案和掩模上的一致。

（10）再次涂上蓝色的光阻剂，并为下一步工作做好准备。

（11）离子注入，也就是用离子轰击暴露的硅片。用离子撞击植入硅片的方式来改变这些硅的导电性，离子需要高速撞击到晶圆表面上，通过电场加速后的离子速度可以达到每小时 30 万千米。

（12）离子注入后，光阻层将被移除，绿色部分的材料会掺入晚来的原子。

（13）这时晶体管已接近完成，晶体管洋红色表面是保温层，上面有三个洞，这三个洞将用来填补铜，以便连接到其他晶体管。

（14）在晶圆放入硫酸铜溶液这个阶段，铜离子沉积到晶体管，这个过程称为电镀。游离的铜离子分别沉积到晶圆的积极终端（阳极）和消极终端（阴极）上。

（15）将多余的铜抛光掉，留下非常薄的一层铜。

（16）多金属层是各种晶体管的互连形成的，虽然芯片看起来十分平坦，但实际上可能超过了20层，形成了复杂的电路。

（17）对晶圆建立第一个功能测试，在这个阶段的测试模式中输入每个单芯片，并监测比较芯片的反应，丢弃有瑕疵的内核芯片。

（18）将晶圆切割成块，每一块就是一个处理器的内核。

（19）将衬底（基片针脚）、内核、散热片堆叠在一起，就形成了我们看到的处理器。

（20）对每个CPU进行测试。基于测试结果，将具有相同能力的处理器归属一类，分级确定处理器的最高工作频率，根据稳定性等制定价格。

芯片的生产过程蕴含着一个人生道理——人的成长必须经历磨练。人的成长必须承受住一些痛苦，才能有所成功。就像沙子变成芯片，要经过十几道工序的打磨。苦难对于天才是一块垫脚石，对于能干的人是一笔财富。

思考与练习

3.1　填空题

1．两个大小相等、方向相反的信号叫_____信号；两个大小相等、方向相同的信号叫_____信号。

2．差动放大电路的电路结构应对称，电阻值应_____。

3．差动放大电路能有效抑制_____信号，放大_____信号。

4．共模抑制比 K_{CMR} 为_____之比，电路的 K_{CMR} 越大，表明电路____的能力越强。

5．差动放大电路有_____种输入、输出连接方式，其差模电压放大倍数与_____方式有关，与_____方式无关。

6．集成运放是一种采用_____耦合方式的放大电路，所以低频性能___，其最大的问题是_____。

7．在运放中恒流源的作用为_____。

8．集成运放做线性应用时必须构成_____组态，做非线性应用时必须构成_____组态。

3.2　判断题

1．放大电路的零点漂移是指输出信号不能稳定于零电压。（　　　）

2．差动放大电路的的差模电压放大倍数等于单管共射放大电路的电压放大倍数。（　　　）

3．差动放大电路采用双端输出时，其共模抑制比为无穷大。（　　　）

4．共模信号和差模信号都可以是交流信号，也可以是直流信号。（　　　）

5．引入负反馈可提高放大电路的放大倍数的稳定性。（　　　）

6．反馈深度越大，放大倍数下降越多。（　　　）

7. 一个理想的差动放大电路，只能放大差模信号，不能放大共模信号。（　　）

8. 对于长尾式差动放大电路，不论是单端输入还是双端输入，在差模交流通路中，射极电阻 R_e 可一概视为短路。（　　）

9. 集成运放组成运算电路时，它的反相输入端均为虚地。（　　）

10. 理想运放构成线性应用电路时，电路放大倍数均与运放本身参数无关。（　　）

11. 当比较器的同相输入端电压大于反相输入端电压时，输出端电压为 $+U_{om}$。（　　）

3.3　选择题

1. 选用差动放大电路的目的是（　　）。

A. 克服温漂　　　　　　　B. 提高输入电阻　　　　C. 稳定放大倍数

2. 差动放大电路抑制零点漂移的效果取决于（　　）。

A. 两管的静态工作点　　　　　　　　　B. 两管的电流放大倍数

C. 两管的对称性　　　　　　　　　　　D. 两管的穿透电流

3. 引入负反馈，放大电路的电压放大倍数（　　）。

A. 下降 $1+\dot{A}\dot{F}$ 倍　　　　B. 不变　　　　　　C. 增大 $1+\dot{A}\dot{F}$ 倍　　　D. 下降 $\dot{A}\dot{F}$ 倍

4. 直流负反馈对电路的作用是（　　）。

A. 能稳定直流信号，不能稳定静态工作点

B. 能稳定直流信号，也能稳定交流信号

C. 能稳定直流信号，也能稳定静态工作点

D. 不能稳定直流信号，能稳定交流信号

5. 交流负反馈对电路的作用是（　　）。

A. 能稳定交流信号，改善电路性能

B. 能稳定交流信号，也能稳定直流偏置

C. 能稳定交流信号，不能改善电路性能

D. 不能稳定交流信号，但能改善电路性能

6. 构成反馈电路的元器件（　　）。

A. 只能是电阻、电容等无源元器件

B. 只能是晶体管、集成运放等有源元器件

C. 可以是无源元器件，也可以是有源元器件

7. 若反馈深度 $|1+\dot{A}\dot{F}|=0$，放大电路工作于（　　）状态

A. 正反馈　　　　　　　B. 负反馈　　　　　　C. 自激振荡　　　　　D. 无反馈

8. 集成运放组成（　　）输入放大电路的输入电流基本上等于流过反馈电阻的电流，而（　　）输入放大电路的输入电流几乎等于零，所以（　　）输入放大电路的输入电阻大。

A. 同相　　　　　　　B. 反相　　　　　　C. 差动

9. （　　）电路可将方波电压转换成三角波电压。

A. 微分　　　　　　　B. 积分　　　　　　C. 乘法　　　　　　D. 除法

10. 相对来说，（　　）比较器的抗干扰能力强。

A. 单值　　　　　　　B. 迟滞

3.4　如图题 3.1 所示电路中，晶体管参数理想对称，已知 β 均为 50，$r_{bb'}=300\Omega$。

（1）求静态时两管的 I_{CQ}、U_{CQ}；

（2）求当 u_{i1}=5V，u_{i2}=5.01V 时的双端输出电压 u_o；

（3）求当 u_{i1}=10mV，u_{i2}=0V 时的双端输出电压 u_o；

（4）若 R_{c1}=5kΩ，R_{c2}=5.1kΩ，重新计算（1）、（2）中的要求。

3.5　如图题 3.2 所示，在电路中接入 10kΩ 的负载 R_L 及 100Ω 的射极调零电位器 R_W。设电位器的滑动端在其中点，试对该电路做全面的静态分析和动态分析。

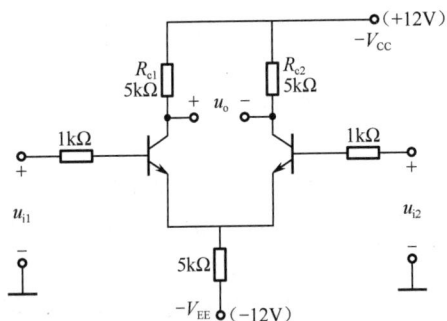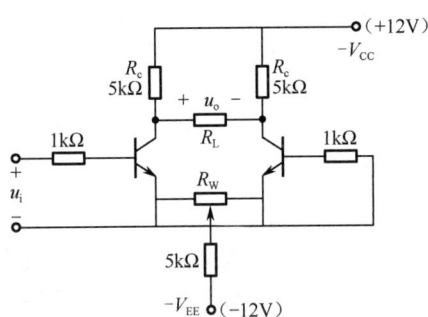

图题 3.1　　　　　　图题 3.2

3.6　判断图题 3.3 所示电路的反馈极性及类型。

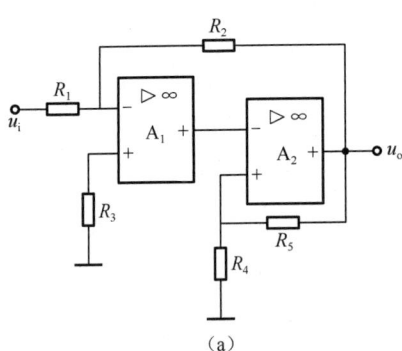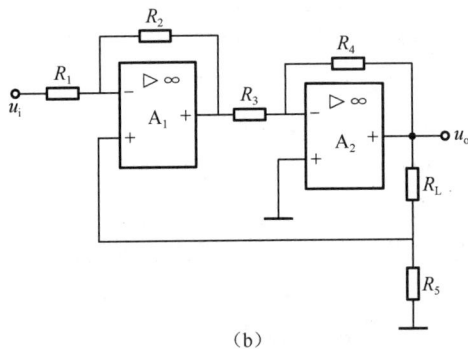

（a）　　　　　　（b）

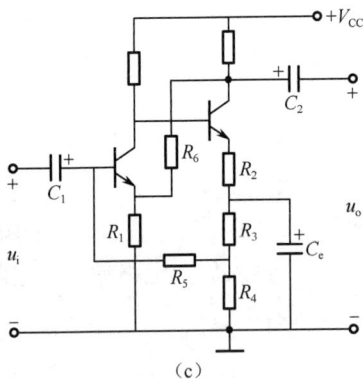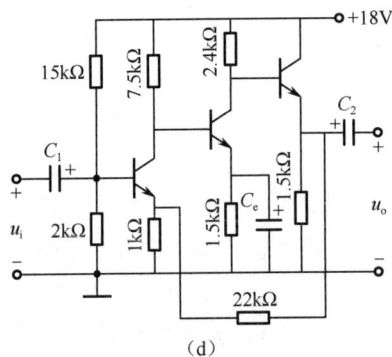

（c）　　　　　　（d）

图题 3.3

3.7　有一差动放大电路，已知 u_{i1}=2V，u_{i2}=2.001V，A_{ud}=40dB，K_{CMR}=100 dB，试求输出电压的差模成分和共模成分。

3.8　判断如图题 3.4 所示电路的反馈极性及类型。

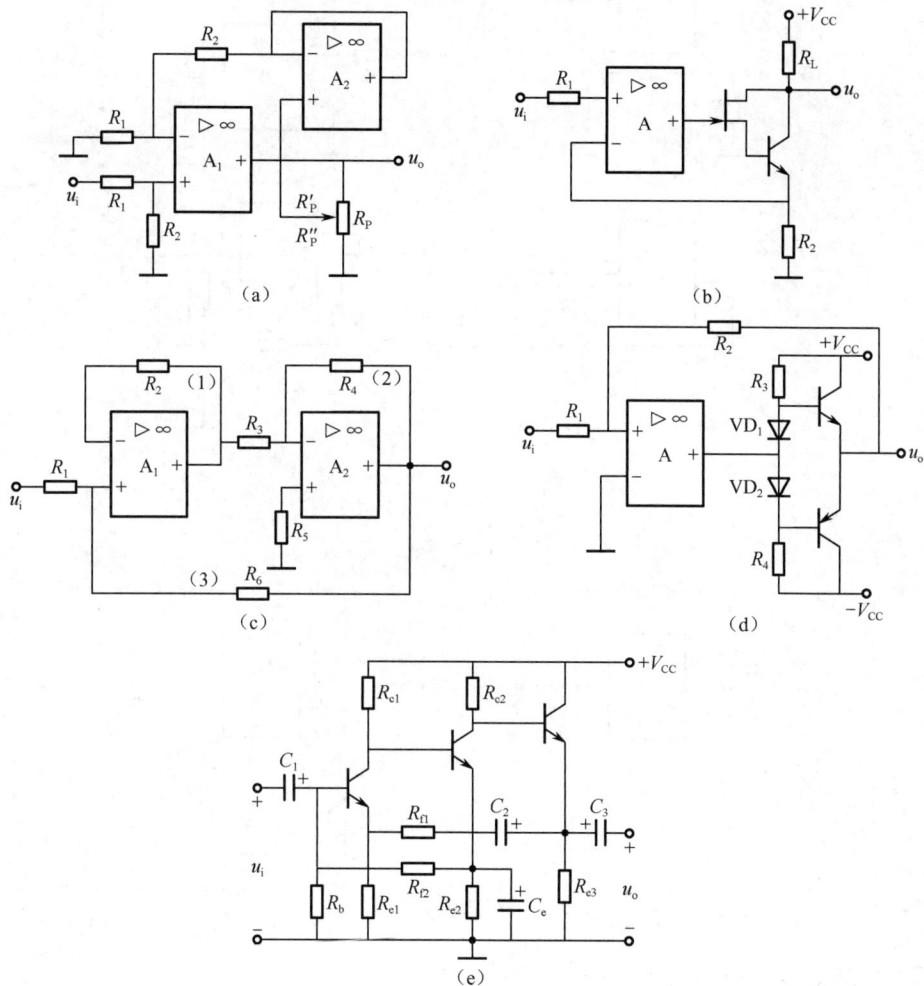

图题 3.4

3.9　电路如图题 3.5 所示。

（1）指出这 4 个电路各代表哪一种类型的反馈电路；

（2）画出分解后的开环放大电路反馈网络详细电路图，并写出反馈网络 F 的表达式。

3.10　设计一个抗干扰性好、电压增益为 1000、输入阻抗大于 10kΩ 的闭环放大电路，请选择运放搭建电路的形式，并说明运放的开环增益至少为多少。

3.11　图题 3.6 是自动化仪表中常用的"电流-电压"和"电压-电流"转换电路，试用"虚短"或"虚断"概念推导：

（1）图题 3.6（a）中 u_O 与 i_S 的关系式；

（2）图题 3.6（b）中 i_O 与 u_S 的关系式。

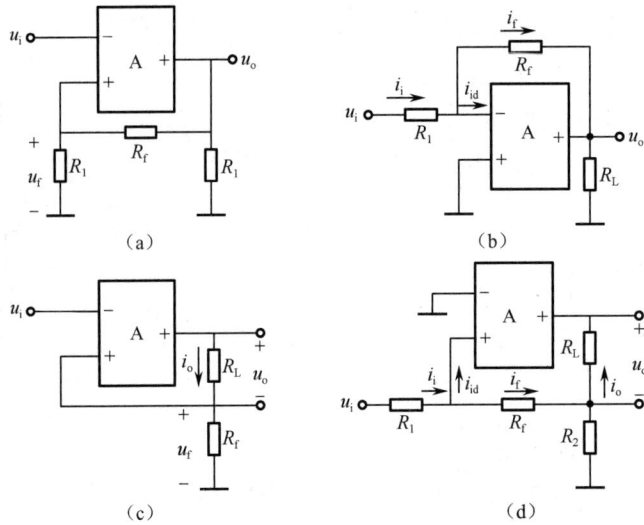

图题 3.5

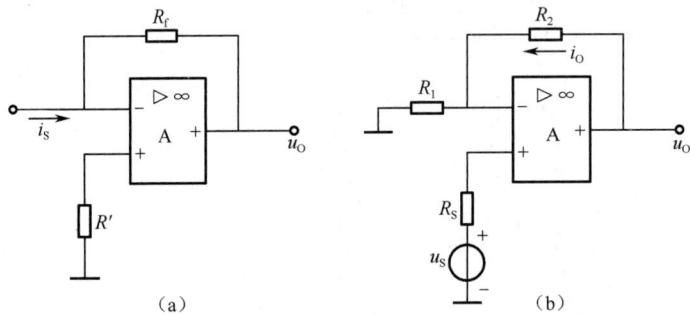

图题 3.6

3.12 理想运放组成如图题 3.7 所示电路。

（1）导出 u_o 与 u_i 的关系式；

（2）若要求电路的闭环放大倍数 $|\dot{A}_{uf}|=100$，$R_i=R_1>100\text{k}\Omega$，在 $R_2=R_3=500\text{k}\Omega$ 的条件下，请设计 R_1、R_4 的参数。

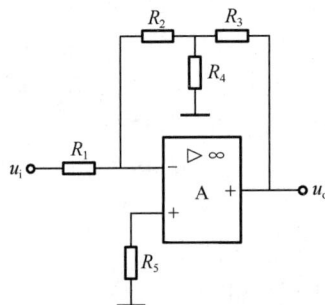

图题 3.7

3.13 理想运放组成如图题 3.8 所示各个电路，试求出输出信号与输入信号的关系式。

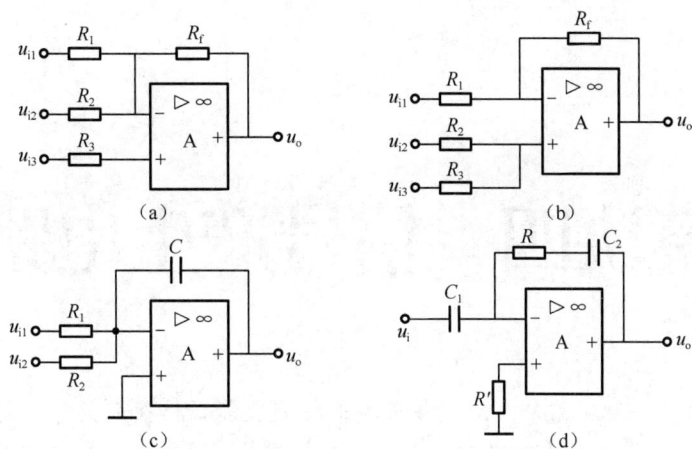

图题 3.8

3.14 在下列各种情况下，应分别采用哪种类型（低通、高通、带通、带阻）的滤波器。

（1）传输频率为 300～3400Hz 的音频信号；

（2）传输频率低于 10Hz 的缓慢变化信号；

（3）抑制频率为 50Hz 交流电源的干扰；

（4）抑制频率为 1kHz 以下的信号。

模块四　信号产生电路

　　信号产生电路是一种不需外加激励信号就能将直流能源转换成具有一定频率、一定幅度的正弦波/非正弦波信号输出的电路。它广泛应用于测量、通信、无线电技术、音频、视频等领域。无线话筒就是利用 LC 振荡电路和调频电路制成的，它可以将声音信号转换成高频率的无线电波发射出来，不用电缆线，使用更加方便灵活。本模块以项目 6——简易信号产生电路的制作与测试为载体，学习信号产生电路的分析方法及其制作技能。

无线话筒

项目6　简易信号产生电路的制作与测试

项目描述

本项目主要学习信号产生电路的分析方法和正弦波、三角波-方波信号产生电路的制作与测试技能。在教师指导下，以学生为中心采取线上、线下混合式教学模式，线上学生通过扫码观看视频、查阅资料、团队协助等多种方法自主学习，线下课堂教师以启发引导为主进行授课，使学生较好地掌握知识的同时，培养学生思考与探究问题的能力。按照企业生产标准能够完成简易信号产生电路的组装与调试，实现其基本功能，满足相应的技术指标，并正确填写相关技术文件或测试报告，培养严谨认真的工匠精神。

知识体系

简易信号产生电路的制作与测试
- 振荡电路种类及分析
  - 认识正弦波振荡电路
    - 振荡产生的基本原理
    - 振荡平衡条件和起振条件
    - 振荡电路的组成
    - 振荡电路主要性能指标
  - *RC*正弦波振荡电路
    - *RC*文氏桥式振荡电路的结构
    - *RC*串并联网络的频率特性
    - *RC*文氏桥式振荡电路分析
  - *LC*正弦波振荡电路
    - *LC*并联回路的频率特性
    - 变压器反馈式*LC*振荡电路
    - 电感三点式*LC*振荡电路
    - 电容三点式*LC*振荡电路
  - 石英晶体正弦波振荡电路
    - 石英晶体振荡器的频率特性
    - 串联型石英晶体振荡电路
    - 并联型石英晶体振荡电路
  - 非正弦波信号产生电路
    - 方波产生电路
    - 占空比可调的矩形波产生电路
    - 三角波产生电路
    - 锯齿波产生电路
- 技能训练
  - *RC*正弦波振荡电路的制作与测试
  - 三角波-方波产生电路的制作与测试

任务6.1　振荡电路种类及分析

任务描述

本任务学习信号产生电路，需要掌握自激振荡电路的组成、振荡平衡条件，会用起振条件判断电路能否起振；了解 *RC* 串并联网络频率特性，理解文氏桥式振荡电路组成、特点及起振条件，会估算振荡频率；了解 *LC* 并联回路的频率特性，理解变压器反馈式、电感三点式、电容三点式振荡电路组成、特点及起振条件，会估算振荡频率；了解石英晶体结构和晶体压电效应原理；了解方波、三角波、锯齿波产生电路；会制作并测试信号产生电路。

　　教师课前下发任务，学生依据课前任务要求通过观看视频、查阅资料等方法自主学习，完成课前预习。课上教师采用讲解、实验电路板演示等形式，培养学生思考与探究问题的能力。

6.1.1　认识正弦波振荡电路

课前热身

1．预习微课资源，记录预习笔记和疑难问题；
2．完成教师创设的互动讨论话题，说说振荡电路引入反馈的类型；
3．分组讨论知识点后"学与思"的问题。

课中导学

1．振荡产生的基本原理

　　正弦波振荡电路（也称正弦波振荡器）是一种不需外加激励信号就能将直流能源转换成具有一定频率、一定幅度的正弦波信号输出的电路。正弦波振荡电路主要由放大电路和反馈网络组成，其电路原理框图如图 6.1 所示。

　　假如开关 S 处在位置 1，即在放大电路的输入端外加信号 $\dot{U}_i$ 是具有一定频率和幅度的正弦波，此信号经放大电路放大后，输出信号为 $\dot{U}_o$，通过反馈网络产生反馈信号 $\dot{U}_f$，若 $\dot{U}_f$ 和原来的输入信号 $\dot{U}_i$ 大小相等，且相位相同，若去除外加信号，将开关 S 接至位置 2，由放大电路和反馈网络组成一个闭环系统，则在无外加输入信号的情况下，输出端仍可维持一定频率和幅度的输出信号 $\dot{U}_o$，故又称为自激振荡电路。信号的产生过程可分为起振和稳幅两个环节，如图 6.2 所示。

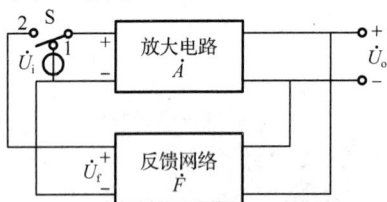

图 6.1　正弦波振荡电路框图　　　　　图 6.2　振荡过程

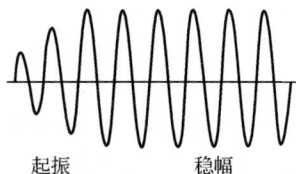

2．振荡平衡条件和起振条件

　　当反馈信号 $\dot{U}_f$ 等于放大电路的输入信号 $\dot{U}_i$ 时，振荡电路的输出电压不再发生变化，电路达到平衡状态，故将 $\dot{U}_f=\dot{U}_i$ 称为振荡平衡条件。

　　由图 6.1 可知：

$$\dot{U}_f=\dot{F}\,\dot{U}_o$$
$$\dot{U}_o=\dot{A}\,\dot{U}_i$$

当 $\dot{U}_f = \dot{U}_i$ 时，可得振荡的平衡条件为

$$\dot{A}\dot{F} = |\dot{A}\dot{F}| \angle (\varphi_a + \varphi_f) = 1 \qquad (6.1)$$

$|\dot{A}|$、φ_a 为放大倍数的模和幅角；$|\dot{F}|$、φ_f 为反馈系数的模和幅角。

因此，振荡平衡条件应当同时满足振幅平衡条件和相位平衡条件，即

振幅平衡条件：$|\dot{A}\dot{F}| = 1$ (6.2)

相位平衡条件：$\varphi_a + \varphi_f = 2n\pi$（$n=0$、1、2、3、…）   (6.3)

为使振荡电路接通电源后能自动起振，在振幅上要求 $U_i > U_f$，在相位上要求反馈电压与输入电压相位相同，即振荡的起振条件包括振幅起振条件和相位起振条件。

振幅起振条件：$|\dot{A}\dot{F}| > 1$ (6.4)

相位起振条件：$\varphi_a + \varphi_f = 2n\pi$（$n=0$、1、2、3、…）   (6.5)

3. 振荡电路的组成

由图 6.2 可知，振荡电路起振后，振荡幅度迅速增大，最后将使放大电路进入非线性工作区，放大电路的放大倍数下降，直至振荡幅度不再增大，振荡进入稳定状态。

由以上分析可知，正弦波振荡电路由 4 部分构成。

（1）放大电路：具有放大信号的作用，将电源的直流电能转换成交变的振荡能量；

（2）正反馈网络：用以满足振荡平衡条件；

（3）选频网络：选择某一频率为 f_0 的信号，满足振荡条件，实现单一频率的振荡；

（4）稳幅环节：使振荡幅度稳定并改善输出波形。

4. 振荡电路主要性能指标

振荡电路主要性能指标有两方面：输出信号幅度、输出信号频率。此外要求波形失真越小越好。

按照选频网络不同，正弦波振荡电路主要有 RC 正频波振荡电路、LC 正频波振荡电路和石英晶体振荡电路。

学与思

（1）振荡电路中为什么要引入正反馈？

_____

（2）振荡电路的起振条件和平衡条件有何不同？各适用于电路的什么状态？

_____

课堂小测

课后拓展

查查生活中波形产生电路的应用案例。

6.1.2 *RC* 正弦波振荡电路

课前热身

1. 预习微课资源，记录预习笔记和疑难问题；
2. 完成教师创设的互动讨论话题，说说 *RC* 文氏桥式振荡电路反馈网络的应用；
3. 分组讨论知识点后"学与思"的问题。

课中导学

　　RC 正弦波振荡电路是利用电阻和电容构成选频网络的电路。实用的 *RC* 正弦波振荡电路多种多样，最典型的是 *RC* 文式桥式振荡电路。

1. *RC* 文氏桥式振荡电路的结构

　　使用 *RC* 串并联网络作为选频网络的正弦波振荡电路如图 6.3 所示。图中集成运放 A 构成同相比例放大电路，R_1、C_1 和 R_2、C_2 组成的串并联网络为正反馈网络，将放大电路输出电压 $\dot{U}_o$ 经此 *RC* 串并联网络送回其输入端，该网络同时也是振荡电路的选频网络，R_f、R_3 为放大电路的负反馈网络，两个反馈网络构成文氏电桥的四臂，如图 6.3（b）所示，故称为 *RC* 文氏桥式振荡电路。

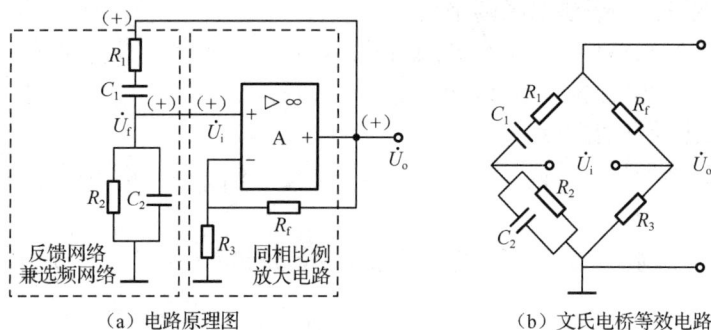

（a）电路原理图　　　　　　　　　（b）文氏电桥等效电路

图 6.3　*RC* 文氏桥式振荡电路

2. *RC* 串并联网络的频率特性

　　将图 6.3 中的选频网络单独画出，令 $R_1=R_2=R$，$C_1=C_2=C$，如图 6.4 所示。

　　RC 串联电路的阻抗为

$$Z_1 = R + \frac{1}{j\omega C} = \frac{1+j\omega RC}{j\omega C}$$

　　RC 并联电路的阻抗为

$$Z_2 = R // \frac{1}{j\omega C} = \frac{R \cdot \frac{1}{j\omega C}}{R + \frac{1}{j\omega C}} = \frac{R}{1+j\omega RC}$$

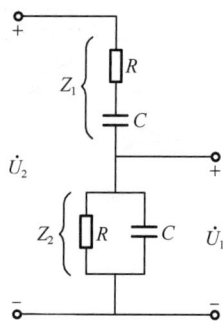

图 6.4　*RC* 串并联网络

　　当在输入端输入正弦波电压时，电路的输出电压为 $\dot{U}_2$，电路的传输函数（即振荡电路中的反馈系数）为

$$\dot{F} = \frac{U_1}{U_2} = \frac{Z_2}{Z_1 + Z_2} = \frac{\dfrac{R}{1 + j\omega RC}}{R + \dfrac{1}{j\omega RC} + \dfrac{R}{1 + j\omega RC}} = \frac{1}{3 + j\left(\omega RC - \dfrac{1}{\omega RC}\right)}$$

若 $\omega_0 = \dfrac{1}{RC}$，ω_0 是电路的谐振角频率，则上式可改为

$$\dot{F} = \frac{\dot{U}_1}{\dot{U}_2} = \frac{1}{3 + j\left(\dfrac{\omega}{\omega_0} - \dfrac{\omega_0}{\omega}\right)}$$

RC 串并联选频网络的幅频特性为

$$F = \frac{1}{\sqrt{3^2 + \left(\dfrac{\omega}{\omega_0} - \dfrac{\omega_0}{\omega}\right)}} \tag{6.6}$$

RC 串并联选频网络的相频特性为

$$\varphi_f = \arctan\frac{1}{3}\left(\frac{\omega}{\omega_0} - \frac{\omega_0}{\omega}\right) \tag{6.7}$$

根据幅频特性和相频特性表达式画出 $\dot{F}$ 的频率特性，如图 6.5 所示，当串并联选频网络在 $\omega = \omega_0$，即 $f = f_0 = \dfrac{1}{2\pi RC}$ 时，幅度 F 最大，为 $\dfrac{1}{3}$，相移 $\varphi_f = 0$。而当 f 偏离 f_0 时，F 急剧下降，φ_f 向 $\pm 90°$ 方向变化，说明 RC 串并联电路具有选频特性。

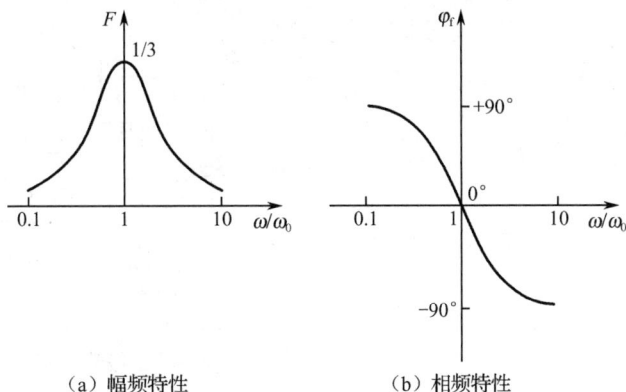

（a）幅频特性　　　　　　　（b）相频特性

图 6.5　RC 串并联网络的频率特性

3. RC 文氏桥式振荡电路分析

（1）起振条件

根据串并联网络的频率特性可知，当 $f = f_0$ 时，$\dot{U}_1$ 最大，相移 $\varphi_f = 0$，因此采用同相放大器就能满足相位平衡条件。由图 6.3 可知，根据起振条件 $|\dot{A}\dot{F}| > 1$，当 $f = f_0$ 时，$F = \dfrac{1}{3}$，而放大倍数 $A = 1 + R_f/R_3$，所以 $1 + R_f/R_3 > 3$，即 $R_f > 2R_3$ 就能顺利起振。

（2）振荡频率计算

当 $R_1=R_2=R$，$C_1=C_2=C$ 时，RC 串并联正弦波振荡电路的振荡频率为

$$f_0 = \frac{1}{2\pi RC}$$

可见，改变 R、C 的参数值，就可调节振荡频率。

【例6.1】 如图6.3所示电路中，若 $R_1=R_2=100\Omega$，$C_1=C_2=0.22\mu F$，$R_3=20k\Omega$，求振荡频率及满足振荡条件的 R_f 的值。

解：由振荡频率公式可得

$$f_0 = \frac{1}{2\pi RC} \approx \frac{1}{2 \times 3.14 \times 100 \times 0.22 \times 10^{-6}} \approx 7.23\text{kHz}$$

要满足起振条件，则 $R_f > 2R_3$，故 $R_f > 2 \times 20 = 40k\Omega$，$R_f$ 大于 $40k\Omega$。

（3）电路的稳幅

由于正弦波振荡电路稳幅时要求 $|\dot{A}\dot{F}| = 1$，而满足正反馈的信号其 F 为 $\frac{1}{3}$，则说明稳幅时要求 $|\dot{A}| = 3$，这是如何做到的呢？如果电路中的负反馈网路的反馈电阻 R_f 选用具有负温度系数的热敏电阻，则在起振瞬间，流过 R_f 的电流为零，热敏电阻处于冷态，阻值较大，放大电路电压放大倍数 $A_{uf}=1+R_f/R_3$ 增大，使振荡很快建立起来。随着输出电压幅度的增大，流过 R_f 的电流也增大，使 R_f 的温度升高，阻值下降，A_{uf} 自动下降，最终达到振幅平衡条件，输出电压保持稳定。这种稳幅称为热敏电阻稳幅。

另外一种稳幅电路是利用二极管的非线性自动完成稳幅的，称为二极管稳幅，如图6.6所示。在负反馈电路中，二极管 VD_1、VD_2 与 R_4 并联，只要有信号输出总有一个二极管导通，放大倍数为

$$A_f = 1 + \frac{(r_d // R_4) + R_f}{R_3}$$

式中，r_d 为二极管 VD_1、VD_2 导通时的动态电阻。

振荡电路刚起振时，输出电压较小，二极管正向偏置电压小，二极管正向交流电阻较大，负反馈较弱，使 $|\dot{A}\dot{F}|$ 大于 3，满足起

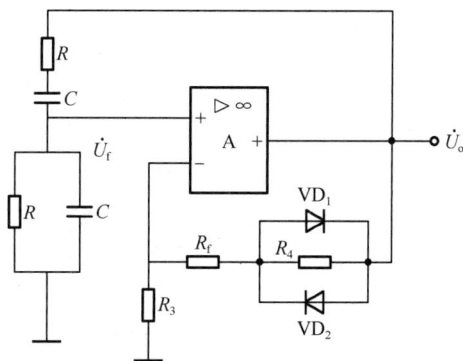

图6.6 二极管稳幅的 RC 振荡电路

振条件。当输出电压增大时，通过二极管的电流相应增大，导致二极管动态电阻 r_d 减小，负反馈增强，使 $|\dot{A}\dot{F}|$ 减小，从而达到自动稳定输出幅度的目的。

RC 串并联正弦波振荡电路具有电路简单、易于起振的优点，适用于 f_0 小于 1MHz 的场合。缺点是频率调节不方便，振荡频率不高。

学与思

（1）RC 文氏桥式振荡电路正反馈网络由哪些元器件组成？起什么作用？

（2）*RC* 文氏桥式振荡电路要使振荡频率符合设计要求，应调整什么元器件？

（3）*RC* 文氏桥式振荡电路装接正确，不能起振，原因是什么？应调整什么元器件才能使电路起振？

课堂小测

课后拓展

查查生活中 *RC* 文氏桥式振荡电路的应用案例。

6.1.3　*LC* 正弦波振荡电路

课前热身

1．预习微课资源，记录预习笔记和疑难问题；
2．完成教师创设的互动讨论话题，说说电感与电容三点式 *LC* 振荡电路选频网络的区别；
3．分组讨论知识点后"学与思"的问题。

课中导学

LC 正弦波振荡电路（又称 *LC* 正弦波振荡器）是利用电感和电容构成选频网络的正弦波振荡电路，它主要用于产生高频正弦波信号。常用的 *LC* 振荡电路有变压器反馈式、电感三点式、电容三点式三种。

1．*LC* 并联回路的频率特性

（1）*LC* 并联回路的结构

LC 并联回路如图 6.7 所示。图中 *R* 表示电感和电路其他损耗的总等效电阻，$\dot{I}_s$ 为幅值不变、频率可变的正弦波电流源信号。

（2）*LC* 并联回路的等效阻抗

LC 并联回路的等效阻抗为

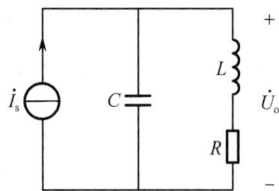

图 6.7　*LC* 并联回路

$$Z = \frac{\dfrac{1}{j\omega C}(R + j\omega L)}{\dfrac{1}{j\omega C} + (R + j\omega L)}$$

一般情况下，$\omega L \gg R$，故上式可简化为

$$Z \approx \frac{\dfrac{1}{j\omega C} \cdot j\omega L}{R + j\left(\omega L - \dfrac{1}{\omega C}\right)} = \frac{\dfrac{L}{C}}{R + j\left(\omega L - \dfrac{1}{\omega C}\right)}$$

（3）LC 并联回路的谐振频率

当 $\omega L = 1/\omega C$ 时，电路发生并联谐振，电路呈纯电阻性，令并联谐振角频率为 ω_0，即

$$\omega_0 = \frac{1}{\sqrt{LC}}$$

则输出信号的谐振频率为

$$f_0 = \frac{1}{2\pi\sqrt{LC}}$$

（4）谐振时回路的阻抗

并联谐振时阻抗 Z_0 最大，即 $Z_0 = \dfrac{L}{RC}$，谐振回路品质因数 $Q = \dfrac{\omega_0 L}{R} = \dfrac{1}{R\omega_0 C} = \dfrac{1}{R}\sqrt{\dfrac{L}{C}}$，故

$Z_0 = Q\omega_0 L = \dfrac{Q}{\omega_0 C} = Q\sqrt{\dfrac{L}{C}}$。

说明 LC 并联回路谐振时呈纯电阻性，且 Q 值越大，谐振时阻抗 Z_0 越大。

（5）LC 并联回路的选频特性

引入 Q 后，将 Z 改写为

$$Z = \frac{Z_0}{1 + jQ\left(\dfrac{\omega}{\omega_0} - \dfrac{\omega_0}{\omega}\right)}$$

相应的幅频特性和相频特性如图 6.8 所示。

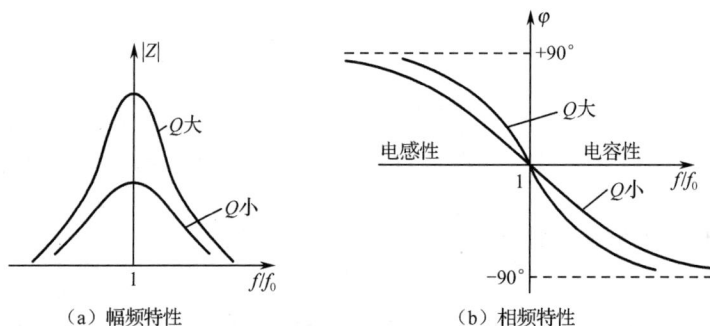

（a）幅频特性　　　　　（b）相频特性

图 6.8　LC 并联回路的选频特性

由图可见，当信号频率 $f = f_0$ 时，Z 最大且为纯电阻性，$\varphi = 0$。当 $f \neq f_0$ 时，Z 减小。当 $f/f_0 < 1$，即 $f < f_0$ 时，Z 呈电感性，$\varphi > 0$。当 $f > f_0$ 时，Z 呈电容性，$\varphi < 0$。同时 Q 值越大，谐振阻抗 Z_0 也越大，幅频特性曲线越尖锐，相位随频率变化的程度也越急剧，说明电路选择有用信号（谐振频率 f_0）的能力越强，即选频效果越好。

2. 变压器反馈式 LC 振荡电路

（1）电路结构

使用变压器选频的 LC 振荡电路如图 6.9 所示。

（2）电路组成

① 放大电路。

图中采用分压式偏置的共射电路，耦合电容 C_b 和发射极旁路电容 C_e 容量较大，交流阻

抗小，可视为短路。

② 选频网络。

选频网络由 L_1 和 C 构成，作为晶体管集电极负载。

③ 反馈网络。

变压器二次侧绕组 N_2 作为反馈绕组，将输出的一部分经 C_b 反馈到输入端，变压器二次侧绕组 N_3 接输出负载。

（3）电路分析

① 相位平衡条件判断。

在反馈输入端 K 处断开，用瞬时极性法进行判断。设基极上的瞬时极性为正，则集电极为负，即 N_1 的瞬时极性为上正下负。根据同名端的概念，N_2 上端瞬时极性为正，反馈至 K 处的瞬时极性为正，为正反馈。满足振荡的相位平衡条件。

② 振幅起振条件的判断。

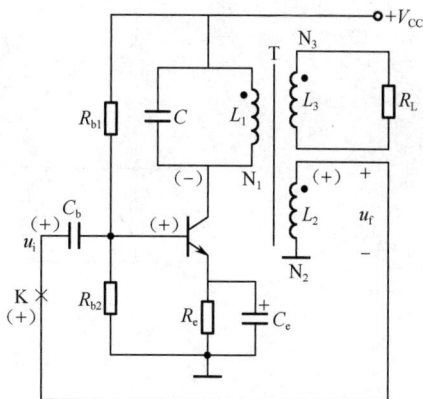

图 6.9 变压器反馈式 LC 振荡电路

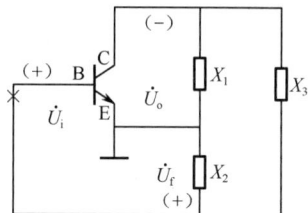

在本电路中，N_1、N_2 绕在同一磁芯上，放大电路为共射电路，放大倍数较大，这种电路是利用晶体管的非线性实现内稳幅的。在实践中，只要设置合适的静态工作点，增减 N_2 的匝数或改变同一磁棒上 N_1、N_2 的相对位置调节反馈系数的大小，使反馈量合适，即可满足起振条件。

③ 稳幅措施。

这种电路是利用晶体管的非线性实现内稳幅的。

④ 振荡频率 f_0 的估算。

振荡器的振荡频率近似为 LC 网络的固有谐振频率，可用下式估算：

$$f_0 = \frac{1}{2\pi\sqrt{LC}}$$

式中，L 为谐振回路总电感量，C 为谐振回路总电容量。

（4）电路的特点

变压器反馈式 LC 振荡电路易起振，采用可变电容器可使输出正弦波信号的频率连续可调，缺点是振荡频率不太高，通常为几兆赫至十几兆赫。

3. 电感三点式 LC 振荡电路

（1）三点式振荡电路的组成原则

三点式振荡电路要实现振荡，必须满足相位平衡条件与振幅平衡条件，必须遵循"射同他异"原则，即与晶体管发射极相连接的 X_1、X_2 为同性质电抗，不与晶体管发射极相连接的 X_3 与 X_1、X_2 的电抗性质相异，如图 6.10 所示。

（2）电感三点式 LC 振荡电路

图 6.10 三点式振荡电路

电感三点式 LC 振荡电路又称哈脱莱振荡电路，电路如图 6.11 所示。

该电路由放大电路、选频网络和反馈网络组成。

① 放大电路。

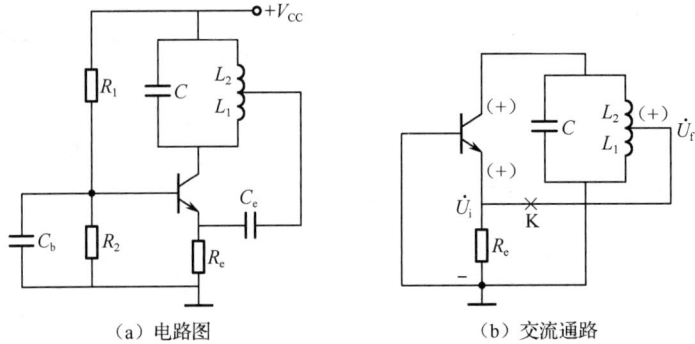

（a）电路图　　　　　　　　　（b）交流通路

图 6.11　电感三点式 LC 振荡电路

采用分压式偏置的基极放大电路，C_b 为基极旁路电容，由于容量足够大，对交流可视为短路。其交流通路如图 6.11（b）所示。

②　选频网络。

选频网络由 L_1、L_2 和 C 并联而成。

③　反馈网络。

L_2 上的反馈电压经 C_e 送至晶体管的输入端发射极。

（3）谐振频率 f_0 的估算

$$f_0 = \frac{1}{2\pi\sqrt{LC}} = \frac{1}{2\pi\sqrt{(L_1 + L_2 + 2M)C}}$$

式中，M 是电感 L_1 与 L_2 间的互感。

（4）电路的特点

电感三点式振荡电路结构简单，易起振，但由于反馈信号来自于电感 L_1，电感对高次谐波的感抗大，因而输出振荡电压的谐波分量增大，引起波形失真。常用于对波形要求不高的设备中，其振荡频率通常在几十兆赫以下。

4. 电容三点式 LC 振荡电路

（1）电路的结构

电容三点式 LC 振荡电路又称考毕兹电路，如图 6.12 所示。

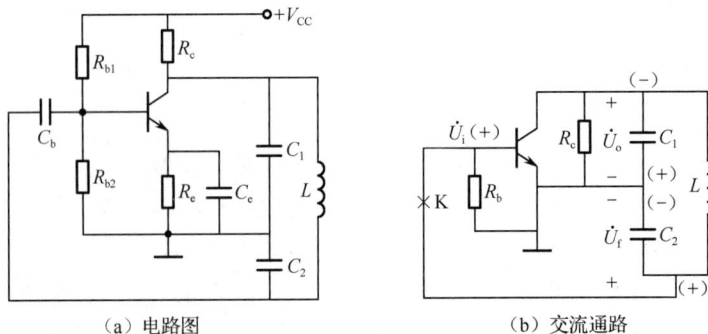

（a）电路图　　　　　　　　　（b）交流通路

图 6.12　电容三点式 LC 振荡电路

（2）谐振频率 f_0 的估算

$$f_0 = \frac{1}{2\pi\sqrt{LC}} = \frac{1}{2\pi\sqrt{L\dfrac{C_1 C_2}{C_1 + C_2}}}$$

（3）电路的特点

电容三点式 LC 振荡电路的反馈电压取自电容器 C_2 的两端电压，反馈电压中的高次谐波分量小，输出波形失真小。但晶体管的极间电容 C_{BC}、C_{CE} 与 C_2、C_1 并联，极间电容随温度变化，影响振荡频率的稳定性。该电路的振荡频率可达 100MHz 以上。

学与思

（1）电感三点式 LC 振荡电路的反馈网络、选频网络各由什么元器件构成？哪些元器件参数决定振荡频率？

_____

（2）电容三点式 LC 振荡电路的反馈网络、选频网络各由什么元器件组成？哪些元器件参数决定振荡频率？

_____

（3）在电感三点式 LC 振荡电路、电容三点式 LC 振荡电路中，哪一类电路波形失真小？为什么？

_____

课堂小测

课后拓展

查查生活中 LC 振荡电路的应用案例。

6.1.4　石英晶体正弦波振荡电路

课前热身

1. 预习微课资源，记录预习笔记和疑难问题；
2. 完成教师创设的互动讨论话题，说说石英晶体谐振器的基本特性；
3. 分组讨论知识点后"学与思"的问题。

课中导学

随着电子技术的发展，对振荡器的频率准确度和稳定度的要求越来越高。RC 振荡电路振荡频率稳定度（用来衡量振荡电路频率稳定性的指标）比较差，LC 振荡电路的振荡频率稳定度比 RC 振荡电路的好，但通常只能达到 10^{-3} 数量级，为了提高振荡电路的振荡频率稳定度，一般采用石英晶体振荡电路，其振荡频率稳定度一般可达到$10^{-6}\sim10^{-8}$数量级，有的甚至高达$10^{-9}\sim10^{-11}$数量级。

1. 石英晶体振荡器的频率特性

石英晶体振荡器简称晶振，是利用石英晶体的压电效应制成的一种谐振元器件。

（1）石英晶体的结构和压电效应

① 石英晶体的结构。

石英晶体是从石英晶体柱上按一定方位角切割下来的薄片（称为晶片，可为圆形、正方形或矩形等），在表面上涂覆上银层作为电极，加上引线后封装而成的。外壳可为金属，也可为玻璃。其结构示意图如图 6.13 所示。

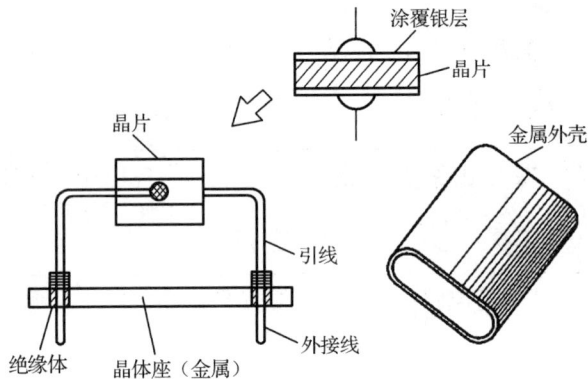

涂覆银层
晶片
晶片
金属外壳
引线
外接线
绝缘体　晶体座（金属）

图 6.13　石英晶体结构示意图

② 石英晶体的压电效应。

石英晶体的压电效应，即在晶片两面加上电场，晶片就会产生形变。相反，若在晶片上施加机械压力，则在晶片的相应方向上会产生一定的电场。

（2）晶振的谐振频率

① 晶振的压电谐振。

如果在晶振的两极上加交变电压，晶振就会产生机械振动，机械振动又会产生交变的电场。从外电路来看，这就相当于有一交变电流通过晶片。在一般情况下，晶振振动的振幅和所产生的交变电场的强度非常微小，但频率稳定。当外加交变电压的频率为某一特定值（即晶振的固有振荡频率）时，晶体的振幅明显增大，这种现象称为压电谐振，它与 LC 并联回路的谐振十分相似。

每个晶振都有自己唯一且稳定的固有振荡频率，这个频率会印在晶振元器件的外壳上。

由于晶振的固有振荡频率只与晶片的几何尺寸有关，不会随温度的变化而变化，所以晶振的振荡频率非常稳定，因此利用晶振设计的振荡器被广泛应用于计算机、家电等各类电子产品中。金属外壳封装的无源晶振，其两个引脚对应着电路符号中的两个引脚，没有极性之分。

常用的晶振频率有 32.768kHz、4MHz、6MHz、8MHz、10MHz、12MHz、20MHz、24MHz、25MHz、30MHz、40MHz、48MHz 等。

② 晶振的等效电路。

石英晶体的等效电路和电抗频率特性如图 6.14 所示。图中，C_0 称为静态电容（含支架电容和分布电容，大小为几皮法至几十皮法），L_q（大小为几十毫亨）和 C_q（大小为 10^{-2} 皮法以下）分别为动态电感和动态电容，r_q 为晶体振动时的摩擦损坏电阻（可忽略不计），由于 L_q 较大，C_q 很小，所以其具有很高的品质因数 Q，可高达 10^5，因此，用石英晶体构成的振荡器，具有很高的频率稳定度。

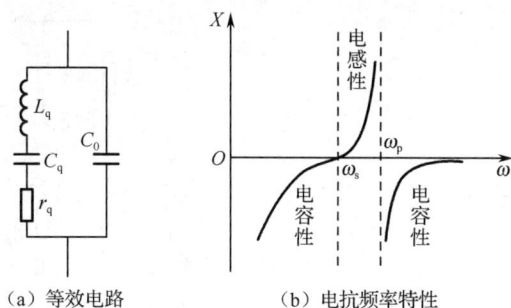

（a）等效电路　　　　　（b）电抗频率特性

图 6.14　石英晶体的等效电路和电抗频率特性

③ 晶振的谐振频率。

从石英晶体的等效电路可以看出，它有两个谐振频率，一个是串联谐振频率 f_S，一个是并联谐振频率 f_P。

当 L_q、C_q、r_q 支路发生串联谐振时，则

$$f_S \approx \frac{1}{2\pi\sqrt{L_q C_q}}$$

当频率高于 f_S 时，L_q、C_q 呈电感性，电路发生并联谐振，则

$$f_P \approx \frac{1}{2\pi\sqrt{L_q \dfrac{C_q C_0}{C_q + C_0}}} = f_S \frac{1}{\sqrt{1+\dfrac{C_q}{C_0}}}$$

由于 C_0 远大于 C_q，所以，f_S 与 f_P 相差很小。

④ 晶振的应用。

当 $f = f_S$ 时，电路的等效阻抗最小（约等于零），可直接用于选频。

当 $f_S < f < f_P$ 时，电路呈电感性，即相当于一个电感。

在其他区域，石英晶体振荡器呈电容性，振荡器相当于一个电容器。在实际应用中，晶体两端往往并接有负载电容 C_L，如图 6.15 所示，晶体等效电路中并接的总电容为 $C_0 + C_L$，相应的并联谐振频率由 f_P 减小到 f_N，f_N 为

$$f_N \approx f_S\left(1 + \frac{1}{2}\frac{C_q}{C_0 + C_L}\right)$$

显然，C_L 越大，f_N 值越接近 f_S。晶体外壳上的振动频率就是考虑并接 C_L 后的 f_N 值，使用时，应按产品说明书上的规定选择负载电容 C_L，并可采用微调电容进行调整，使之达到标称频率。

将晶振接到振荡电路的闭合环路中，利用它的固有振动频率，就能有效地控制和稳定振荡频率。它的频率稳定度可达 10^{-6} 或更高数量级。根据晶振在振荡电路中的作用不同，晶体

振荡电路可分为串联型和并联型两种。

2. 串联型石英晶体振荡电路

串联型石英晶体振荡电路如图 6.16 所示，它使晶振工作在 f_S 上，令其等效于串联谐振电路，用作高选择性的短路元件。

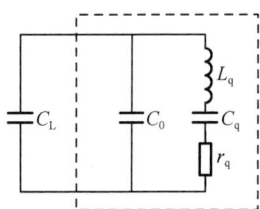

图 6.15　并联 C_L 的晶体等效电路图

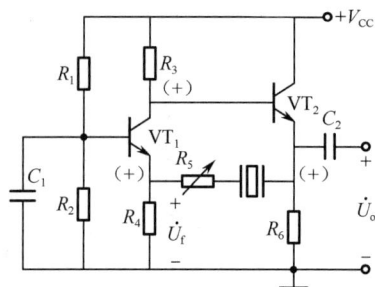

图 6.16　串联型石英晶体振荡电路图

在电路中，石英晶体呈短路状态，VT_1 组成共基极放大电路，VT_2 为共集电极放大电路。利用瞬时极性法，可以判断出电路满足正反馈的条件，图中标出了各点的瞬时极性。R_5 用以改变正反馈信号的幅度，使之满足振幅平衡条件。

在串联型石英晶体振荡电路中，振荡频率为 f_S，在 f_S 以外的频率上石英晶体呈电容性或电感性，电路不能产生谐振。在石英晶体支路中也可串接电容对振荡频率进行微调，不过，振荡频率将略高于 f_S。

3. 并联型石英晶体振荡电路

并联型石英晶体振荡电路如图 6.17 所示。

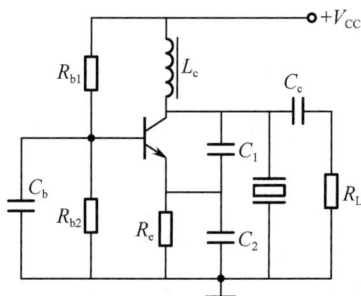

图 6.17　并联型石英晶体振荡电路图

电路中晶体工作在略高于 f_S 呈电感性的频段内，石英晶体代替改进型电容三点式振荡电路中的电感。晶体管接成共基极电路，C_1、C_2 串接后与石英晶体并联为晶体负载电容。若 C_1、C_2 的等效电容值等于晶体规定的负载电容值，那么振荡电路的振荡频率就是晶体的标称频率。但考虑到生产工艺的不一致及石英晶体老化等因素，在实际应用时，要设置微调电容 C_c，对振荡频率进行微调，以满足对频率准确度的要求。

学与思

（1）石英晶体有什么特性？

（2）石英晶体在串联振荡电路、并联振荡电路中的工作状态有何区别？

课堂小测

课后拓展

查查石英晶体振荡电路的应用案例。

6.1.5　非正弦波信号产生电路

课前热身

1．预习微课资源，记录预习笔记和疑难问题；
2．完成教师创设的互动讨论话题，说说方波和三角波产生电路的区别；
3．分组讨论知识点后"学与思"的问题。

课中导学

本小节介绍非正弦波产生电路，如方波、三角波、锯齿波产生电路等。

1．方波产生电路

方波产生电路（又称方波发生器）如图 6.18（a）所示，它是在迟滞比较器的基础上增加了一个由 R、C 组成的积分电路，把输出电压经 R、C 反馈到集成运放的反相输入端。限流电阻 R_3 与双向稳压管串联，构成了一个双向限幅的方波产生电路。

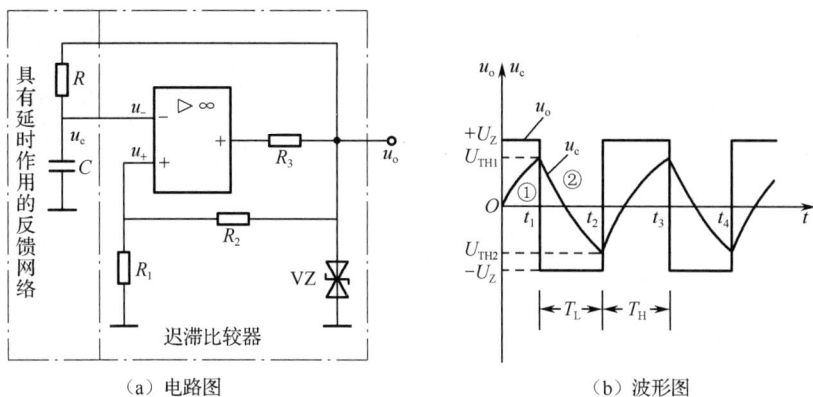

（a）电路图　　　　　　（b）波形图

图 6.18　方波产生电路与波形图

由图 6.18 可知，输出电压不是 $+U_{\text{om}}=U_Z+U_F$，就是 $-U_{\text{om}}=U_Z+U_F$，U_F 为双向稳压二极管正向导通电压。为讨论方便，一般忽略不计。

当电源接通时，在 $t=0$ 时刻，电容两端电压 $u_c=0$，假设 $u_o=+U_Z$，此时同相输入端电压为

$$U_{\text{TH1}}=u_+'=\frac{R_1}{R_1+R_2}u_o=\frac{R_1}{R_1+R_2}U_Z 。$$

输出电压 $u_o=U_Z$ 经 R 向 C 充电，u_c 按指数规律上升，如图 6.18（b）曲线①所示，当电容上的电压上升至 $u_c=U_{\text{TH1}}$ 时，电路状态发生翻转，输出电压由 $+U_Z$ 突变为 $-U_Z$，此时同相输入端电压突变为

$$U_{\text{TH2}}=u_+''=\frac{R_1}{R_1+R_2}u_o=-\frac{R_1}{R_1+R_2}U_Z$$

电容 C 上的电压因放电而开始下降，如图 6.18（b）曲线②所示，放电完毕后电容反向充电，当 $u_c=u_-=U_{\text{TH2}}$ 时，电路又发生翻转，$u_o=U_Z$。电容反向放电，放电完毕进行正向充电，当 $u_c=U_{\text{TH1}}$ 时，电路又发生翻转，输出电压由 $+U_Z$ 突变为 $-U_Z$，如此反复，在输出端产生方波，波形如图 6.18（b）所示。

由此可知，方波的频率与充放电时间常数 RC 有关，RC 的乘积越大，充放电时间越长，方波的频率就越低，方波的周期 $T=2RC\ln\left(1+2\dfrac{R_1}{R_2}\right)$。

振荡频率：$f=\dfrac{1}{T}=\dfrac{1}{2RC\ln\left(1+2\dfrac{R_1}{R_2}\right)}$

不难看出，适当选取 R_1、R_2 的值，使 $\ln\left(1+2\dfrac{R_1}{R_2}\right)=1$，则

$$T=2RC，\quad f=\frac{1}{2RC}$$

在低频范围（如 10Hz～10kHz）内，频率一定时，这是一个较好的电路。而当振荡频率较高时，为了获得前后沿较陡峭的方波，应选择转换速率较高的运放。

2. 占空比可调的矩形波产生电路

矩形波中高电平的宽度时间 T_H 与其周期 T 之比称为占空比 D，由于方波的占空比 $D=\dfrac{T_H}{T}=1/2$，将图 6.18 所示电路改造下，就可以组成占空比可调的矩形波产生电路（又称矩形波发生器）。如图 6.19 所示，利用锗二极管 VD_1、VD_2 使电容有不同的充放电通路。当输出电压为 $+U_Z$ 时，VD_1 导通而 VD_2 截止，电容 C 充电，充电时间常数由电阻 R_4、二极管 VD_1 导通动态电阻 r_{d1}、电位器 R_P 上半部分 R_P' 及电容 C 决定；当输出电压为 $-U_Z$ 时，VD_2 导通而 VD_1 截止，电容 C 放电，放电时间常数由电阻 R_4、二极管 VD_2 导通动态电阻 r_{d2}、电位器 R_P 下半部分 R_P'' 及电容 C 决定；调节电位器 R_P 就可调节占空比 D。

振荡周期：$T=(R_P+r_{d1}+r_{d2}+2R_4)\cdot C\cdot\ln\left(1+2\dfrac{R_1}{R_2}\right)$

3. 三角波产生电路

三角波产生电路（又称三角波发生器）如图 6.20 所示，电路由同相迟滞比较器（A_1）和积分电路（A_2）组成。

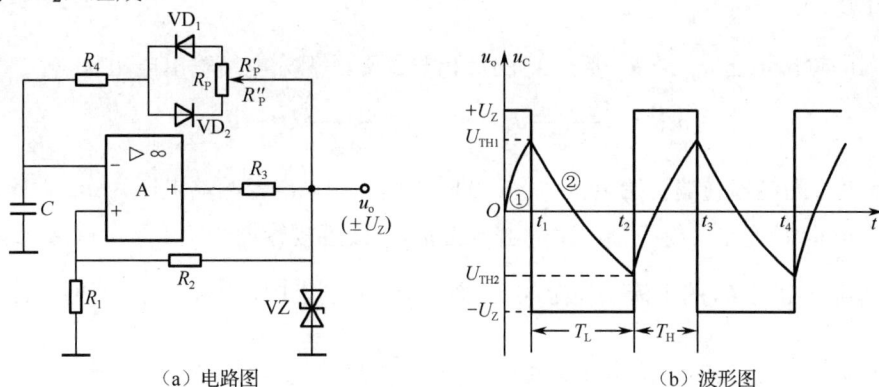

（a）电路图　　　　　　　　　　　　　　　（b）波形图

图 6.19　占空比可调的矩形波产生电路图

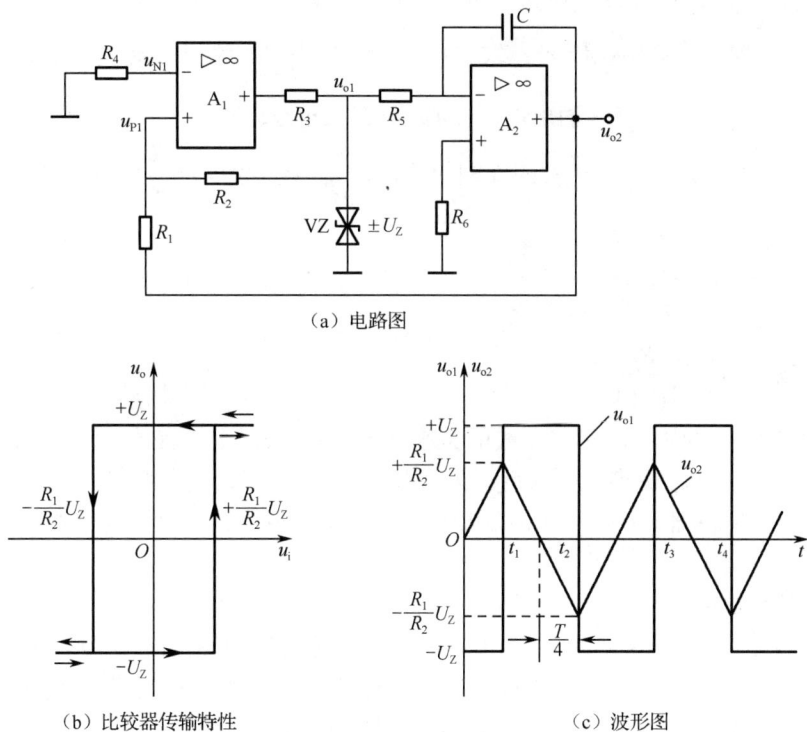

（a）电路图

（b）比较器传输特性　　　　　　　　　　　（c）波形图

图 6.20　三角波产生电路

应用叠加定理，集成运放 A_1 同相输入端的电位 u_{P1} 为

$$u_{P1} = \frac{R_1}{R_1 + R_2}u_{o1} + \frac{R_2}{R_1 + R_2}u_{o2} = \frac{R_2}{R_1 + R_2}u_{o2} \pm \frac{R_1}{R_1 + R_2}U_Z$$

u_{o2} 经 R_1 反馈至 A_1 同相输入端，以控制迟滞比较器翻转，即 u_{o2} 为比较器的输入端。A_1 反相输入端经 R_4 接地，即当 $u_{P1} = u_{N1} = 0$ 时比较器翻转，则比较器的两个阈值电压（门限电压）和门限宽度分别为

阈值电压（门限电压）：$U_{TH} = \pm \dfrac{R_1}{R_2} U_Z = u_{o2}$

回差电压：$\Delta U_T = 2\dfrac{R_1}{R_2} U_Z$

比较器的输出电压 u_{o1} 经 R_5 接至 A_2 的反相输入端，积分电路输出电压 u_{o2} 为

$$u_{o2} = -\frac{(t_1 - t_2)}{R_5 C} u_{o1} + u_{c(0)} = \pm \frac{(t_1 - t_2)}{R_5 C} U_Z + u_{c(0)}$$

其中，$u_{c(0)}$ 为电容两端初始电压，设 $t=0$ 时接通电源，电容两端电压为 0，并且 $u_{o1}=-U_Z$，则 $-U_Z$ 经过 R_5 向 C 充电，使积分电路输出电压 u_{o2} 按线性规律增长（由于运放 A_2 反相输入端"虚地"，则流过电阻 R_5 的电流是恒定的）。当 u_{o2} 上升到上门限电压 $+\dfrac{R_1}{R_2} U_Z$ 时，比较器输出电压 u_{o1} 翻转为 $+U_Z$，同时门限电压下跳到 $-\dfrac{R_1}{R_2} U_Z$。此时 u_{o1} 经过 R_5 向 C 反向充电，充电电流大小与之前一样，使积分电路输出电压 u_{o2} 按同样的线性规律减小。当 u_{o2} 下降到下门限电压 $-\dfrac{R_1}{R_2} U_Z$ 时，比较器的输出电压 u_{o1} 又由 $+U_Z$ 翻转为 $-U_Z$，如此周而复始，使比较器的输出电压 u_{o1} 波形为方波，积分电路的输出电压 u_{o2} 波形为三角波。

从图 6.20 可见，方波和三角波的周期相等，是 u_{o2} 从零变至 $+\dfrac{R_1}{R_2} U_Z$ 所需时间的 4 倍。所以，三角波周期和频率分别为

三角波周期：$T = \dfrac{4R_1}{R_2} R_5 C$

三角波频率：$f = \dfrac{R_2}{4R_1 R_5 C}$

可见，该电路产生的方波和三角波的频率与 R_1、R_2、R_5 及 C 有关。调试电路时一般先调节 R_2 或 R_1，使三角波幅值满足要求后，再调节 R_5 或 C，用以调节频率。为使频率可调，可在 u_{o1} 输出端接一电位器，另一端接地，R_5 左端接电位器滑动臂，即组成了频率可调的三角波电路。

4. 锯齿波产生电路

当三角波上升时间和下降时间不相等时，三角波就变成了锯齿波，所以将电容充放电支路的电阻 R_5 换成了由电位器 R_P 和 VD_1、VD_2 组成的网络，如图 6.21 所示为锯齿波产生电路（又称锯齿波发生器），其原理参考三角波产生电路的原理。

该电路的锯齿波幅值为 $\dfrac{R_1}{R_2} U_Z$，振荡频率为 $f = \dfrac{1}{T} = \dfrac{1}{2(R_P + r_{d1} + r_{d2})C} \cdot \dfrac{R_2}{R_1}$。式中，$r_{d1}$、$r_{d2}$ 为二极管导通动态电阻，通常可忽略不计。

波形图中，T_L 称为正程扫描时间，$T_L = 2\dfrac{R_1}{R_2}(R_P' + r_{d1})C$；$T_H$ 称为逆程扫描时间（回扫时间），$T_H = 2\dfrac{R_1}{R_2}(R_P'' + r_{d2})C$。

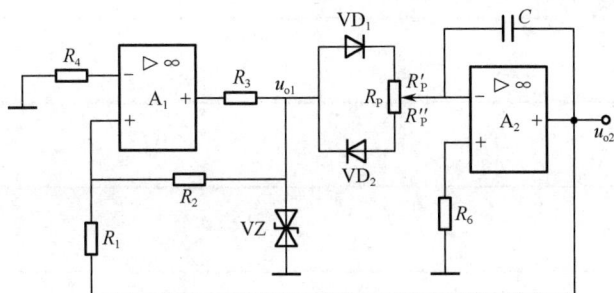

（a）电路图

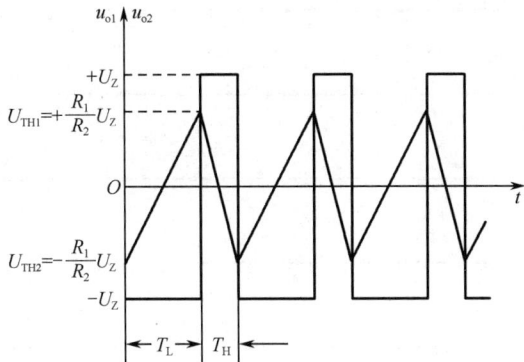

（b）波形图

图 6.21　锯齿波产生电路

学与思

（1）方波产生电路由哪几部分组成？

（2）三角波产生电路由哪几部分组成？

课堂小测

课后拓展

对非正弦波（方波、三角波、锯齿波）产生电路进行仿真分析，巩固所学知识。

Note

技能训练7　*RC*正弦波振荡电路的制作与测试

1. 训练内容

学校承接了一批*RC*正弦波振荡电路的组装与调试任务，电路原理如图6.22所示。根据所提供的电路原理图和PCB板进行安装，能正确选择不同类型的电子元器件，能按成形、插装和电烙铁手工焊接的要求进行元器件的装配，装配后不能出现开路、短路、不良焊点、元器件或电路板损坏等现象。调试中，能正确选择和使用仪器仪表对电子产品的技术参数进行测量与调试并使之达到要求，实现其基本功能，满足相应的技术指标，并正确填写相关技术文件或测试报告。

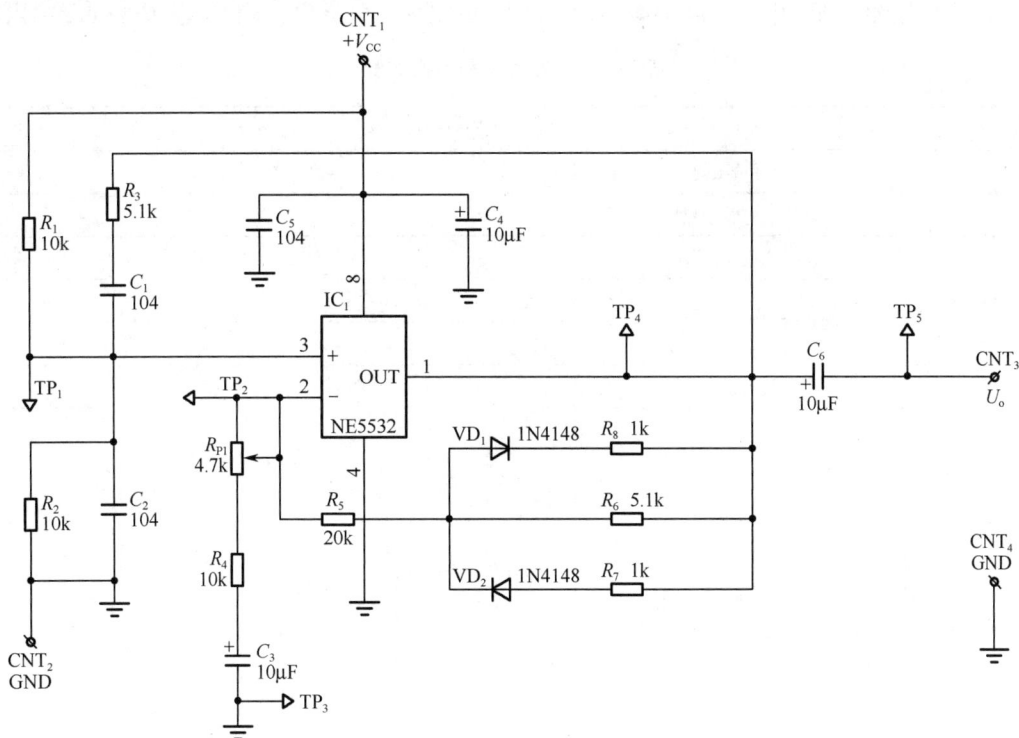

图6.22　*RC*正弦波振荡电路

2. 元器件识别

（1）元器件明细表

本电路中的相关元器件如表6.1所示，按要求准备好相关元器件。

表6.1　元器件清单

序　　号	符 号 名 称	名　　称	规 格 型 号	数　　量
1	IC_1	集成运放	NE5532	1
2	R_1、R_2、R_4	电阻	10kΩ	3
3	R_3、R_6	电阻	5.1kΩ	2
4	R_5	电阻	20kΩ	1

续表

序　号	符号名称	名　称	规格型号	数　量
5	R_7、R_8	电阻	1kΩ	2
6	R_{P1}	电阻	4.7kΩ	1
7	C_1、C_2、C_5	电容	104	3
8	C_3、C_4、C_6	电容	10μF	3
10	VD_1、VD_2	二极管	1N4148	2

（2）元器件识别与检测

用万用表欧姆挡对电阻、1N4148 和 NE5532 集成块的引脚进行测量，完成表 6.2 中内容。

表 6.2　元器件识别与检测表

元　器　件	识别及检测内容	
电阻	色环或数码	标称值（含误差）
	色环电阻：黄紫黑棕棕	
1N4148	所用仪表	数字表□　指针表□
	万用表读数（含单位）	正测
		反测
NE5532 集成块	所用仪表	数字表□　指针表□

右框中是 NE5532 集成块的外形图及引脚名称。测量出 NE5532 集成块的电源脚、输出脚对接地脚的电阻值（安装后测量）

1OUT 1　8 V_{cc}
1IN− 2　7 2OUT
1IN+ 3　6 2IN−
GND 4　5 2IN+

脚 1 是第 1 个运放输出端
脚 2 是第 1 个运放反相输入端
脚 3 是第 1 个运放同相输入端
脚 4 是电源地
脚 5 是第 2 个运放同相输入端
脚 6 是第 2 个运放反相输入端
脚 7 是第 2 个运放输出端
脚 8 接电源正极

引脚编号	1	2	3	4	5
阻值					

3. 电路安装

参照技能操作训练 2 中的安装步骤进行电路安装，电路板如图 6.23 所示。

图 6.23　RC 正弦波振荡电路板

4. 电路测试

（1）仪表准备

根据要测试的参数准备所需的仪表，并检查仪表能否正常工作，测试仪表清单如表 6.3 所示。

表 6.3   测试仪表清单

序　号	仪 表 名 称	仪 表 型 号	仪 表 规 格	数　量
1	数字万用表	V89D		1
3	数字示波器	DS1002	20MHz	1
4	直流稳压电源	XJ17232	0～30V/0～2A	1

（2）测试导线准备

根据要测试的参数准备所需的导线，并检查导线是否完好，有无断线、接触不良等现象，测试导线清单如表 6.4 所示。

表 6.4   测试导线清单

序　号	导 线 名 称	单　位	导 线 规 格	数　量
1	表笔线	副	50cm	1
2	双头鳄鱼夹测试线	副	40cm	1
3	BNC 头测试线	副	50cm	2

（3）不通电检查

电路安装完毕后，对照电原理图和连线图，认真检查元器件是否正确安装，以及焊点有无虚焊。

（4）静态测试

接入直流电源 9 V，用万用表测量运放各引脚的直流电位，填入表 6.5 中，并与理论值进行比较。

表 6.5   运放静态测试表

引脚电位	U_1	U_2	U_3	U_4	U_8
测量值					
理论值					

（5）保持静态工作点不变，调节 R_{P1} 使振荡电路起振，用示波器观察振荡电路输出的波形，再调节 R_{P1} 使输出波形为不失真正弦波，测出输出波形幅值、频率，完成表 6.6。

表 6.6   输出波形测试表

u_o		$U_{max}=$ $f_0=$

5. 评价

参照技能训练 2 中表 1.13 进行评分。

Note

技能训练 8 三角波-方波产生电路的制作与测试

1. 任务描述

学校承接了一批三角波-方波产生电路的制作与调试任务，电路原理如图 6.24 所示。根据所提供的电路原理图和 PCB 板，列出元器件清单，做好元器件布局，插装时，能正确选择不同类型的电子元器件，能按成形、插装和电烙铁手工焊接的要求进行元器件的装配，装配后不能出现开路、短路、不良焊点、元器件或电路板损坏等现象。调试中，能正确选择和使用仪器仪表对电子产品的技术参数进行测量与调试并使之达到要求，实现其基本功能，满足相应的技术指标，并正确填写相关技术文件或测试报告。

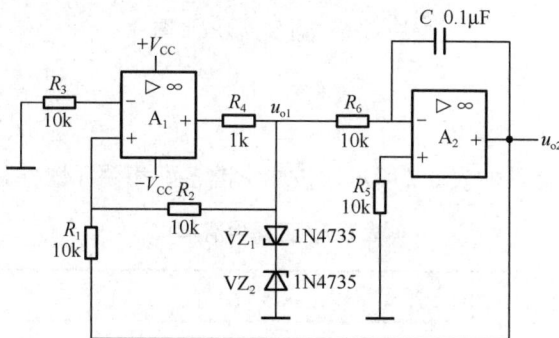

图 6.24 三角波-方波产生电路

2. 电路分析

由图 6.24 可知，该电路由同相输入迟滞比较器和反相积分电路组成，迟滞比较器的输出作为积分电路的输入，积分电路的输出作为迟滞比较器的输入，如图 6.25 所示。

由"虚断"可知：$u_-=0$，当 $u_+=u_-$ 时，输出电压 u_{o1} 翻转。根据叠加定理可知：

$$u_+ = u_{o1}\frac{R_1}{R_1+R_2} + u_{o2}\frac{R_2}{R_1+R_2}$$

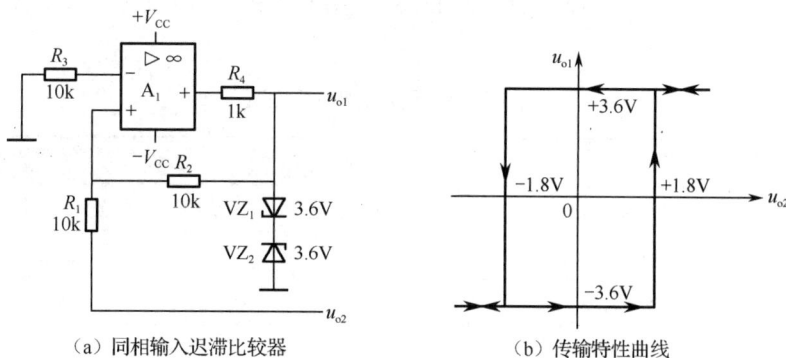

（a）同相输入迟滞比较器　　　　（b）传输特性曲线

图 6.25 同相输入迟滞比较器和传输特性曲线

即当式中 $u_+=0$ 时输出电压 u_{o1} 翻转，而 $u_{o1}=\pm U_Z=\pm3.6\text{V}$，则 $u_{o2}=\pm1.8\text{V}$，传输特性曲线如图 6.25（b）所示。当接通电源时，电容电压 $u_C=0$，$u_{o2}=0$，假设 $u_{o1}=+3.6\text{V}$，电容开始恒流充电，u_{o2} 线性减小；u_{o2} 减小至 -1.8V 时，u_{o1} 翻转为 -3.6V，电容反方向恒流充电，u_{o2} 线性

增大；u_{o2}增大至+1.8V时，u_{o1}翻转为+3.6V，电容反方向恒流充电，u_{o2}线性减小；如此反复，得到如图 6.26 所示的方波和三角波。

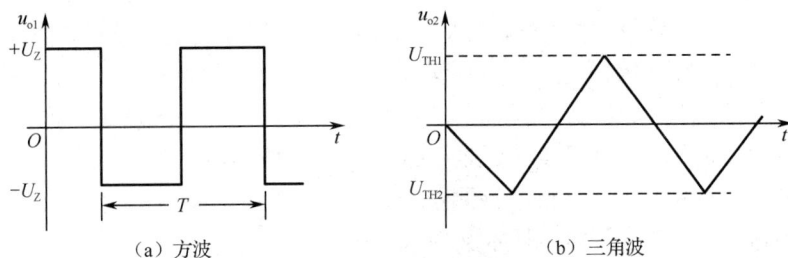

（a）方波　　　　　　　　　（b）三角波

图 6.26　u_{o1} 和 u_{o2} 波形图

3. 元器件识别

（1）元器件明细表

本电路中的相关元器件如表 6.7 所示，按要求准备好相关元器件。

表 6.7　元器件清单

序　号	符 号 名 称	名　　称	规 格 型 号	数　量
1	A_1、A_2	集成运放	LM358	1
2	VZ_1、VZ_2	稳压二极管	1N4735	2
3	R_1、R_2、R_3、R_5、R_6	电阻	10kΩ	5
4	R_4	电阻	1kΩ	1
5	C	电容	0.1μF	1

（2）元器件识别与检测

用万用表欧姆挡对电阻、1N4735、LM358 引脚进行测量，用直接读取法读取色环值，完成表 6.8 中内容。

表 6.8　元器件识别与检测表

元　器　件	识别及检测内容			
电阻	色环或数码		标称值（含误差）	
	色环电阻：黄紫黑棕棕			
1N4735	所用仪表		数字表□　　指针表□	
	万用表读数（含单位）	正测		
		反测		
LM358 集成块	所用仪表		数字表□　　指针表□	

元　器　件	识别及检测内容					
LM358 集成块	右框中是 LM358 集成块的外形图及引脚名称。测量出 LM358 集成块的电源脚、输出脚对接地脚的电阻值（安装后测量）	脚 1 是第 1 个运放输出端 脚 2 是第 1 个运放反相输入端 脚 3 是第 1 个运放同相输入端 脚 4 是电源地 脚 5 是第 2 个运放同相输入端 脚 6 是第 2 个运放反相输入端 脚 7 是第 2 个运放输出端 脚 8 接电源正极				

$$
\begin{array}{ll}
\text{1OUT} \;[1 & 8]\; V_{CC} \\
\text{1IN}- \;[2 & 7]\; \text{2OUT} \\
\text{1IN}+ \;[3 & 6]\; \text{2IN}- \\
\text{GND} \;[4 & 5]\; \text{2IN}+ \\
\end{array}
$$

引脚编号	1	2	3	4	5
阻值					

4. 电路安装

参照技能操作训练 2 中的安装步骤进行电路安装，电路板如图 6.27 所示。

图 6.27　三角波-方波产生电路板

5. 电路测试

（1）仪表准备

根据要测试的参数准备所需的仪表，并检查仪表能否正常工作，测试仪表清单见表 6.9。

表 6.9　测试仪表清单

序　号	仪表名称	仪表型号	仪表规格	数　量
1	数字万用表	V89D		1
3	数字示波器	DS1002	20MHz	1
4	直流稳压电源	XJ17232	0～30V/0～2A	1

（2）测试导线准备

根据要测试的参数准备所需的导线，并检查导线是否完好，有无断线、接触不良等现象，测试导线清单见表 6.10。

表 6.10 测试导线清单

序　号	导 线 名 称	单　位	导线规格	数　量
1	表笔线	副	50cm	1
2	双头鳄鱼夹测试线	副	40cm	1
3	BNC 头测试线	副	50cm	2

（3）不通电检查

电路安装完毕后，对照电原理图和连线图，认真检查元器件是否正确安装，以及焊点有无虚焊。

（4）静态测试

接入直流电源±5 V，用万用表测量运放各引脚的直流电位，填入表 6.11 中，并与理论值进行比较。

表 6.11 运放静态测试表

引脚电位	U_1	U_2	U_3	U_4	U_8
测量值					
理论值					

（5）保持静态工作点不变，用示波器分别观察 u_{o1} 端和 u_{o2} 端波形，并测量波形的周期、幅值，完成表 6.12。

表 6.12 波形测试表

u_{o1}	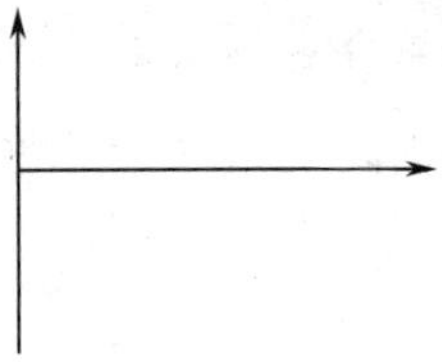	$U_{max}=$ $U_{min}=$ $V_{pp}=$
u_{o2}	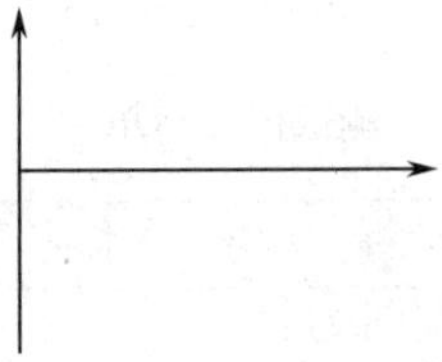	$U_{max}=$ $U_{min}=$ $V_{pp}=$

6. 评价

参照技能训练 2 中表 1.13 进行评分。

读与思

MEMS 振荡器助力 5G——小小身躯有大作为

5G 时代已经到来，提到 5G 不得不说的是其内部默默振动的那颗 MEMS 振荡器。何为 MEMS 振荡器？很多人都知道石英晶体振荡器（简称晶振），它是网络设备时序时钟源里最重要的一种电子组件，MEMS 振荡器就属于一种晶振。

MEMS 振荡器是指通过微机电系统制作出的一种可编程的硅振荡器，属于我们通常所说的有源晶振。它是传统石英晶振产品的升级和更新换代，防振能力是前者的 25 倍，具有不受振动影响、不易碎的特点。MEMS 振荡器的温度稳定度也比传统晶振的更好，不受环境温度高低变化的影响。与传统石英晶振相比，全硅 MEMS 振荡器不管生产工艺还是组件设计结构，都更符合现代电子产品的标准。高性能模拟温补技术使全硅 MEMS 振荡器具有优秀的全温频率稳定度，可彻底解除温漂问题；可编程的平台为系统设计和缩短新产品开发周期提供了必要的灵活性。

随着移动运营商逐渐进入 5G 和边缘计算领域，需要在无线电设备上实现更严格的时间同步，MEMS 恒温振荡器可以解决 5G 基础设施设备的关键时序问题，且不受环境和极端温度的影响。

作为生活在世界上小小的我们，不是每个人都能够成为杰出的人才。但是在我们自己普通的岗位上，能做好本职工作，也是对祖国的一片赤诚。"聚沙成塔，集腋成裘"，我们要做到坚定信念，忠于职守，积极进取，不断提升，为祖国的繁荣富强贡献自己的力量。

思考与练习

4.1　判断题

1. 电路只要存在正反馈就一定会产生正弦波振荡。（　　）

2. 振荡电路与放大电路主要区别之一是：放大电路的输出信号与输入信号的频率相同，而振荡电路一般不需要输入信号。（　　）

3. LC 并联网络在谐振时呈电阻性，在信号频率大于谐振频率时呈电容性。（　　）

4. 当信号频率在石英晶体的串联谐振频率和并联谐振频率之间时，石英晶体呈电阻性。（　　）

5. 电路存在正反馈，不一定能产生自激振荡。（　　）

6. 电路只要存在负反馈，一定不能产生自激振荡。（　　）

4.2　选择题

1. 信号产生电路在（　　）条件下，产生一定频率、幅度的正弦波或非正弦波信号。

A. 没有反馈信号　　　B. 没有外加信号　　　C. 外加输入信号　　　D. 不加直流电源

2. 正弦波振荡电路应满足的相位平衡条件是（　　）。

A. $\varphi_a + \varphi_f = 2n\pi$　　　B. $\varphi_a + \varphi_f = 2(n+1)\pi$　　　C. $\varphi_a + \varphi_f = n\pi/2$

3. 正弦波振荡电路的振荡频率由（　　）决定。

A. 放大电路　　　B. 反馈网络　　　C. 选频网络

4. 石英晶体谐振于 f_S 时，相当于回路呈现（　　）。

A．串联谐振　　　　　B．并联谐振　　　　　C．最大阻抗　　　　　D．最高电压

5. 组成 RC 文氏桥式振荡电路的基本放大电路的放大倍数应满足（　　）。

A．$|\dot{A}|=1$　　　　　B．$|\dot{A}|\leq 3$　　　　　C．$|\dot{A}|\geq 3$

4.3　根据振幅起振条件和相位起振条件，判断图题 4.1 所示电路电路能否起振。

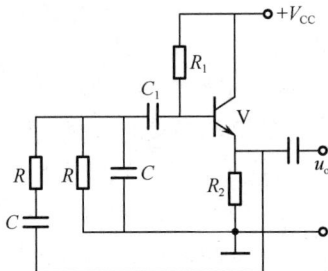

图题 4.1

4.4　电路如图题 4.2 所示，试用相位平衡条件判断哪个电路可能发生振荡，哪个不能，并简述理由。

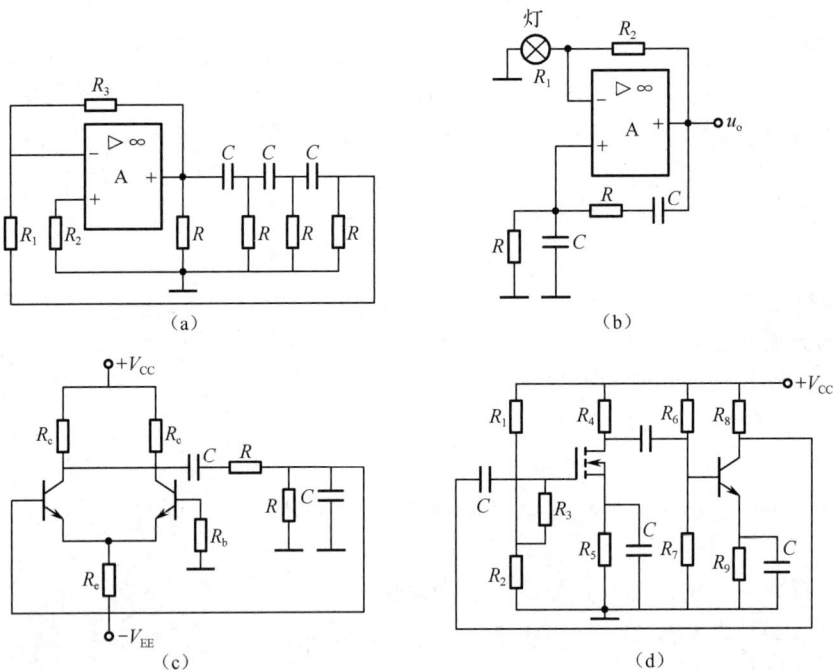

图题 4.2

4.5　如图题 4.3 所示 RC 串并联正弦波振荡电路，运放为理想运放。

（1）标出运放 A 两个输入端的极性；

（2）若要求振荡频率为 840Hz，试确定 R 的阻值。

（3）写出振荡平衡时 R_f 与 R_1 的关系表达式，并说明 R_f 的大小对输出的影响。

（4）对电路进行改进，使其具有稳幅功能。

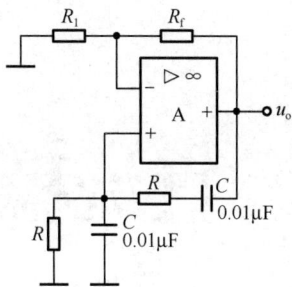

图题 4.3

4.6　如图题 4.4 所示电路，已知 $V_{CC}=12V$，$R=10k\Omega$，$C=0.1\mu F$，$R_1=40k\Omega$，$R_2=10k\Omega$。

（1）说明电路功能；

（2）画出电路输出电压波形，标注周期、脉宽和幅值。

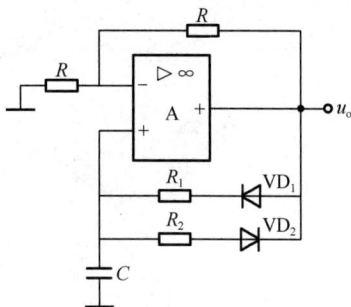

图题 4.4

4.7　如图题 4.5 所示电路为三角波产生电路，$R_2=10k\Omega$，$R_1=20k\Omega$，$R_5=20k\Omega$，$C=0.1\mu F$，求输出三角波的频率。

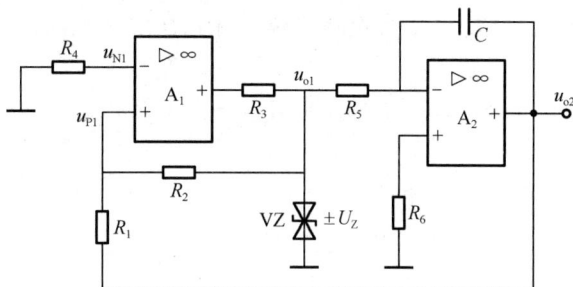

图题 4.5

模块五　直流稳压电源

　　将交流电转换为稳定直流电的装置称为直流稳压电源。直流稳压电源实际上是一个能量转换电路，为家用电子电器、工业设备等进行直流供电。在电子电路及电子设备中，通常需要一个稳定的低压直流稳压电源进行供电。例如，实验用的直流稳压电源、手机充电器、计算机电源等都是直流稳压电源的应用实例。

实验用的直流稳压电源　　　　　　手机充电器　　　　　　计算机电源

直流稳压电源应用案例

　　单相交流电压经过电源变压器、整流电路、滤波电路、稳压电路后生成稳定的直流电压，各部分作用分别如下。

　　电源变压器：将电网 220V 交流电压变换成符合需要的交流电压。

　　整流电路：利用整流二极管将交流电压变换成脉动的直流电压，均含有较大的交流分量（脉动成分），不能直接用于供电。

　　滤波电路：将整流电路输出电压中的交流成分大部分加以滤除，从而得到比较平滑的直流电压。

　　稳压电路：稳定滤波之后输出直流电压。

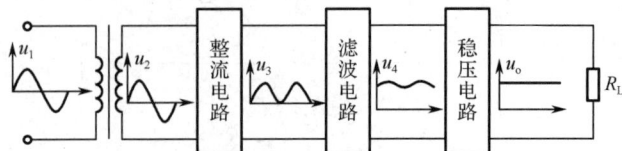

直流稳压电源电路结构框图

项目 7　直流稳压电源电路的制作与测试

项目描述

本项目主要学习常用直流稳压电源电路的分析方法和制作技能。在教师指导下，以学生为中心采取线上、线下混合式教学，学生通过扫码看视频、查阅资料、团队协助等多种方法达到掌握知识的目的，同时培养学生主动学习、思考与探究问题的能力。能够按照企业生产标准完成直流稳压电源电路的组装与调试，实现其基本功能，满足相应的技术指标，并正确填写相关技术文件或测试报告，培养严谨认真的工匠精神。

知识体系

```
                                                      ┌── 并联稳压电源的主要性能指标
                                         并联稳压电路 ──┤
                                                      └── 并联稳压电路工作原理
                              直流稳压电源
                              电路                      ┌── 三端固定式集成稳压器
                                         认识三端集成稳压器 ┤
直流稳压电源电                                          └── 三端可调式集成稳压器
路的制作与测试                         线性串联稳压电路和 ┌── 线性串联稳压电路
                                         开关稳压电源 ──┤
                                                      └── 开关稳压电源

                                         ┌── 三端集成稳压电源的制作与测试
                              技能训练 ──┤
                                         └── 线性串联直流稳压电源的制作与测试
```

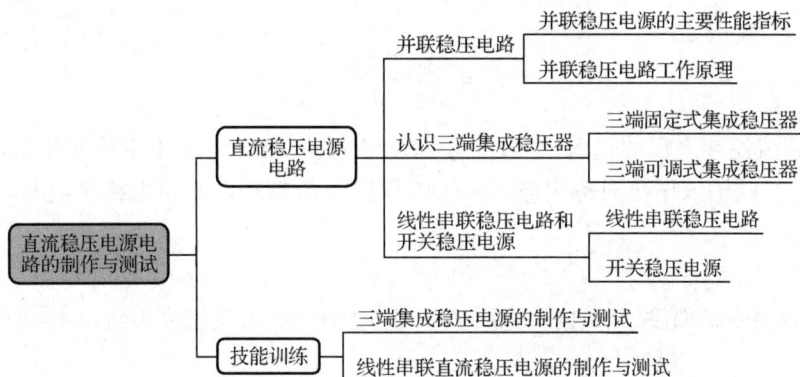

任务 7.1　直流稳压电源电路

任务描述

本任务学习直流稳压电源电路的基础知识，了解直流稳压电源主要性能指标，熟悉并联稳压电路组成、特点，会估算元器件参数；了解串联反馈型分立元件稳压电路组成、稳压原理及输出电压计算方法；了解三端集成稳压器分类、主要参数、引脚排列及使用注意事项；熟悉三端集成稳压器的应用，会选用集成稳压器，计算外接元器件参数；了解开关稳压电源特点及基本原理；学有余力可以拓展学习开关集成稳压器及其应用。

教师课前下发任务，学生依据课前任务要求通过看视频、查阅资料等方法自主学习，完成课前预习。课上教师采用讲解、实验电路板演示等形式，培养学生思考与探究问题的能力。

7.1.1 并联稳压电路

课前热身

1．预习微课资源，记录预习笔记和疑难问题；
2．完成教师创设的互动讨论话题，说说直流稳压电源有哪些主要性能指标；
3．分组讨论知识点后"学与思"的问题。

课中导学

1. 直流稳压电源的主要性能指标

稳压电源的性能指标可以分为两大类：一类是特性指标，如输出电压、输出电流及电压调节范围；另一类是质量指标，反映一个稳压电源的优劣，包括稳定度、等效内阻（输出电阻）、纹波电压及温度系数等。对稳压电源的性能，主要有以下四个方面的要求：

（1）稳压系数 S_r

S_r 定义为负载一定时稳压电路输出电压相对变化量与稳压电路输入电压相对变化量之比，即

$$S_r = \frac{\Delta U_O / U_O}{\Delta U_I / U_I}\bigg|_{\substack{\Delta I_O=0 \\ \Delta T=0}} \tag{7.1}$$

式中，U_I 为整流滤波之后的输入电压，U_O 为输出电压，ΔI_O 为输出电流变化量，ΔT 为温度变化量。S_r 能反映输入电压对输出电压的影响程度，S_r 越小，表明电路受电网电压波动、负载和温度的影响越小。

（2）输出电阻 R_O

R_O 定义为当电路温度 T 和输入电压 U_I 一定时输出电压变化量与输出电流变化量之比，即

$$R_O = \frac{\Delta U_O}{\Delta I_O}\bigg|_{\substack{\Delta U_I=0 \\ \Delta T=0}} \tag{7.2}$$

R_O 能反映负载对稳压性能的影响。R_O 越小，稳压电路在负载变化时的稳压性能越好。性能优良的稳压电源，输出电阻可小到 1Ω，甚至 0.01Ω。

（3）电压温度系数 S_T

当环境温度变化时，会引起输出电压的漂移。输出电压的漂移用温度系数来 S_T 表示，即

$$S_T = \frac{\Delta U_O}{\Delta T}\bigg|_{\substack{\Delta U_I=0 \\ \Delta I_O=0}} \tag{7.3}$$

S_T 越小，输出电压越稳定。

（4）纹波电压

所谓纹波电压，是指输出电压中频率为 50Hz 或 100Hz 的交流分量，通常用有效值或峰值表示。经过稳压后，整流滤波后的纹波电压大大降低，降低的倍数反比于稳压系数 S_r。

常用电压调整率和电流调整率对稳压性能进行描述。负载电流和温度不变时，输入电压变化 10%时输出电压的变化量称为电压调整率，单位为 mV。当输入电压和温度不变，输出

电流从 0 变化到最大时输出电流的变化量称为电流调整率。

2. 并联稳压电路工作原理

（1）电路组成

在桥式整流电容滤波电路的输出端串联一个限流电阻 R，并在负载两端并联一个稳压二极管，构成的并联型稳压电路如图 7.1 所示，因该电路是利用限流电阻和稳压二极管构成的稳压电路，故又称为稳压管稳压电路。

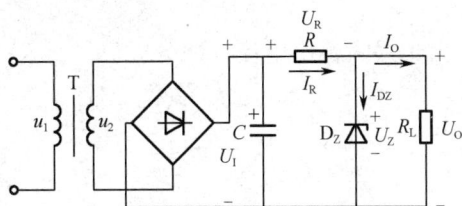

图 7.1 并联型稳压电路

根据稳压二极管的稳压特性可知，为保证稳压二极管两端的电压稳定，流经稳压二极管的电流就必须满足 $I_{Zmin} \leq I_{DZ} \leq I_{Zmax}$。

（2）稳压原理

对任意稳压电路，能引起输出直流电压变化的因素主要有两种：一种是电网电压的波动；另一种是负载 R_L 发生变化。电路克服以上不稳定因素，实现稳压的原理简述如下：

设电网电压增加时，稳压电路的输入电压 U_I 增大，稳压二极管两端的电压 U_Z（U_O）随之增大；而根据稳压二极管的伏安特性，U_Z 增大会使电流 I_{DZ} 急剧增大，此时限流电阻上的电流 I_R 随之增大，电压 U_R 会随着 I_R 的增大而急剧增大；此时输出电压 U_O 将减小，达到稳压的目的。上述描述过程可简化为

$$电网电压 \uparrow \to U_I \uparrow \to U_Z(U_O) \uparrow \xrightarrow{稳压管伏安特性} I_{DZ} \uparrow \to I_R \uparrow \to U_R \uparrow \to U_O \downarrow$$

反之，当电网电压下降时，各变量的变化与上述描述的相反，依然能达到稳压的目的。

设当负载 R_L 减小时，输出电压 U_O 下降，U_Z 随之减小；根据稳压二极管的伏安特性，I_{DZ} 会急剧减小，从而使 I_R 减小；同时 R_L 减小，负载电流 I_O 增大，从而导致 I_R 增大。如果参数选取合适，则可以使稳压二极管电流的变化量，正好补偿负载电路电流的变化量，使 I_R 基本不变，则 U_O 将保持基本不变。上述描述过程可简化为

$$
\begin{aligned}
&R_L \downarrow \to U_O \downarrow \to U_Z \downarrow \xrightarrow{稳压管伏安特性} I_{DZ} \downarrow \to I_R \downarrow \\
&R_L \downarrow \longrightarrow I_O \uparrow \to I_R \uparrow
\end{aligned}
\Biggr\} \to I_R 基本不变 \to U_O 基本不变
$$

反之，负载 R_L 增加时，各变量的变化与上述描述相反，依然能达到稳压的目的。

根据以上的分析，在稳压电路中，限流电阻是必不可少的。利用稳压二极管上的电流调整，以及限流电阻 R 对电路进行电流或电压的补偿，实现稳压的目的。

（3）稳压二极管的选择

稳压二极管的稳定电压按负载所需电压选取，即 $U_O = U_Z$。考虑电路空载时，稳压二极管上流过的电流 I_{DZ} 与限流电阻上的电流相等；电路满载时，负载上的电流最大，为 I_{Lmax}，稳压管的工作电流应大于最小工作电流 I_{Zmin}。因此，稳压管的最大稳定电流 I_{ZM} 应满足：$I_{ZM} \geq I_{Lmax} + I_{Zmin}$。

（4）滤波电容的选择

滤波电容 C 的电容值由下式估算：

$$C \geqslant \frac{(3 \sim 5)T_0}{2R_L} \qquad (7.4)$$

式中，T_0 为市电周期，$T_0 = 0.02s$。电容器耐压值 $U_{CN} \geqslant (1.5 \sim 2)U_2$，其中，$U_2$ 为变压器二次侧电压。

（5）变压器的选择

变压器二次侧电流 I_2 应大于最大输出电流，即

$$I_2 > I_{Omax} \qquad (7.5)$$

二次容量 S_2 为

$$S_2 \geqslant U_2 I_2 \qquad (7.6)$$

考虑到变压器的效率小于 1，在选用变压器时，应将 S_2 除以效率 η。小功率变压器效率见表 7.1。

表 7.1　小功率变压器效率表

二次容量/V·A	<10	10～30	30～80	80～200
效率 η	0.6	0.7	0.8	0.85

（6）限流电阻的选择

限流电阻应满足：

① 当稳压电路的输入电压最小（U_{Imin}）且负载电流最大（I_{Lmax}）时，稳压二极管上流过的电流最小，应不小于稳压管的最小工作电流 I_{Zmin}，即

$$\frac{U_{Imin} - U_O}{R} - I_{Lmax} \geqslant I_{Zmin} \qquad (7.7)$$

② 当稳压电路的输入电压最大（U_{Imax}）且负载电流最小（I_{Lmin}）时，稳压二极管上流过的电流最大，应不超过稳压管的最大稳压电流 I_{ZM}，即

$$\frac{U_{Imax} - U_O}{R} - I_{Lmin} \leqslant I_{ZM} \qquad (7.8)$$

由式（5.7）和式（5.8）可得限流电阻的计算公式如下：

$$\frac{U_{Imax} - U_O}{I_{ZM} + I_{Lmin}} \leqslant R \leqslant \frac{U_{Imin} - U_O}{I_{Zmin} + I_{Lmax}} \qquad (7.9)$$

式中，$I_{Lmax} = U_O / R_{Lmin}$，$I_{Lmin} = U_O / R_{Lmax}$。

综上所述，并联型稳压电路的优点是电路结构简单，元器件数量少。但是稳压电路的稳压值受限于稳压管，输出电流小，输出电压不可调节。因此，其适用于负载电压固定、负载电流小的场合。

【例 7.1】如图 7.3 所示的单相桥式整流电容滤波电路，已知电网电压频率为 $f = 50Hz$，$R_L = 100\Omega$，要求输出电压 $U_O = 12V$，试求变压器二次侧电压的有效值，选择合适的整流二极管，计算滤波电容。

解：根据 $U_O = 1.2U_2$，可得变压器二次侧电压的有效值为

$$U_2 = \frac{U_O}{1.2} = \frac{12}{1.2} = 10\text{V}$$

流进二极管的平均电流为

$$I_D = \frac{1}{2}I_O = \frac{1}{2}\frac{U_O}{R_L} = \frac{1}{2} \times \frac{12}{100} = 0.06\,\text{A}$$

$$I_F > (2 \sim 3)I_D = (0.12 \sim 0.18)\text{A}$$

二极管承受的最大反向工作电压为

$$U_{RM} = \sqrt{2}U_2 \approx 14.1\,\text{V}$$

根据 $R_L C \geqslant (3 \sim 5)\dfrac{T_0}{2}$，$T_0 = 1/f = 1/50 = 0.02$ s，可得电容容量为

$$C = \frac{4 \times T_0/2}{R_L} = \frac{0.04}{100} = 400\,\mu\text{F}$$

可选取容量为470μF，耐压值为25V的电解电容。

学与思

（1）若并联稳压电源电路中稳压二极管极性接反了，该电路能否稳压？输出电压为多大？

_____

（2）若并联稳压电源电路中限流电阻被短路了，电路还能否稳压？为什么？

_____

（3）在选用稳压二极管时，要考虑在输入电压最小时稳压二极管的工作电流最小值 I_{Lmin} 大于稳压管工作电流，即 $I_{Lmin} > I_{DZ}$，为什么？

_____

课堂小测

课后拓展

找找生活中并联稳压电路的应用案例。

7.1.2 认识三端集成稳压器

课前热身

1. 预习微课资源，记录预习笔记和疑难问题；
2. 完成教师创设的互动讨论话题，说说三端集成稳压器有哪些类型；
3. 分组讨论知识点后"学与思"的问题。

课中导学

集成稳压电路（又称集成稳压器）具有输出电流大、输出电压高、体积小、重量轻、可靠度高、使用方便等优点，因而得到广泛应用。输出电压极性可分为输出正电压和输出负电压。根据输出电压可调性其可分为固定式稳压器和可调式稳压器，固定式稳压器的输出端电压是固定的，可调式稳压器根据外部结构分为三端和多端集成稳压器。本小节仅介绍三端集成稳压器及其应用电路。

1. 三端固定式集成稳压器

这种稳压器将所有元器件都集成在一个芯片上，只有三个引脚，即输入端、输出端和公共端，如图 7.2 所示。其稳定性能良好，外围元器件简单，安装调试方便，价格低。

1）三端固定式集成稳压器的分类

国产三端固定式集成稳压器分为输出正电压的 CW78×× 系列和输出负电压的 CW79×× 系列，输出电压有 5V、6V、9V、12V、15V、18V、24V 等，其命名方法如下：

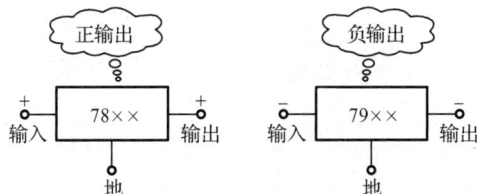

图 7.2　三端固定式集成稳压器电路符号

三端固定式集成稳压器最大输出电流用名称中的字母表示，字母与最大输出电流对应关系见表 7.2。

表 7.2　三端固定式集成稳压器名称中的字母与最大输出电流的对应关系

字　　母	L	N	M	无字母	T	H	P
最大输出电流/A	0.1	0.3	0.5	1.5	3	5	10

例如，CW78M12 为国产三端固定式集成稳压器，输出电压为+12V，最大输出电流为 0.5A。CW78×× 系列、CW79×× 系列集成稳压器装上足够大的散热器后，耗散功率可达 15W。

2）三端固定式集成稳压器的引脚排列

三端固定式集成稳压器封装及引脚排列如图 7.3 所示。

3）三端固定式集成稳压器应用电路

（1）固定电压输出电路

如图 7.4（a）所示为输出正电压的电路。图中 C_1 为抗干扰电容，用以旁路在输入导线过长时窜入的高频干扰脉冲；C_2 具有改善输出瞬态特性和防止电路产生自激振荡的作用；C_1、C_2 应以最短的连线接在稳压器的引脚处。为防止当输入端短路且 C_2 容量较大时，C_2 上的电荷通过集成稳压器内电路放电，可能使集成稳压器被击穿而损坏，在集成稳压器两端接上二极管，C_2 上电压使二极管正偏导通，电容通过二极管放电，从而保护了集成稳压器。如图7.4（b）所示为同时输出正、负电压的电路，图中 C_5 和 C_6 用以滤除低频干扰。

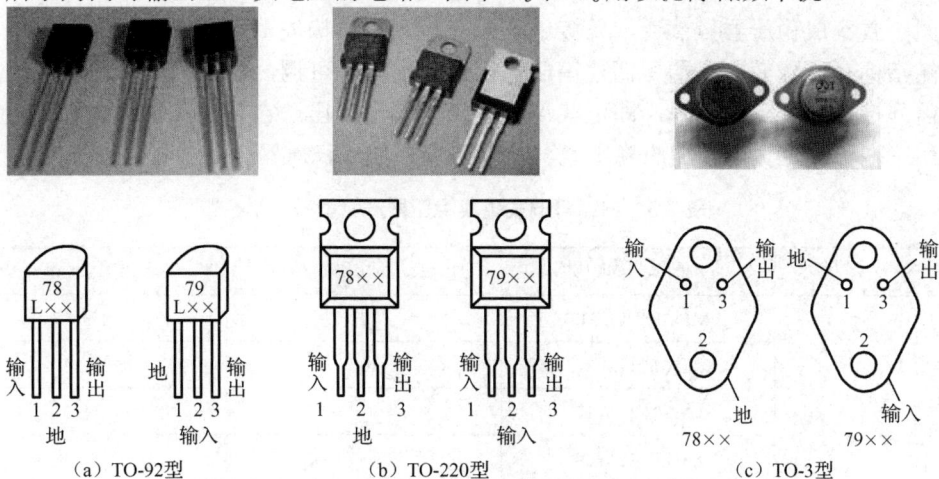

（a）TO-92型　　　　　　　（b）TO-220型　　　　　　　（c）TO-3型

图7.3　三端固定式集成稳压器封装及引脚排列

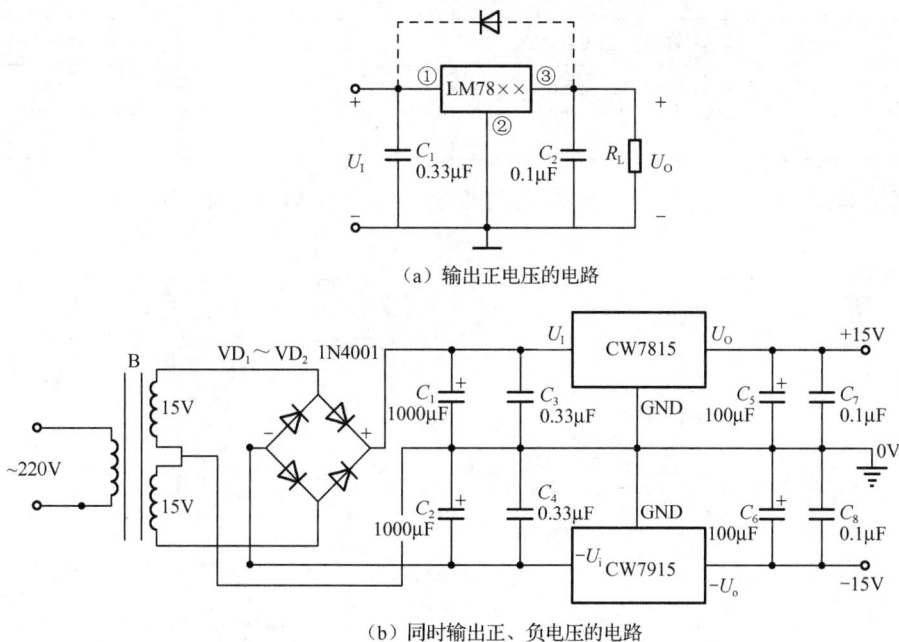

（a）输出正电压的电路

（b）同时输出正、负电压的电路

图7.4　固定电压输出电路

（2）扩大输出电压电路

国产 W78×× 和 W79×× 系列集成稳压器输出电压最大值为24V，若要高于此值，可采用图7.5所示电路。

由图可得：

$$U_O = \left(1 + \frac{R_2}{R_1}\right)U_{××} \tag{7.10}$$

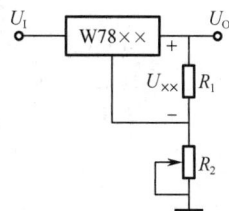

图7.5　扩大输出电压电路

可见，可通过调节 R_1 和 R_2 的大小来调整输出电压。

2. 三端可调式集成稳压器

三端固定式集成稳压器虽然通过外接电路元器件，也可构成多种形式的可调稳压电源，但稳压性能指标有所降低。三端可调式集成稳压器输出电压可调，稳压精度高，输出纹波电压小，只需外接两个不同的电阻，即可获得所要求的输出电压。它分为三端可调式正电压集成稳压器和三端可调式负电压集成稳压器。三端可调式集成稳压器产品型号见表 7.3。

表 7.3　三端可调式集成稳压器产品型号

类　型	产品系列或型号	最大输出电流 I_{OM}/A	输出电压 U_O/V
正电压输出	LM117L/217L/317L	0.1	1.25～37
	LM117M/217M/317M	0.5	1.25～37
	LM117/217/317	1.5	1.25～37
	LM150/250/350	3	1.25～33
	LM138/238/338	5	1.25～32
	LM196/396	10	1.25～15
负电压输出	LM137L/237L/337L	0.1	-1.25～-37
	LM137M/237M/337M	0.5	-1.25～-37
	LM137/237/337	1.5	-1.25～-37

三端可调式集成稳压器引脚排列如图 7.6 所示。除输入端、输出端外，另一端为调整端。

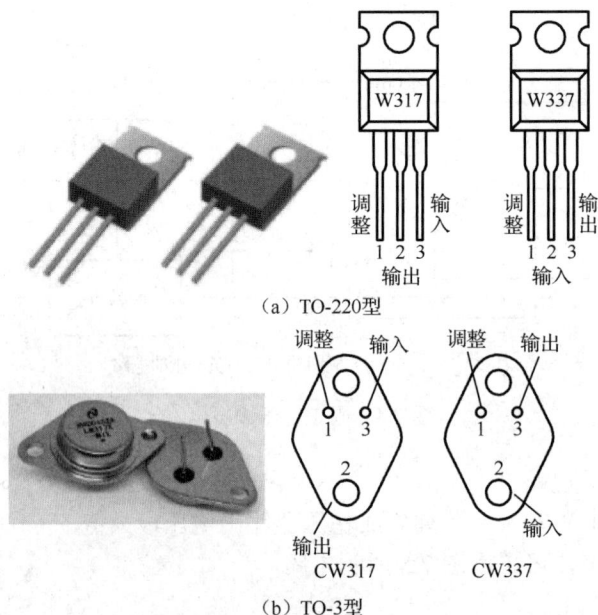

（a）TO-220型

（b）TO-3型

图 7.6　三端可调式集成稳压器封装及引脚排列

3. 三端可调式集成稳压器基本应用电路

电路如图 7.7 所示,该电路输出电压 U_O=1.25～37V,连续可调。最大输出电流 I_{Omax}=1.5A,最小输出电流 $I_{Omin}\geqslant$5mA。

电路中,CW317 的输出端与调整端之间电压 U_{REF} 固定为 1.25V,I_{ADJ}=50μA,可忽略不计,则输出电压 U_O=1.25(1+R_2/R_1)。

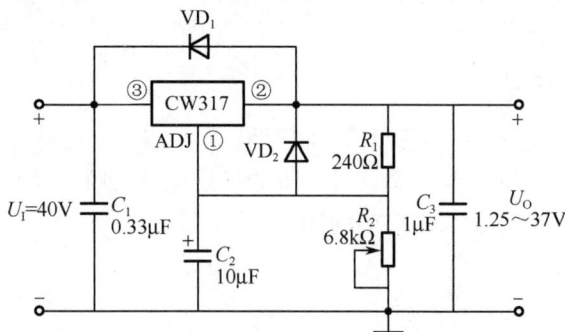

图 7.7　三端可调式集成稳压器电路

为保证负载开路时最小输出电流 $I_{Omin}\geqslant$5mA,R_1 的最大值为 R_{1max}=U_{REF}/5mA=240Ω,因最大输出电压为 37V,R_2 为输出电压调节电阻,代入 U_O 表达式求得 R_2 约为 7.16kΩ,取 6.8kΩ。C_1 为输入端滤波电容,可抵消电路的电感效应和滤除输入线窜入干扰脉冲,取 0.33μF。C_2 是为了减小 R_2 两端纹波电压而设置的,一般取 10μF。C_3 是为了防止输出端负载呈电感性时可能出现的阻尼振荡而设置的,取 1μF。VD_1、VD_2 是保护二极管,可选开关二极管 2CZ52。

学与思

(1)三端集成式稳压器 CW78×× 系列产品和 CW79×× 系列产品有何不同?

(2)集成稳压器外壳上所标型号为 LM78M24,表明它的输出电压和最大输出电流各为多少?

(3)三端可调式集成稳压器 CW317 和 CW337 有何不同?它们的调整端 ADJ 与输出端之间电压绝对值各为多少?

课堂小测

课后拓展

采用 220V、50Hz 市电供电，试设计一固定式集成稳压器。其性能指标为：U_O=12V，I_{Omax}=800mA，输出纹波电压峰-峰值 ΔU_{OPP}≤8mV，S_γ≤3×10^{-3}。

7.1.3 线性串联稳压电路和开关稳压电源

课前热身

1．预习微课资源，记录预习笔记和疑难问题；
2．完成教师创设的互动讨论话题，说说直流稳压电源有哪些主要性能指标；
3．分组讨论知识点后"学与思"的问题。

课中导学

根据调整管的工作状态，常把稳压电源分成两类：线性稳压电源和开关稳压电源。线性稳压电源是指调整管工作在线性状态下的稳压电源，串联稳压电源就是线性的。线性串联稳压电源（也称线性串联稳压电路）具有输出可调、输出电流大等优点，在实际电路中应用广泛。

1．线性串联稳压电路

（1）电路组成

串联稳压电路的原理和结构框图如图 7.8 所示。在电路中，晶体管 T 为调整管，通过调整 T 的集电极和发射极间电压 U_{CE}，使输出电压稳定；限流电阻 R 和稳压管 VD_Z 构成基准电压源 U_{REF}；电阻 R_1、R_2、R_3 构成取样电阻电路，对输出电压进行采样；运算放大器 A 引入深度负反馈构成比较放大电路，将基准电压 U_{REF} 和输出电压的采样值进行比较然后放大，以控制调整管 T。因此，串联稳压电路由调整管、基准电压电路、取样电阻电路和比较放大电路四个基本部分组成。

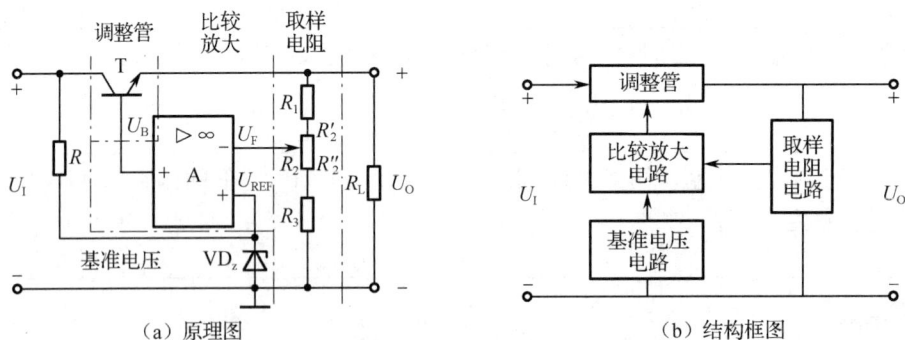

图 7.8 串联稳压电路的原理和结构框图

在稳压电路中，要使调整管的 U_{CE} 能被调整，必须让调整管工作在放大状态，即调整管工作在线性区，故此类稳压电路也称为线性稳压电路。

（2）稳压过程

设电网电压受波动或负载变化影响使输出电压 U_o 增加时，取样电路中的取样电压（反馈电压）$U_F = U_O(R_3 + R_2'')/(R_1 + R_2 + R_3)$ 随之增加，将 U_{REF} 与 U_F 进行比较放大，此时运放的输出电压 $U_B = A_u(U_{REF} - U_F)$ 将随之减小，即调整管的基极电位降低，基极电流 I_B 相应减小，I_C 随之减小，调整管的管压降 U_{CE} 增大，输出电压 $U_O = U_I - U_{CE}$ 减小，最终使 U_O 基本保持稳定。上述过程可简单描述为

$$电网电压或负载变化 \rightarrow U_O \uparrow \xrightarrow{U_F = U_O(R_3+R_2'')/(R_1+R_2+R_3)} U_F \uparrow \xrightarrow{U_B = A_u(U_{REF}-U_F)} U_B \downarrow$$

$$U_O \downarrow \xleftarrow{U_O = U_I - U_{CE}} U_{CE} \uparrow \leftarrow I_C \downarrow \leftarrow I_B \downarrow$$

其中，A_u 为差模电压放大倍数。

反之，若输出电压下降时，各变量的变化将与上述变化相反，依然使输出电压 U_O 基本保持不变。由上述的分析可看出，电路实际上是通过引入一个深度负反馈，及时对调整管进行调整，使 U_O 始终保持稳定的。

（3）输出电压计算

比较放大电路中运放引入了深度负反馈，所以运放 A 工作在线性区，具有"虚短"的特征，$U_+ = U_{REF}$，$U_- = U_F$，即

$$U_{REF} = U_F \tag{7.11}$$

又有 $U_F = U_O(R_3 + R_2'')/(R_1 + R_2 + R_3)$，则稳压电路的输出电压为

$$U_O = \frac{R_1 + R_2 + R_3}{R_3 + R_2''} U_{REF} \tag{7.12}$$

通过调节电位器 R_2 的滑片，即可调节稳压电路的输出电压 U_O 的大小。

因此，可计算输出电压 U_O 的调节范围为

$$\frac{R_1 + R_2 + R_3}{R_2 + R_3} U_{REF} \leq U_O \leq \frac{R_1 + R_2 + R_3}{R_3} U_{REF} \tag{7.13}$$

若 $R_1 = R_2 = R_3 = 100\Omega$，则输出电压的调节范围为 $1.5V \leq U_O \leq 3V$。

2. 开关稳压电源

在开关稳压电源中，我们一般将调整管叫作开关管，开关管工作在开、关两种状态下，开电阻很小，关电阻很大。开关稳压电源是一种比较新型的电源，它具有效率高，重量轻，可升、降压，输出功率大等优点。但是由于电路工作在开、关状态，所以在输出电压中，纹波和噪声成分比较大。开关稳压电源按调整管与负载连接方式可分为串联型和并联型，按激励方式（振荡方式）可分为他励式开关稳压电路和自励式开关稳压电路，按控制方式可分为脉冲宽度调制型（PWM）、脉冲频率调制型（PFM）、混合调制型（同时改变脉宽和频率的调制方式）。

如图 7.9 所示为串联开关稳压电源原理和结构框图，当输出电压发生变化时，采样电路将输出电压变化量的一部分送到比较放大电路，与基准电压进行比较并将两者的差值放大后送至脉冲调制电路，使脉冲波形的占空比发生变化。此脉冲信号作为调整管的输入信号，使调整管导通和截止时间的比例也发生变化，从而使滤波后输出电压的平均值基本保持不变。

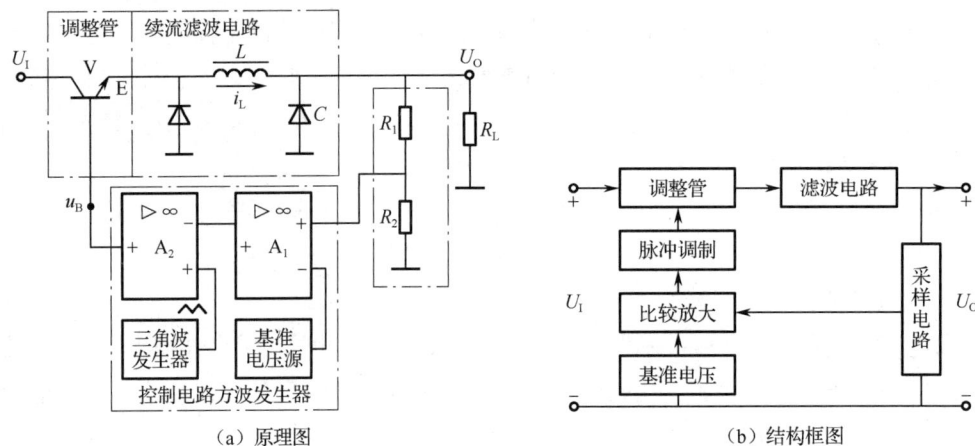

图 7.9　串联开关稳压电源原理和结构框图

课堂小测

课后拓展

　　开关集成稳压器是一种功率管工作于开、关状态的集成稳压电源，它的输出电流大、转换效率高、重量轻、体积小、稳压范围宽、稳压精度高，是一种理想的稳压电源，广泛应用于电视机、计算机等电子产品中。

　　开关集成稳压器种类较多，查查某一种型号的开关式集成稳压器及其应用电路，试着分析其工作原理。

技能训练 9　三端集成稳压电源的制作与测试

1. 训练内容

完成三端集成稳压电源的组装与调试任务，电路原理如图 7.10 所示。根据所提供的电路原理图和原材料，按照 IPC-A-610D 标准进行组装调试。组装时，能正确选择不同类型的电子元器件，能按成形、布局设计、插装和电烙铁手工焊接的要求进行元器件的装配，装配后不能出现开路、短路、不良焊点、元器件或印制板损坏等现象，基本符合 IPC-A-610D 规范要求。在调试中，能正确选择和使用仪器仪表对电子产品的技术参数进行测量与调试，并使之达到要求，实现该产品的基本功能，满足相应的技术指标，并正确填写相关技术文件或测试报告。

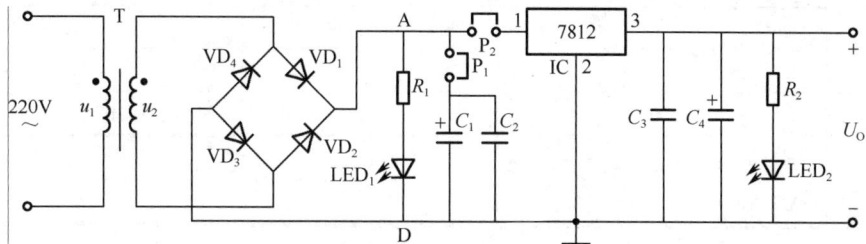

图 7.10　三端集成稳压电源原理图

2. 元器件识别

（1）元器件明细表

本电路中的相关元器件如表 7.4 所示，按要求准备好相关元器件。

表 7.4　元器件清单

序　号	符 号 名 称	名　称	规 格 型 号	数　量
1	T	变压器	220V/15V	1
2	$VD_1 \sim VD_4$	整流二极管	1N4001	4
3	C_1	电解电容	2200μF/50V	1
4	C_2	瓷片电容	0.33μF	1
5	R_1	电阻	5.1kΩ	1
6	LED_1	发光二极管	ϕ3-绿	1
7	P_1、P_2	跳针（帽）	2 针	2
8	IC	三端集成稳压器	7812	1
9	C_3	瓷片电容	0.1μF	1
10	C_4	电解电容	100μF/50V	1
11	R_2	电阻	470	1
12	LED_2	发光二极管	ϕ3-红	

（2）元器件识别与检测

三端集成稳压器的识别方法：选用万用表 $R \times 1k$ 挡，红表笔接稳压器散热板（带小圆孔的金属片），黑表笔分别接另外 3 个引脚，测得的电阻分别为 20kΩ、0Ω、8kΩ。由此判断出：脚 1 阻值为 20kΩ，为输入端（阻值最大的）；脚 2 阻值为 0Ω，为公共端（接机壳）；脚 3 阻值为 8kΩ，为输出端。

根据上述集成稳压器的检测方法，并根据之前所学电阻和二极管的检测方法进行检测，完成表 7.5 中内容。

表 7.5　元器件测试表

元　器　件	识别及检测内容				
电阻	色环或数码	标称值（含误差）			
	色环电阻：黄紫黑棕棕				
1N4001	所用仪表	数字表□　　指针表□			
	万用表读数（含单位）	正测			
		反测			
7812 集成块	所用仪表	数字表□　　指针表□			
	测量出 7812 集成块的电源脚、输出脚对接地脚的阻值（安装后测量）	引脚编号	1	2	3
		阻值			

3. 电路安装

参照技能操作训练 2 中的安装步骤进行电路安装，电路板如图 7.11 所示。

图 7.11　三端集成稳压电源电路板

4. 电路测试

（1）仪表准备

根据要测试的参数准备所需的仪表，并检查仪表能否正常工作，测试仪表清单见表 7.6。

表 7.6　测试仪表清单

序　号	仪 表 名 称	仪 表 型 号	仪 表 规 格	数　量
1	数字万用表	V89D		1
2	数字示波器	DS1002	20MHz	1

（2）测试导线准备

根据要测试的参数准备所需的导线，并检查导线是否完好，是否有断线、接触不良等现象，导线清单见表 7.7。

表 7.7　测试导线清单

序　号	导 线 名 称	单　位	导 线 规 格	数　量
1	表笔线	副	50cm	1
2	双头鳄鱼夹测试线	副	40cm	1
3	BNC 头测试线	副	50cm	3

（3）不通电检查

电路安装完毕后，对照电路原理图和连线图，认真检查元器件是否正确安装，以及焊点有无虚焊。为防止电路通电时出现短路现象，用万用表测量电源输入端阻值，本电路应为几十到几百千欧，看是否一致或接近。

（4）通电排故

电阻正常后，接通电源，观察电路有无异常现象，如冒烟、发热、炸裂等。若有异常，应立即切断电源，寻找原因。电路无异常时，应根据电路原理图进行相关调整，观察出现的现象是否正确。本电路的正常现象是 P_1、P_2 均闭合时接通电源，两只发光二极管都亮。若电路不正常，则需查找原因，排除故障。

（5）电路测试

① 整流测试。

断开 P_1、P_2，接入交流电压 u_2，有效值为 10V，用示波器分别观察 u_2、u_{AD}，画出波形并记录幅值，填于表 7.8 中。

表 7.8　整流测试表

u_2		u_{AD}		
波形	有效值	波形	直流电压	纹波

② 滤波测试。

连接 P_1，断开 P_2，接入交流电压 u_2（有效值为 10V），用示波器观察 u_{AD}，画出波形并记录幅值，填于表 7.9 中（幅值和平均值可用万用表测量）。

表 7.9　滤波测试表

u_{AD}		
波形	纹波	幅值

③ 稳压测试。

闭合 P_1、P_2，接入交流电压 u_2（有效值为 10V），用示波器观察 u_o，画出波形并记录电压值，填于表 7.10 中。

表 7.10　稳压测试表

波形	直流电压	纹波（V_{PP}）

u_o

5. 评价

参照技能训练 2 中表 1.13 进行评分。

Note

技能训练 10　线性串联直流稳压电源的制作与测试

1．训练内容

某企业承接了一批线性串联直流稳压电源的组装与调试任务，请按照相应的企业生产标准完成该产品的组装与调试，电路原理如图 7.12 所示。根据所提供的电路原理图和实际 PCB 装配电路板（裸板），按照 IPC-A-610D 标准进行组装调试。组装时，能正确选择不同类型的电子元器件，能按成形、插装和电烙铁手工焊接的要求进行元器件的装配，装配后不能出现开路、短路、不良焊点、元器件或印制板损坏等现象，基本符合 IPC-A-610D 规范要求。调试中，能正确选择和使用仪器仪表对电子产品的技术参数进行测量与调试，并使之达到要求，实现基本功能，满足相应的技术指标，并正确填写相关技术文件或测试报告。

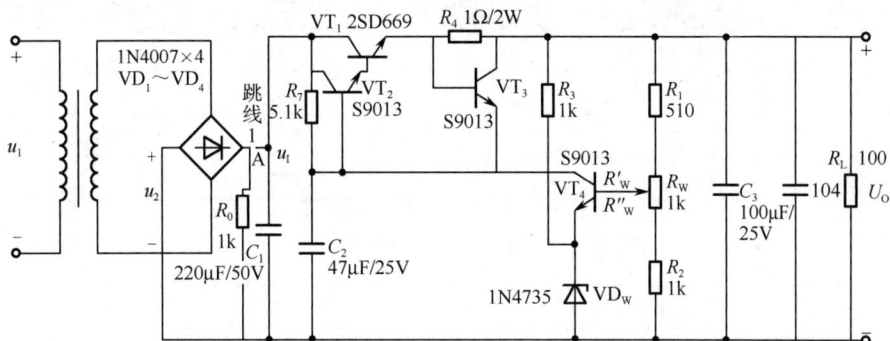

图 7.12　线性串联直流稳压电源电路原理图

2．元器件识别

（1）元器件明细表

本电路中的相关元器件如表 7.11 所示，按要求准备好相关元器件。

表 7.11　元器件清单

序　号	符号名称	名　称	规格型号	数　量
1	R_0、R_2、R_3	电阻	1kΩ	4
2	R_7	电阻	5.1kΩ	1
3	R_w	电阻	1kΩ	1
4	R_L	电阻	100Ω	1
5	R_4	电阻	1Ω/2W	1
6	R_1	电阻	510Ω	1
7	VT_2、VT_3、VT_4	晶体管	S9013	3
8	VD_1～VD_4	二极管	1N4007	4
9	VT_1	晶体管	2SD669	1
10	VD_w	稳压管	1N4735	1
11	C_2	电解电容	47μF/25V	1

续表

序　号	符 号 名 称	名　　称	规 格 型 号	数量/只
12	C_3	电解电容	100μF/25V	1
13	C_1	电解电容	220μF/50V	1
14	104	瓷片电容	0.1μF	1

（2）元器件识别与检测

根据上述检测方法，完成表 7.12 中内容。

表 7.12　元器件测试表

元 器 件	识别及检测内容			
电阻	色环或数码	标称值（含误差）		
	色环电阻：灰红黑棕棕			
电容	104			
稳压管	所用仪表	数字表□　　指针表□		
	万用表读数（含单位）	正测		
		反测		
S9013 晶体管	所用仪表	数字表□　　指针表□		
	测量出晶体管各引脚间的正反向电阻值并判别其好坏	S9013 TO-92 脚 1 是发射极 脚 2 是基极 脚 3 是集电极		
		引脚编号	1	2	3
		阻值			
		元器件是否正常			
2SD669 晶体管	所用仪表	数字表□　　指针表□		
	测量出晶体管各引脚间的正反向电阻值并判别其好坏	脚 1 是发射极 脚 2 是集电极 脚 3 是基极		
		引脚编号	1	2	3
		阻值			
		元器件是否正常			

3. 电路通孔安装

将元器件和 PCB 板根据成形、插件、焊接、剪脚等步骤进行通孔安装，串联稳压电路的通孔安装图如图 7.13 所示，实物图如图 7.14 所示。

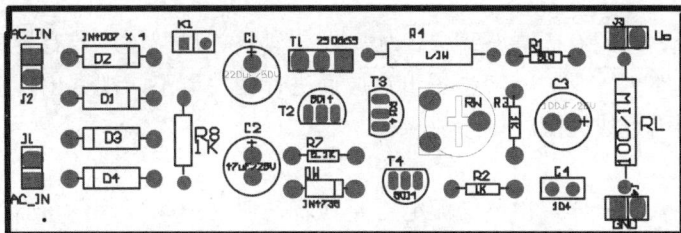

图 7.13　串联稳压电路通孔安装图

图 7.14　串联稳压电路实物图

4. 电路调试

（1）仪表准备

根据要测试的参数准备所需的仪表，并检查仪表能否正常工作，测试仪表清单见表 7.13。

表 7.13　测试仪表清单

序　号	仪 表 名 称	仪 表 型 号	仪 表 规 格	数　量
1	数字万用表	V89D		1
2	数字示波器	DS1002	20MHz	1
3	变压器	降压变压器		1

（2）测试导线准备

根据要测试的参数准备所需的导线，并检查导线是否完好，是否有断线、接触不良等现象，测试导线清单如表 7.14 所示。

表 7.14　测试导线清单

序　号	导 线 名 称	单　位	导 线 规 格	数　量
1	表笔线	副	50cm	1
2	双头鳄鱼夹测试线	副	40cm	1
3	示波器测试线	副	50cm	1

（3）不通电检查

电路安装完毕后，对照原理图和连线图，认真检查元器件是否正确安装，以及焊点有无虚焊，再用万用表测量电源输入端阻值（本电路为几十千到几百千欧）。

（4）通电检查

接通电源，观察电路有无异常现象，如冒烟、发热、炸裂等。若有异常，应立即切断电源，寻找原因。电路无异常时，应根据电路原理进行相关调整，观察出现的现象是否正确。若电路不正常，则需查找原因，排除故障。

（5）整流测试

断开开关，接入变压器二次侧交流电压 u_2（有效值为 10V），用示波器分别观察 u_2、u_A，画出波形并记录幅值，填于表 7.15 中。

表 7.15　整流测试表

u_2		u_A		
波形	有效值	波形	直流电压	纹波（Vpp）

（7）滤波测试

接通开关，用万用表直流电压挡测量电压 U_A，并用示波器测量 U_A 的纹波电压，将结果记入表 7.16 中。

表 7.16　滤波测试表

U_A		
波形	纹波（Vpp）	直流电压

（8）稳压电路输出电压范围测试

接通开关，接入变压器二次侧交流电压 u_2（有效值为 15V），调节 R_W，用万用表直流挡测量输出电压的最大和最小值，完成表 7.17。

表 7.17　稳压测试表

	U_{Omin}	U_{Omax}
空载		
接 100Ω 负载		

5. 评价

参照技能训练 2 中表 1.13 进行评分。

读与思

电容的多个用途——看待事物的多样性

电容我们都不陌生，它是容纳和释放电荷的电子元器件。电容的种类很多，下面列举几种常见的，如图 7.15 所示。

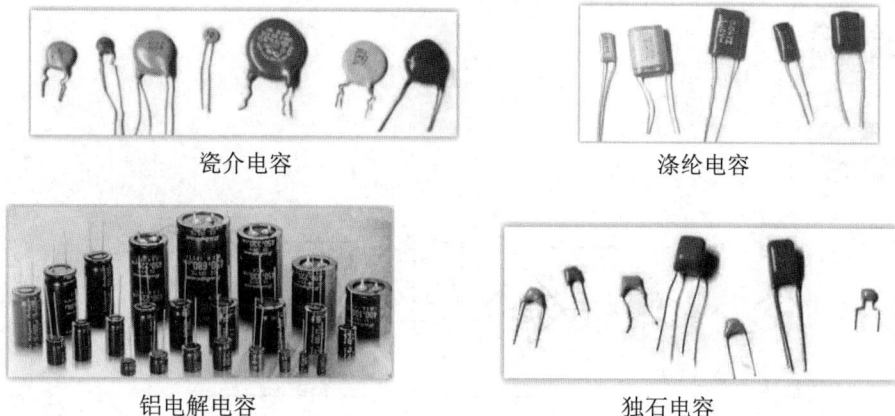

瓷介电容　　　　　　　　　　　涤纶电容

铝电解电容　　　　　　　　　　独石电容

图 7.15　常见电容

电容的用途非常广泛，下面介绍一些常见应用。

（1）滤波电容：接在直流电压的正负极之间，以滤除直流电源中不需要的交流成分，使直流电平滑，通常采用大容量的电解电容，也可以在电路中同时并接其他类型的小容量电容以滤除高频交流电。

（2）退耦电容：并接于放大电路的电源正负极之间，防止由电源内阻形成的正反馈而引起的寄生振荡。

（3）旁路电容：在交直流信号的电路中，将电容并接在电阻两端或由电路的某点跨接到公共电位上，为交流信号或脉冲信号设置一条通路，避免交流成分因通过电阻产生压降衰减。

（4）耦合电容：在交流信号处理电路中，用于连接信号源和信号处理电路或者作为两个放大电路的级间连接，用于隔断直流，让交流信号或脉冲信号通过，使前后级放大电路的直流工作点互不影响。

（5）补偿电容：与谐振电路主电容并联的辅助性电容，调整该电容能使振荡信号频率的范围扩大。

（6）中和电容：并接在晶体管放大电路的基极与发射极之间，构成负反馈网络，以抑制晶体管极间电容造成的自激振荡。

（7）定时电容：在 RC 时间常数电路中与电阻 R 串联，共同决定充放电时间长短。

（8）反馈电容：跨接于放大电路的输入与输出端之间，使输出信号回到输入端。

（9）稳频电容：在振荡电路中，起稳定振荡频率的作用。

（10）克拉波电容：在电容三点式振荡电路中，与电感振荡线圈串联的电容，起到消除晶体管结电容对频率稳定性影响的作用。

（11）超级电容：在新能源汽车中充当电池，相比锂电池，其能量密度低，体积大，但是充放电效率非常高，可达95%以上。

一个小小的电容，用在不同的电路或者同一电路的不同位置上就能发挥出不同的作用，这就如同一颗螺丝钉，放在不同的位置就会发挥不同的作用。大家可以思考一个问题：如何看待事物的多样性。只有将不同类型、不同层次的思维相互配合，才能更为深刻地认识世界及其发展规律。

思考与练习

5.1　填空题

1．如图题 5.1 所示电路，计算：

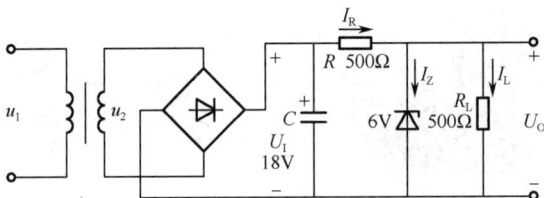

图题 5.1

（1）变压器二次侧电压 u_2=_____V；

（2）负载电流 I_L=_____mA

（3）流过限流电阻的电流 I_R=_____mA；

（4）流过稳压管的电流为_____mA。

2．CW78M15 的输出电压为_____V，最大输出电流为_____A。

3．CW317 三端可调式集成稳压器，能够在_____～_____V 输出范围内提供_____A 的____输出电流。

5.2　选择题

1．如图题 5.2 所示电路，若 U_I 上升，则 U_O（　　　）→U_A（　　　）→U_{CE}（　　　）→U_O（　　　）。

A．增大　　　　　　B．不变　　　　　　C．减小

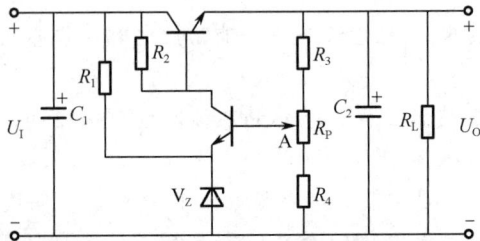

图题 5.2

2．为了使输出电压为负值，并使输出电压可调，则应选用以下所列（　　　）三端集成

稳压器。

  A．CW79××系列　　　　　　　　　　B．CW78××系列

  C．CW337系列　　　　　　　　　　　D．CW317系列

  3．开关稳压电源的效率比线性稳压电源的效率高的主要原因是（　　　　）。

  A．电路中有续流二极管　　　　　　　　B．同时采用 LC 滤波

  C．调整管处于线性工作状态　　　　　　D．调整管工作在开关状态

  4．PWM开关稳压电源，当电网电压升高时，其调节过程为 U_O（　　　）→占空比 D（　　　）→ U_O（　　　）。

  A．增大　　　　　　B．减小　　　　　　C．不变

  5．如图题5.3所示电路装接正确的是（　　　　）。

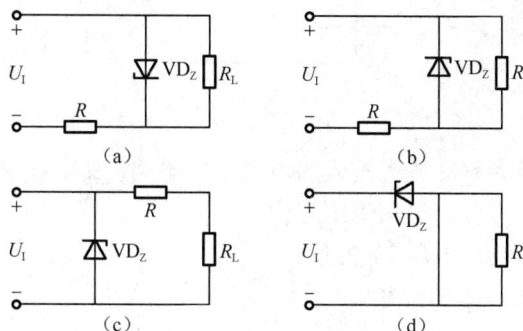

图题5.3

  5.3　如图题5.4所示电路给需要+9V电压的负载供电，指出图中错误，画出正确电路图，并说明原因。

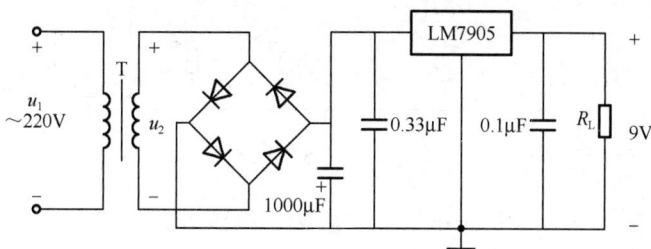

图题5.4

  5.4　单相桥式整流电容滤波电路如图题5.5所示，已知负载电阻 R_L=200Ω，要求输出电压为15V。

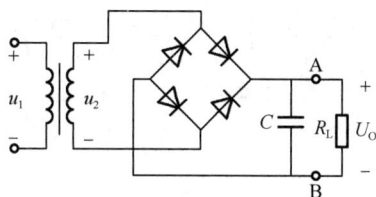

图题5.5

（1）试确定二次侧电压 u_2 及滤波电容 C 的数值；

（2）其中一个二极管接反时，输出电压 U_O 有何变化，会产生什么后果？

（3）当 R_L 断开时，输出电压 U_O 有何变化？

5.5　如图题 5.6 所示直流稳压电源，输入电压有效值 U_I 为 18V，稳压管的参数为 $U_Z=9V$，$r_Z=100\Omega$，最小稳定电流 I_{Zmin} 为 4mA，最大稳定电流 I_{Zmax} 为 40mA。

（1）如果电网电压波动范围为 ±10%，负载变动范围为 450Ω 到无穷大，求限流电阻 R 的值；

（2）求负载为 450Ω 时的稳压系数；

（3）在什么情况下，电路不可空载。

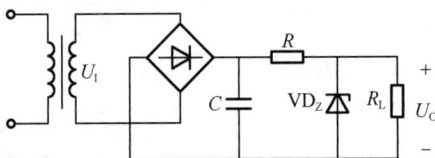

图题 5.6

5.6　如图题 5.7 所示为差动放大构成的串联稳压电路，其中稳压管的稳定电压 $U_Z=4.7V$。

（1）电路由哪几部分组成？说明稳压过程。

（2）计算 $U_I=24V$ 时输出电压 U_O 的值；

（3）说明电阻 R_3、R_4、R_5 的作用。

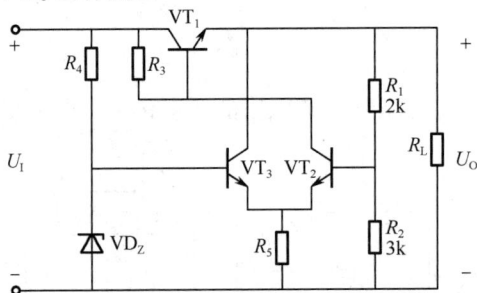

图题 5.7

5.7　如图题 5.8 所示直流稳压电源。要求输出电压为 9～12V。已知稳压管的稳定电压 $U_Z=5.1V$。调整管的参数：$I_{CM}=0.5A$，$U_{CEO}=45V$，$P_{CM}=3W$。

（1）若采样电阻总阻值为 2kΩ，确定 R_1、R_2、R_W 的值；

（2）若电网电压波动 15%，负载电流变化范围为 0～100mA，调整管是否可安全工作。

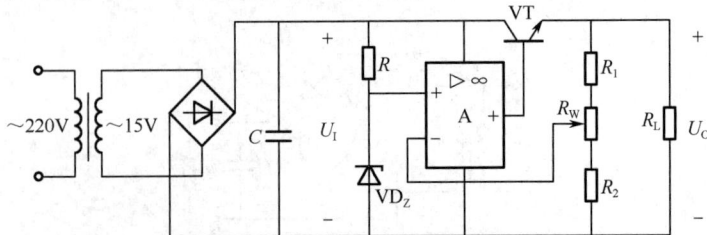

图题 5.8

5.8　图题 5.9 所示为某人设计的一个直流稳压电源电路。

（1）分析设计者的设计意图；

（2）指出电路的错误，并改正；

（3）在输出满负荷时，哪个电源模块发热厉害？为什么？

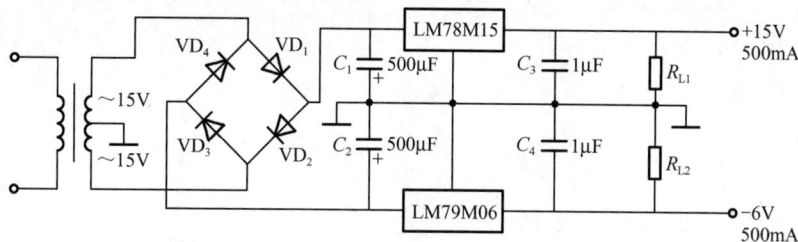

图题 5.9

5.9　利用 W7805 构成输出电压可调式稳压电源，如图题 5.10 所示，计算输出电压可调范围。

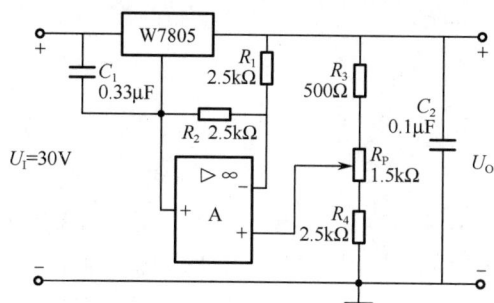

图题 5.10

5.10　如图题 5.11 所示三端可调式集成稳压器，图中 VD_1、VD_2 对 CW317 起保护作用，试分析其保护原理。

5.11　如图题 5.11 所示电路，若 $R_1=220\Omega$，为使输出电压在 1.25～37V 可调，计算 R_2 的阻值。

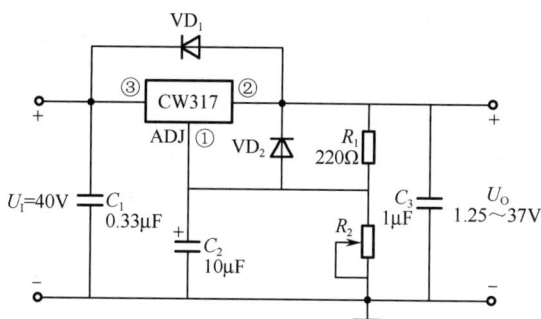

图题 5.11

参 考 答 案

模块一

1.1

1. 电子和空穴都参与导电。

2. 单向导电性，最大整流电流，最大反向工作电压。

3. 0.5，0.7，0.1，0.2。

4. 会因电流过大而损坏。

5. 放大区、饱和区、截止区。

6. 正向，反向。

7. $u_{CE}=u_{BE}$，$i_B=0$，$i_C=i_{CEO}$。

8. 栅源电压，电压控制。

9. 增大，增大，减小。

10. B

1.2 × √ × × × × √。

1.3. 1～7：BACDCCA；8：CA；9：BDA；10～15：BBDCBA。

1.4 解：断开 C 时为单向整流电路；接入 C 时为整流滤波电路

1.5 解：(a) 导通，-12V；(b) 截止，-12V；(c) VD_1 截止，VD_2 导通，-9V；(d) VD_1 截止，VD_2 导通，6V。

1.6 解：(1) 见下图。

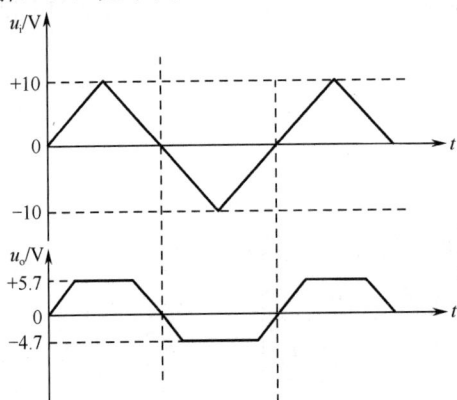

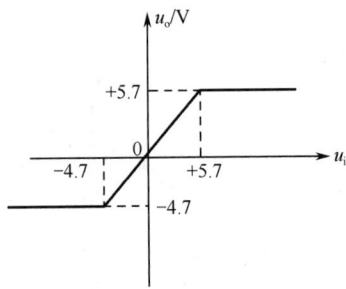

输入、输出波形   输入、输出特性曲线

(2) 上、下限幅值为5V、-4V。

1.7 解：(a) NPN 型硅管，处于放大状态；(b) PNP 型锗管，处于放大状态；(c) PNP 型硅管，管子损坏，发射结开路；(d) NPN 型硅管，处于饱和状态；(e) PNP 型锗管，处于截止状态。

1.8　解：（a）①为 B 极，②为 E 极，③为 C 极；是 NPN 型管；是硅管。

（b）①为 E 极，②为 B 极，③为 C 极；是 NPN 型管；是锗管。

（c）①为 C 极，②为 B 极，③为 E 极；是 PNP 型管；是硅管。

（d）①为 E 极，②为 B 极，③为 C 极；是 PNP 型管；是锗管。

1.9　解：（a）①为 E 极，②为 C 极，③为 B 极；是 NPN 型管；$\beta \approx 50$。

（b）①为 B 极，②为 C 极，③为 E 极；是 PNP 型管；$\beta \approx 100$。

1.10　解：$R_1 = \dfrac{12-0.6}{2} = 5.7\text{k}\Omega$，$R_2 = \dfrac{12-0.7}{10} = 1.13\text{k}\Omega$，$R_3 = \dfrac{12-0.8}{20} = 0.56\text{k}\Omega$。

1.11　解：$u_o = u_i - 5\text{V}$；$u_i < 5\text{V}$，VD截止；$u_i > 5\text{V}$，VD导通。

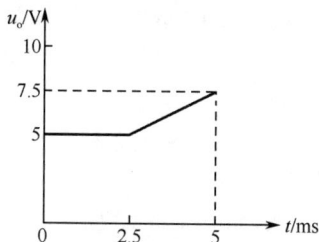

1.12　解：（1）$U_O = 8\text{V}$，$I_O = \dfrac{U_O}{R_L} = \dfrac{8}{2} = 4\text{mA}$，$I = 6\text{mA}$，$I_Z = I - I_O = 2\text{mA}$。

（2）VD$_Z$ 截止，$I_Z = 0$，$U_O = 7.5\text{V}$，$I_O = I = \dfrac{15}{4} = 3.75\text{mA}$。

1.13　解：$I_C < \dfrac{P_{CM}}{U_{CE}} = \dfrac{150}{10} = 15\text{mA}$，因此工作电流 I_C 不得超过 15mA；

$U_{CE} < \dfrac{P_{CM}}{I_C} = \dfrac{150}{1} = 150\text{V}$，因为 $U_{(BR)CEO} = 30\text{V}$，所以工作电压的极限值为 30V。

1.14　解：图题 1.14（a）所示电路，发射结正偏。

$$I_B = (6-0.7)/530 = 0.01\text{mA} = 10\mu\text{A}$$

$$I_C = \beta I_B = 50 \times 10\mu\text{A} = 0.5\text{mA}$$

$$u_O = u_{CE} = 12 - (0.5 \times 10) = 7\text{V}$$

电路处于放大状态。

图题 1.14（b）所示电路，发射结正偏。

$$I_B = (12-0.7)/47 \approx 0.24\text{mA} = 240\mu\text{A}$$

$$I_C = \beta I_B = 40 \times 240\mu\text{A} = 9.6\text{mA}$$

$$u_O = u_{CE} = 12 - (9.6 \times 1.5) = -2.4\text{V}$$

u_{CE} 不可能出现负值，电路处于饱和状态，$u_O \approx 0.3\text{V}$。

图题 1.14（c）所示电路，发射结反偏，集电极反偏，晶体管处于截止状态，$u_O = +5\text{V}$。

模块二

2.1

1．180°。

2．静态，静态工作点，动态，交流负载线。

3．0.707，电路的频率失真。

4．短路，开路。

5．把电流 i_C 的变化转换为电压的变化。

6．饱和，截止，放大电路静态工作点偏离工作区。

7．共射极，共集极，共基极。

8．带负载。

9．静态工作点低。

10．P_{CM}、I_{CM}、$U_{(BR)CEO}$。

2.2　√×√×××√××√。

2.3　1：AB；2～16：ABCBCBBACACBABA。

2.4　解：图题 2.1（a）所示电路不能放大交流信号。因为尽管晶体管的发射结正偏，集电结反偏，但 U_{BB} 把输入交流信号对地短接了。

图题 2.1（b）所示电路不能放大交流信号。因为 C_1 的隔直作用，电源不能加至基极，发射结零偏。

图题 2.1（c）所示电路不能放大交流信号。因为发射结零偏。

图题 2.1（d）所示电路不能放大交流信号。因为发射结零偏，且电容 C_1 和直流电源在交流通路中视为短路，把输入交流信号对地短接了，无法输入。

图题 2.1（e）所示电路不能放大交流信号。因为所加电源极性错误，晶体管的发射结反偏，集电结反偏，处于截止状态。

图题 2.1（f）所示电路不能放大交流信号。因为尽管晶体管的发射结正偏，集电结反偏，但把输出交流信号对地短接了。

2.5　解：图题 2.2（a）所示电路中

$$I_{BQ} = \frac{V_{CC} - U_{BEQ}}{R_b} \approx \frac{V_{CC}}{R_b} = 12/560 \approx 0.021\text{mA} = 21\mu\text{A}$$

$$I_{CQ} = \beta I_{BQ} = 50 \times 21 = 1050\mu\text{A} = 1.05\text{mA}$$

$$U_{CEQ} = V_{CC} - I_{CQ}R_c = 12 - (1.05 \times 5.1) \approx 6.65\text{V}$$

图题 2.2（b）所示电路中

$$U_B \approx \frac{R_{b2}V_{CC}}{R_{b1} + R_{b2}} = \frac{68 \times 12}{47 + 68} \approx 7.1\text{V}$$

$$I_C \approx I_E = \frac{U_B - U_{BE}}{R_{e1} + R_{e2}} \approx \frac{U_B}{R_{e1} + R_{e2}} = 7.1/2.2 \approx 3.2\text{mA}$$

$$U_{CE} = V_{CC} - I_C R_c - I_E(R_{e1} + R_{e2}) = 12 - 3.2 \times 3.9 - 3.2 \times 2.2 = -7.52\text{V}$$

U_{CE} 不可能出现负值，电路处于饱和状态，$U_{CES} = 0\text{V}$。

则 $I_C = \dfrac{12}{3.9} \approx 3.08\text{mA}$，$I_B = \dfrac{I_C}{\beta} \approx 62\mu\text{A}$。

图题 2.2（c）所示电路中

$$U_B \approx \frac{R_{b2}V_{CC}}{R_{b1} + R_{b2}} = \frac{12 \times 12}{47 + 12} \approx 2.4\text{V}$$

$$I_C \approx I_E = \frac{U_B - U_{BE}}{R_e} \approx \frac{U_B}{R_e} = 2.4\text{mA} \qquad I_B = \frac{I_C}{\beta} = 48\mu\text{A}$$

$$U_{CE} \approx V_{CC} - I_C(R_c + R_e) = 12 - 2.4 \times 3.2 = 4.32\text{V}$$

2.6　解：（1）R_{b2} 开路，电路变为基本共射电路加射极偏置电阻的电路。

$$I_B R_{b1} + U_{BE} + I_E R_e = V_{CC}$$

$$I_B = \frac{V_{CC} - U_{BE}}{R_{b1} + (1+\beta)R_e} = \frac{16 - 0.7}{60 + 61 \times 2} \approx 0.0841\text{mA} = 84.1\mu\text{A}$$

$$I_E = (1+\beta)I_B = 61 \times 84.1 \approx 5130\mu\text{A} = 5.13\text{mA}$$

$$U_{CE} \approx V_{CC} - I_E(R_c + R_e) = 16 - 5.13 \times 5 = -9.65\text{V}$$

说明晶体管处于饱和状态，则

$$U_{CE} = U_{CES} = 0.3\text{V}$$

$$I_C = \frac{V_{CC} - U_{CES}}{R_c + R_e} = \frac{15.7}{5} = 3.14\ \text{mA}$$

$$I_B = I_C/\beta = 52.3\mu\text{A}$$

$$I_E = I_C + I_B \approx 3.19\text{mA}$$

$$U_E \approx I_E R_e = 3.19 \times 2 = 6.38\text{V}$$

$$U_C = U_E + U_{CES} = 6.68\text{V} \qquad U_{BE} = U_B - U_E$$

$$U_B = I_E R_e + U_{BE} = 3.19 \times 2 + 0.7 = 7.08\text{V}$$

（2）R_c 开路，发射结等效为正偏二极管，$U_{BE} = 0.7\text{V}$，$U_C \approx 0\text{V}$，$I_C = 0\text{mA}$。

发射极电流等于基极电流，发射结就相当于一个与电阻 R_{b1} 串联且与电阻 R_{b2} 并联的正向偏置的二极管。因 R_e 阻值较小，发射极电位下降到较小值。U_B 为

$$U_B = \frac{R_{b2}//(R_e + R_D) \cdot V_{CC}}{R_{b1} + R_{b2}//(R_e + R_D)}$$

式中，R_D 为发射结导通时的等效直流电阻。

（3）C_e 被短路，发射极直接接地，发射结正偏导通，则

$$U_B = U_{BE} = 0.7\text{V}$$

$$I_{Rb2} = U_{BE}/R_{b2} = 0.7/20 = 0.035\text{mA} = 35\mu\text{A}$$

$$I_{Rb1} = (V_{CC} - U_{BE})/R_{b1} = 15.3/60 = 0.255\text{mA} = 255\mu\text{A}$$

$$I_B = I_{Rb1} - I_{Rb2} = 220\mu\text{A}$$

若晶体管处于放大状态，则

$$I_C = \beta I_B = 60 \times 220 = 13200\mu\text{A}$$

$$U_{CE} = V_{CC} - I_C R_c$$

$$\approx 16 - 39.6 = -23.6\text{V}$$

晶体管处于饱和状态。

$$I_C = (V_{CC} - U_{CES})/R_c = 15.7/3 \approx 5.23\ \text{mA}$$

$$U_E = 0\text{V}$$

$$U_C = 0.3\text{V}$$

C_e 被短路，电路无电流负反馈作用，温度升高，集电极电流增加。

（4）晶体管发射结开路，集电结反偏，PN 结截止。发射极电阻 R_e、集电极电阻 R_c 均无

电流流过，发射极电位为零，则

$$I_C \approx 0; \quad U_C \approx V_{CC} \approx 16V$$

$$U_B = \frac{R_{b2} V_{CC}}{R_{b1} + R_{b2}} = 4V$$

$$I_B \approx 0$$

（5）发射结短路，集电结反偏，PN 结截止，$U_E = U_B$。

$$U_B = \frac{R_{b2} // R_e \cdot V_{CC}}{R_{b1} + R_{b2} // R_e} = \frac{1.82 \times 16}{61.8} \approx 0.47V$$

$$U_C \approx V_{CC} \approx 16V$$

$$I_B = U_B / R_e = 0.47 / 2 = 0.235mA$$

2.7 解：（1）

$$I_{BQ} = \frac{V_{CC} - 0.7}{R_{b1} + R_{b2}} = \frac{9.3}{510} \approx 0.018mA$$

$$I_{CQ} = \beta I_{BQ} = 1.8mA$$

$$U_{CEQ} = V_{CC} - I_{CQ} R_c = 5.5V$$

（2）C_1 短路时：

$$I_{BQ} = I_{Rb} - I_{RS} = \frac{V_{CC} - 0.7}{R_{b1} + R_{b2}} - \frac{0.7}{R_s} = -0.182mA$$

晶体管截止，$U_{CQ} = V_{CC} = 10V$。

C_2 短路时：

$$V'_{CC} = \frac{R_L}{R_L + R_c} V_{CC} = 5V$$

$$R'_c = R_c // R_L = 1.25k\Omega$$

$$U_{CQ} = V'_{CC} - I_{CQ} R'_c = 2.75V$$

R_{b1} 短路时：

$$I_{BQ} = \frac{V_{CC} - 0.7}{R_{b2}} = \frac{9.3}{10} = 0.93mA$$

$$I_{CQ} = \beta I_{BQ} = 93mA > I_{CM} = \frac{V_{CC} - 0.5}{R_c} = 3.8mA$$

$$U_{CE} = V_{CC} - R_c I_{CQ} < 0$$

晶体管饱和，$U_{CQ} = U_{CES} = 0.5V$。

（3）

$$r_{be} = r'_{bb} + (1 + \beta) \frac{26}{I_{CQ}} \approx 1.7k\Omega$$

$$A_u = -\frac{\beta (R_c // R_L)}{r_{be}} \approx -73.5$$

$$R_b = R_{b1} + R_{b2}$$

$$R_i = R_b // r_{be} \approx 1.7k\Omega$$

$$R_o = R_c = 2.5k\Omega$$

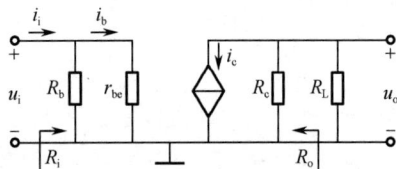

微变等效电路

负载开路时，A_u 增大一倍，R_i、R_o 不变。

2.8 解：设 I_{BQ}、I_{CQ} 参考方向为流入，I_{EQ} 参考方向为流出。

（1）

$$I_{BQ} = \frac{-V_{CC} + 0.7}{R_b} - \frac{-0.7}{R_s} \approx -0.02\text{mA}$$

$$I_{CQ} = \beta I_{BQ} = -2\text{mA}$$

$$U_{CEQ} = -V_{CC} - I_{CQ}R_c = -8\text{V}$$

（2）

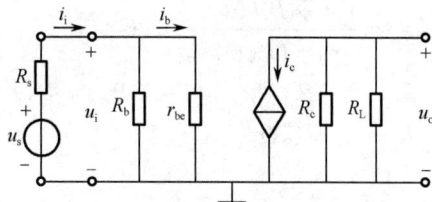

微变等效电路

$$r_{be} = r_{bb}' + (1+\beta)\frac{26}{-I_{CQ}} \approx 1.5\text{k}\Omega$$

$$A_u = -\frac{\beta R_c}{r_{be}} \approx -133$$

$$R_i = R_b // r_{be} \approx 1.5\text{k}\Omega$$

$$R_o = R_c = 2\text{k}\Omega$$

$$A_{us} = \frac{R_i}{R_i + R_s} A_u \approx -40$$

（3）

（b）截止失真，减小 R_b。

（c）饱和失真，增大 R_b。

（d）截止和饱和失真，减小输入信号幅度。

2.9 解：（1）u_{C1}、u_{C2}、u_C、i_R 是直流量，u_{CE}、i_C、i_{RC}、i_{Rb} 是直流叠加交流，u_o 是交流量。

（2）

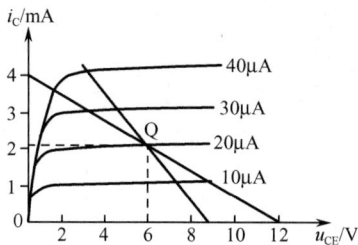

交、直流负载线

最大不失真输出电压：$U_{om} = I_{CQ}(3//2.5) \approx 2.7\text{V}$

2.10 解：（1）

$$U_{BQ} = \frac{R_{b1}}{R_{b1} + R_{b2}}V_{CC} = 6\text{V}$$

$$I_{CQ} \approx I_{EQ} = \frac{U_{BQ} - 0.7}{R_{e1} + R_{e2}} \approx 2.5\text{mA}$$

$$U_{CEQ} = V_{CC} - I_{CQ}(R_c + R_{e1} + R_{e2}) \approx 13.6\text{V}$$

断开 R_{b1}，基极电流太大，晶体管进入饱和区，不能正常放大。

（2）

$$r_{be} = r'_{bb} + (1+\beta)\frac{26}{I_{CQ}} \approx 730\Omega$$

$$A_u = -\frac{\beta(R_c // R_L)}{r_{be} + (1+\beta)R_{e2}} \approx -6$$

$$R_i = R_{b1} // R_{b2} // [r_{be} + (1+\beta)R_{e2}] \approx 4k\Omega$$

$$R_o = R_c = 2k\Omega$$

$$A_{us} = \frac{R_i}{R_i + R_s} A_u \approx -4.8$$

（3） $U_o = |A_{us}|U_i = 48mV$

2.11 解：

（1）

$$U_{CEQ} = V_{CC} - I_{CQ}R_e$$

$$I_{CQ} = 3mA$$

$$I_{BQ} = \frac{I_{CQ}}{\beta} = 30\mu A$$

$$I_{BQ} = \frac{V_{CC} - 0.7}{R_b + (1+\beta)R_e}$$

$$R_b \approx 175k\Omega$$

（2）

$$r_{be} = r'_{bb} + (1+\beta)\frac{26}{I_{CQ}} \approx 1.2k\Omega$$

$$A_u = \frac{(1+\beta)(R_e // R_L)}{r_{be} + (1+\beta)(R_e // R_L)} \approx 1$$

$$R_i = R_b // [r_{be} + (1+\beta)(R_e // R_L)] \approx 101k\Omega$$

$$R_o = R_e // \frac{R_b + r_{be}}{1+\beta} \approx 939\Omega$$

（3） $U_{OPP} = 2U_{om} = 2I_{CQ}(R_e // R_L) = 6V$

2.12 解：图题 2.9（a）、（c）不正确，图题 2.9（b）正确，引脚 1、2、3 分别对应于 E、B、C 极。

2.13 解：（1）OTL 功放电路。

$$P_{om} = \frac{1}{2} \cdot \frac{\left(\frac{1}{2}V_{CC}\right)^2}{R_L} = \frac{1}{2} \cdot \frac{6^2}{16} = 1.125W$$

最大管耗： $P_{cm1} \approx 0.2P_{om} = 0.225W$

（2）

$$P_{om} = \frac{1}{2} \cdot \frac{U_{om}^2}{R_L} = \frac{1}{2} \cdot \frac{(0.5V_{CC} - U_{CES})^2}{R_L}$$

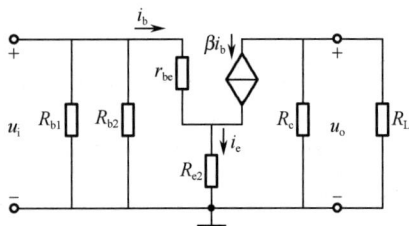

微变等效电路

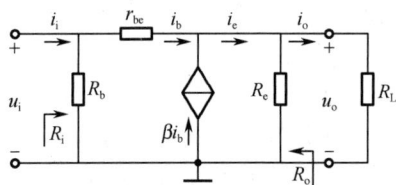

微变等效电路

$$\frac{1}{2}V_{CC} = \sqrt{2P_{om}R_L} + U_{CES}$$

$$V_{CC} = 2(\sqrt{2\times 2\times 16} + 1) = 18V$$

V_{CC} 最小为 18V。

功放管集电极的最大允许功耗：$P_{CM} \geqslant P_{cm1} \approx 0.2P_{om} = 0.4W$

功放管的最大耐压 $U_{(BR)CEO}$：$U_{(BR)CEO} \geqslant V_{CC} = 18V$

功放管的最大集电极电流：$I_{CM} \geqslant \dfrac{\frac{1}{2}V_{CC}}{R_L} = \dfrac{9}{16} \approx 0.56A$

2.14 解：VT_1、VT_2 组成 NPN 型复合管，和 VT_3 构成互补输出，调节 R_2，提供 1.4V 的偏置，消除交越失真。

2.15 解：（1）

$U_o \approx U_i = 6V$

$P_o = \dfrac{U_o^2}{R_L} = 4.5W$

$\eta = \dfrac{\pi}{4}\dfrac{U_{om}}{V_{CC}} = \dfrac{\pi}{4}\dfrac{\sqrt{2}U_o}{V_{CC}} \approx 55\%$

（2）

$P_{om} \approx \dfrac{V_{CC}^2}{2R_L} = 9W$

$\eta = \dfrac{\pi}{4} \approx 78.5$

晶体管最大功耗 $P_T = 0.2P_{om} = 1.8W$

（3）$u_o = 0.6V$，$V_{CC} = 7.2V$ 时，功耗最大；$u_o = 0$ 时功耗最小。

（4）消除交越失真。若其中一个二极管虚焊，功放管有可能被烧毁。

2.16 解：OTL 功放电路中

$$P_{om} = \frac{1}{2} \cdot \frac{\left(\frac{1}{2}V_{CC}\right)^2}{R_L} = \frac{1}{2} \cdot \frac{10^2}{8} = 6.25W$$

$P_{CM} \geqslant 0.2P_{om} = 0.2 \times 6.25 = 1.25W$

$U_{(BR)CEO} \geqslant V_{CC} = 20V$

$$I_{CM} \geqslant \frac{V_{CC}}{2R_L} = \frac{20}{2 \times 8} = 1.25A$$

2.17 解：（1）电容 C_L 两端电压应是 6V。调整电阻 R_1 能满足这一要求。

（2）动态时，若出现交越失真，应调整电阻 R_2，减小 R_2 阻值。

（3）若两管的 U_{CES} 可忽略不计，则

$$P_{om} = \frac{1}{2} \cdot \frac{\left(\frac{1}{2}V_{CC}\right)^2}{R_L} = \frac{1}{2} \cdot \frac{6^2}{8} = 2.25W$$

2.18

解：选功放电路的音箱负载，除考虑阻抗匹配外，主要考虑功率，本例中，若选用 10W、16Ω 的音箱，输入功率过大会损坏音箱。

故选用 20W、4Ω 的音箱。

模块三

3.1

1. 差模，共模。

2. 对应相等。

3. 共模，差模。

4. 差模放大倍数与共模放大倍数，抑制共模信号。

5. 4，输出，输入。

6. 直接，好，零漂。

7. 提供静态工作电流或提供有源负载。

8. 负反馈，正反馈或开环。

3.2 ×××√√√√√×√√

3.3 1～7：ACACACC；8：BAA；9～10：BB。

3.4 解：

（1）$I_{CQ} \approx I_{EQ} \approx \dfrac{V_{EE} - U_{BE}}{2R_e} = 1.13\text{mA}$，$U_{CQ} = V_{CC} - I_{CQ}R_c = 6.35\text{V}$。

（2）电路完全对称时：

$u_o = A_d(u_{i1} - u_{i2})$

$A_d = \dfrac{-\beta R_c}{r_{be} + R_Q}$，$r_{be} = r_{bb}' + (1+\beta)\dfrac{26}{I_{EQ}} \approx 1.5\text{k}\Omega$

$A_d = -100$，$u_o = A_d(u_{i1} - u_{i2}) = -1\text{V}$

（3）分析同（2），$u_o = A_d(u_{i1} - u_{i2}) = -1\text{V}$。

（4）电路不对称时：

$I_{CQ1} = I_{CQ2} = I_{EQ} = 1.13\text{mA}$

$U_{CQ1} = V_{CC} - I_{CQ1}R_{c1} = 6.35\text{V}$，$U_{CQ2} = V_{CC} - I_{CQ2}R_{c2} = 6.23\text{V}$

对差模信号：

$\Delta u_{0d} = \Delta u_{c1} - \Delta u_{c2} = A_{d1}u_{id} - A_{d2}(-u_{id}) = (A_{d1} + A_{d2})u_{id}$

$A_{d1} = -\dfrac{\beta R_{c1}}{R_Q + r_{be}}$，$A_{d2} = -\dfrac{\beta R_{c2}}{R_Q + r_{be}}$

$\Delta u_{0d} = -\dfrac{\beta(R_{c1} + R_{c2})}{R_Q + r_{be}}u_{id} = -\dfrac{\beta(R_{c1} + R_{c2})}{R_Q + r_{be}} \cdot \dfrac{1}{2}(u_{i1} - u_{i2}) = -1.01\text{V}$

对共模信号：

$\Delta u_{0c} = \Delta u_{c1} - \Delta u_{c2} = A_{c1}u_{ic} - A_{c2}u_{ic} = (A_{c1} - A_{c2})u_{ic}$

$$A_{c1} = -\frac{\beta R_{c1}}{R_Q + r_{be} + 2(1+\beta)R_e}, \quad A_{c2} = -\frac{\beta R_{c2}}{R_Q + r_{be} + 2(1+\beta)R_e}$$

$$\Delta u_{oc} = -\frac{\beta(R_{c1}-R_{c2})}{R_Q + r_{be} + 2(1+\beta)R_e} u_{ic} = -\frac{\beta(R_{c1}-R_{c2})}{R_Q + r_{be} + 2(1+\beta)R_e} \cdot \frac{1}{2}(u_{i1}+u_{i2}) = 0.05\text{V}$$

$$u_o = \Delta u_{0d} + \Delta u_{oc} = (-1.01) + 0.05 = -0.96\text{V}$$

3.5 解：

静态分析：

$$I_{EQ} \approx \frac{V_{EE} - U_{BE}}{\frac{1}{2}R_W + 2R_e} \approx 1.13\text{mA}$$

$$I_{CQ1} = I_{CQ2} \approx I_{EQ} = 1.13\text{mA}$$

$$U_{CQ1} = U_{CQ2} = V_{CC} - I_{CQ}R_c = 6.23\text{V}$$

动态分析：

$$A_d = -\frac{\beta\left(R_c \mathbin{/\!/} \frac{1}{2}R_L\right)}{R_Q + r_{be} + (1+\beta)\frac{1}{2}R_W} = -25$$

$$R_{id} = 2\left(R_Q + r_{be} + (1+\beta)\frac{1}{2}R_W\right) = 10\text{k}\Omega$$

$$R_O = 2R_c = 10\text{k}\Omega$$

3.6 解：图题 3.3（a）：R_2 引入多级交直流电压并联负反馈；R_5 引入单级交直流的电流串联负反馈。

图题 3.3（b）：R_5 引入多级交直流电流串联负反馈；R_2、R_4 引入单级交直流电压并联负反馈。

图题 3.3（c）：R_5 引入多级交流的电流并联负反馈；R_6 引入多级交直流电压串联负反馈；R_2 引入单级交直流的电流串联负反馈。

图题 3.3（d）：大小为 22kΩ 电阻引入多级交直流电压串联负反馈。

3.7 解：$A_{ud} = 40\text{dB}$，即 $A_{ud} = 100$

$$K_{CMR} = 20\lg\left|\frac{A_{ud}}{A_{uc}}\right| = 100\ \text{dB}, \quad \text{即 } K_{CMR} = 10^5$$

$$A_{uc} = A_{ud}/K_{CMR} = 10^{-3}$$

$$u_{id} = u_{i1} - u_{i2} = -0.001\text{V}$$

$$u_{ic} = (u_{i1} + u_{i2})/2 = 2.0005\text{V}$$

$$u_{od} = u_{id} \times A_{ud} = -0.001 \times 100 = -0.1\text{V}$$

$$u_{oc} = u_{ic} \times A_{uc} = 2.0005 \times 0.001 \approx 0.002\text{V}$$

3.8 解：

图题 3.4（a）：交直流电流串联负反馈。图题 3.4（b）：交直流电流串联负反馈。图题 3.4（c）：（1）交直流电压串联负反馈；（2）交直流电压并联负反馈；（3）交直流电压并联负反馈。

图题 3.4（d）：R_2 引入交直流电压并联正反馈，若运放上端改成反相输入端、下端改成同相输入端，其他不变，电路变为交直流电压并联负反馈电路。

图题 3.4（e）：R_{f1} 引入交流电压串联负反馈，R_{f2} 引入交直流电流并联负反馈。

3.9 解：（1）图题 3.5（a）为电压串联负反馈；图题 3.5（b）为电压并联负反馈；图题 3.5（c）为电流串联负反馈；图题 3.5（d）为电流并联负反馈。

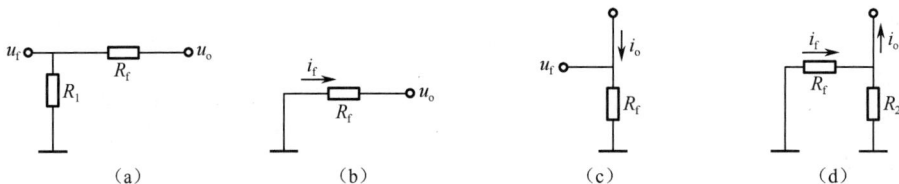

（a）　　　　　　　　（b）　　　　　　　　（c）　　　　　　　　（d）

（2）各开环放大器对应的反馈网络详细电路图略。

图题 3.5（a）的反馈网络表达式为 $\dot{F}_u = \dfrac{u_f}{u_o} = \dfrac{R_1}{R_1 + R_f}$。

图题 3.5（b）的反馈网络表达式为 $\dot{F}_g = \dfrac{i_f}{u_o} = -\dfrac{1}{R_f}$。

图题 3.5（c）的反馈网络表达式为 $\dot{F}_r = \dfrac{u_f}{i_o} = R_f$。

图题 3.5（d）的反馈网络表达式为 $\dot{F}_i = \dfrac{i_f}{i_o} = \dfrac{R_2}{R_2 + R_f}$。

3.10 解：根据题目要求，应选择两个反相比例运算级联的方式，一级电路如下所示。

第一级放大倍数可选 100，第二级放大倍数选 10，第一级 R_1 选 10kΩ，R_f 选 1000kΩ。为了保证精度，选用开环放大倍数足够大的运放就可以。

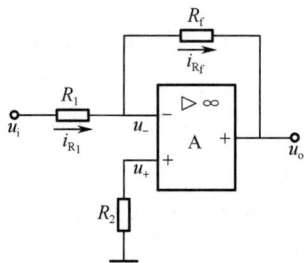

3.11 解：（1）图题 3.6（a）中，同相输入端经电阻接地，电路为反相输入组态，可用"虚地"概念，有 $u_-=u_+=0$。

根据"虚断"概念，反相输入端电流为零，即 $i_-=0$，故 $i_{Rf}=i_S$。

根据 KVL，可列方程：

$u_- - i_{Rf}R_f = 0 - i_{Rf}R_f = u_O$

$u_O = -i_{Rf}R_f$

（2）图题 3.6（b），电路为同相输入组态。

根据"虚断"概念，$i_+=0$，$i_-=0$。

根据 KCL，$i_{R1} + i_- = i_O$。

$i_{R1} = i_O$

根据"虚短"概念：

$u_-=u_+= u_S$

$i_{R1}= u_-/R_1= u_S /R_1$

$i_O= u_S /R_1$

3.12 解：（1）根据"虚短"和"虚断"有 $i_{R_2} = \dfrac{-u_{R_4}}{R_2} = i_{R_1} = \dfrac{u_i}{R_1}$。

可求得： $u_{R_4} = -\dfrac{R_2}{R_1}u_i$ ， $i_{R_2} = i_{R_3} + i_{R_4}$。

$$\dfrac{0 - u_{R_4}}{R_2} = \dfrac{u_{R_4} - u_o}{R_3} + \dfrac{u_{R_4}}{R_4}$$

可得： $u_o = -\dfrac{R_2 + R_3}{R_1}(1 + \dfrac{R_2 // R_3}{R_4})u_i$。

（2）因要求 $R_i=R_1>100\text{k}\Omega$，可取 $R_1=150\text{k}\Omega$，将 $|A_{uf}|=100$ 代入得 $R_4=17.86$ kΩ。

3.13 解：（a） $u_o = -\dfrac{R_f}{R_1}u_{i1} - \dfrac{R_f}{R_2}u_{i2} + \left(1 + \dfrac{R_f}{R_1//R_2}\right)u_{i3}$

（b） $u_o = -\dfrac{R_f}{R_1}u_{i1} + \left(1 + \dfrac{R_f}{R_1}\right)\dfrac{R_3}{R_2 + R_3}u_{i2} + \left(1 + \dfrac{R_f}{R_1}\right)\dfrac{R_2}{R_2 + R_3}u_{i3}$

（c） $u_o = -\dfrac{1}{R_1 C}\displaystyle\int_{-\infty}^{t} u_{i1}\mathrm{d}t - \dfrac{1}{R_2 C}\int_{-\infty}^{t} u_{i2}\mathrm{d}t$

（d） $u_o = -\dfrac{C_1}{C_2}u_i - RC_1\dfrac{\mathrm{d}u_i}{\mathrm{d}t}$

3.14 解：（1）带通；（2）低通；（3）带阻；（4）高通。

模块四

4.1 ×√√×√×。

4.2 BACAC。

4.3 解：不能起振。晶体管瞬时极性为正，发射极瞬时极性为正，反馈至基极瞬时极性为正，为正反馈，满足相位起振条件。

振幅起振条件为： $|\dot{A}\dot{F}| >1$。

电路为射极输出器结构， $A\approx1<1$，要使电路能起振，则 $F>1$，而反馈电压为输出电压由两相等电阻分压而得， $u_f = \dfrac{1}{2}u_o$， $F = \dfrac{1}{2}$，无法满足振幅起振条件，不能起振。

4.4 解：图题 4.2（a）所示电路有可能产生振荡。图中三级移相电路为超前网络，在信号频率为 0 到无穷大时相移为 $+270°\sim0°$，因此存在使相移为 $+180°$ 的频率，加上运放的反相，可满足振荡的相位条件。

图题 4.2（b）所示电路有可能产生振荡。图中 RC 串并联网络在谐振点相移为零，所以电路构成正反馈，可满足振荡的相位条件。

图题 4.2（c）所示电路不能产生振荡。图中 RC 串并联网络在谐振点相移为零，所以电路构成负反馈，不能满足振荡的相位条件。

图题 4.2（d）所示电路两级放大产生 360° 的相移形成正反馈，有可能产生振荡。

4.5 解：（1）运放 A 两个输入端的极性为上负下正。

（2）根据振荡频率 $f_0 = \dfrac{1}{2\pi RC}$，得 $R=18.95\text{k}\Omega$。

（3）在振荡平衡时要求 $R_f \geqslant 2R_1$；当 R_f 小于 $2R_1$ 时会停振；当 R_f 大于 $2R_1$ 时，波形会失真。

（4）通常用两种方法。方法一是 R_1 选用正温度系数的热敏电阻；方法二是在 R_f 上串联两个正反并接的二极管。

4.6 解：（1）电路为占空比可控的矩形波发生电路。

（2）忽略二极管动态电阻，则

振荡周期：$T \approx (R_1 + R_2)C\ln\left(1 + 2\dfrac{R}{R}\right) \approx 5.5\text{ms}$

脉冲宽度：$T_1 \approx R_1 C\ln\left(1 + 2\dfrac{R}{R}\right) \approx 4.4\text{ms}$

u_o 波形如右图所示。

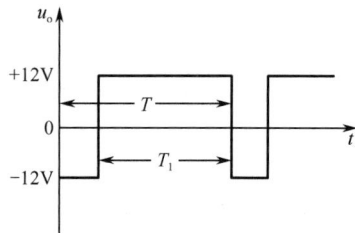

4.7 解：三角波产生电路频率为

$$f = \frac{R_2}{4R_1R_5C} = \frac{10\times 10^3}{4\times 20\times 10^3\times 20\times 10^3\times 0.1\times 10^{-6}} = 62.5\ \text{Hz}$$

模块五

5.1 1.（1）15；（2）10；（3）24，提示：$I_R=(U_C-U_O)/R$；（4）14。

2. 15，0.5。

3. 1.2，37，1.5，最大。

5.2 1：AACB；2：C；3.D；4：ABC；5：B。

5.3 解：图题 5.4 所示电路有三处错误：①集成芯片选错，应选 LM7805。LM7905 输出 -5V 电压。②整流电路错误，这种接法会烧毁整流二极管。正确接法为：共阴端接输出，共阳端接地。③1000μF 滤波用电解电容极性接错，应改接成："+"极接整流电路输出端，"−"极接地。如不改接，会使电解电容击穿损坏。

5.4 解：（1）$U_2=U_O/1.2\approx 12.5\text{V}$，$C=0.04/R_L=200\mu\text{F}$。

（2）$U_O=0$，变压器次级短路，电流过大，时间长了有可能烧毁线圈。

（3）$U_O=1.4U_2\approx 16.9\text{V}$。

5.5 解：（1）桥式整流电容滤波电路的输出电压即稳压电路的输入电压 $U_I=1.2U_i=21.6\text{V}$，当 U_i 波动 10% 时，有

$U_{Imax}=23.76\text{V}$

$U_{Imin}=19.44\text{V}$

$I_{Omax} = \dfrac{U_Z}{450} = 20\text{mA}$

$I_{Omin} = \dfrac{U_Z}{\infty} = 0$

$R_{min} = \dfrac{U_{Imax} - U_Z}{I_{Zmax} + I_{Omin}} = 369\Omega$

$$R_{\max} = \frac{U_{\text{Imin}} - U_Z}{I_{\text{Zmin}} + I_{\text{Omax}}} = 435\Omega$$

取$R=390\Omega$。

（2）

$$S_r = \frac{r_z // R_L}{R + r_z // R_L} \times \frac{U_I}{U_Z} \approx 0.48$$

（3）在输入电压较高时，如果空载，稳压管会流过较大电流，当这个电流超过额定值时会损坏稳压管。

5.6 解：（1）R_1、R_2组成采样电路；稳压管VD_Z提供基准电压；由VT_2、VT_3组成的差动电路实现比较放大；VT_1调整管调整输出电压。（2）$U_O=[(R_1+R_2)/R_2]U_Z \approx 7.8V$。（3）$R_3$为比较放大电路的负载电阻，提高放大电路的增益；$R_4$为稳压管限流电阻，保证稳压管工作在稳压状态；$R_5$为长尾电阻，抑制差动放大电路的共模输出。

5.7 解：（1）

$$R_W + R_1 + R_2 = 2k\Omega$$

$$U_{\text{Omax}} = \frac{R_W + R_1 + R_2}{R_2} U_Z = 12V \Rightarrow R_2 = 900\Omega$$

$$U_{\text{Omin}} = \frac{R_W + R_1 + R_2}{R_2 + R_W} U_Z = 9V \Rightarrow R_W = 200\Omega$$

$$R_1 = 900\Omega$$

（2）可以安全工作。

因为$U_I=1.2\times15=18V$

$U_{\text{Imax}}=U_I(1+0.15)=20.7V$

$U_{\text{Imin}}=U_I(1-0.15)=15.3V$

$U_{\text{CES}} = U_{\text{Imax}} - U_{\text{Omin}} = 20.7 - 9 = 11.7V < U_{\text{(BR)CEO}}$

$I_{\text{Emax}} \approx I_{\text{Omax}} = 100\text{mA} < I_{\text{CM}}$

$P_{\text{cm}} = U_{\text{CES}} I_{\text{Emax}} = 1.17W < P_{\text{CM}}$

5.8 解：（1）提供不对称正负直流电源。（2）VD_2、VD_3接反，C_1、C_2接反。（3）LM79M06，内部调整管C、E端压降大，故功耗大，发热厉害。

5.9 解：图题5.10所示电路中，有

$$U_- = U_O - \frac{R_1}{R_1 + R_2} 5 = U_O - 2.5V$$

当电位器滑动触头调至下端时有

$$U_+' = \frac{R_4}{R_3 + R_4 + R_P} U_O' = \frac{2.5}{4.5} U_O'$$

当电位器滑动触头调至上端时有

$$U_+'' = \frac{R_4 + R_P}{R_3 + R_4 + R_P} U_O'' = \frac{4}{4.5} U_O''$$

运放处于线性应用状态，根据集成运放"虚短"概念有$U_- = U_+$，可求得：

$$\frac{2.5}{4.5}U_O' = U_O' - 2.5$$

$$U_O' \approx 5.625\text{V}$$

$$\frac{4}{4.5}U_O'' = U_O'' - 2.5$$

$$U_O'' \approx 22.5\text{V}$$

电路的输出电压可调范围为 5.625～22.5V。

5.10 解：图题 5.11 所示电路中，VD_1 防止 CW317 输出端与输入端之间反向电压过大，而使芯片内输出管子反向击穿，使芯片损坏。当输出电压高于输入电压时，VD_1 正偏导通，使其两端电压钳制在 0.7V，保护芯片。

VD_2 防止 CW317 输出端和公共端之间反向电压过大，而使芯片内输出管子反向击穿，使芯片损坏。当公共端电压高于输出电压时，VD_2 正偏导通，使其两端电压钳制在 0.7V，保护芯片。

5.11 解：图题 5.11 所示电路中，根据公式有

$$U_O = 1.25(1 + R_2/R_1)$$

$$37 = 1.25(1 + R_2/220)$$

$$R_2 = 6292\Omega$$

选取标称值为 6.2kΩ 的可调电阻。